福建省高职高专农林牧渔大类十二五规划教材

园林苗木生产技术

主　编 ◎ 黄云玲
副主编 ◎ 池银花　黄长兴

编写人员（按姓氏笔画排序）

池银花　福建农业职业技术学院
陈清舜　福建林业职业技术学院
林小苹　漳州城市职业技术学院
黄长兴　南平市园林管理处
黄云玲　福建林业职业技术学院

U0216404

厦门大学出版社
XIAMEN UNIVERSITY PRESS
国家一级出版社
全国百佳图书出版单位

图书在版编目（CIP）数据

园林苗木生产技术 / 黄云玲主编. -- 厦门：厦门
大学出版社，2013.1(2022.12 重印)
福建省高职高专农林牧渔大类"十二五"规划教材
ISBN 978-7-5615-4548-5

Ⅰ．①园… Ⅱ．①黄… Ⅲ．①园林树木－育苗－高等
职业教育－教材 Ⅳ．①S723.1

中国版本图书馆CIP数据核字(2013)第019149号

出 版 人	郑文礼
责任编辑	陈进才

出版发行	厦门大学出版社
社 址	厦门市软件园二期望海路 39 号
邮政编码	361008
总 编 办	0592-2182177　0592-2181253(传真)
营销中心	0592-2184458　0592-2181365
网 址	http://www.xmupress.com
邮 箱	xmupress@126.com
印 刷	广东虎彩云印刷有限公司

开本	787 mm×1 092 mm　1/16
印张	15.5
字数	385 千字
版次	2013 年 1 月第 1 版
印次	2022 年 12 月第 2 次印刷
定价	38.00 元

厦门大学出版社
微信二维码

厦门大学出版社
微博二维码

福建省高职高专农林牧渔大类十二五规划教材编写委员会

主　任　李宝银（福建林业职业技术学院院长）

副主任　范超峰（福建农业职业技术学院副院长）

　　　　　黄　瑞（厦门海洋职业技术学院副院长）

委　员

黄亚惠（闽北职业技术学院院长）

邹琍琼（武夷山职业学院董事长）

邓元德（闽西职业技术学院资源工程系主任）

郭剑雄（宁德职业技术学院农业科学系主任）

林晓红（漳州城市职业技术学院生物与环境工程系主任）

邱　冈（福州黎明职业技术学院教务处副处长）

宋文艳（厦门大学出版社总编）

张晓萍（福州国家森林公园教授级高级工程师）

廖建国（福建林业职业技术学院资源环境系主任）

《园林苗木生产技术》编写委员会

主　编　黄云玲

副主编　池银花　黄长兴

编写人员：（按姓氏笔画排序）

池银花　福建农业职业技术学院

陈清舜　福建林业职业技术学院

林小苹　漳州城市职业技术学院

黄长兴　南平市园林管理处

黄云玲　福建林业职业技术学院

内容简介

本教材介绍了园林苗木生产准备、常见园林植物育苗、园林植物大苗培育和苗木出圃、园林苗木生产综合训练等基本知识和技能，包括园林苗圃建立，苗圃生产计划制订，常见园林植物播种育苗、扦插育苗、嫁接育苗、组织培养育苗、分生压条育苗，园林植物大苗培育，苗木出圃等内容。教材内容选取是在"校企合作、工学结合"理念的指导下，采用工作过程导向的"典型工作任务分析法"和"实践专家访谈会"等技术方法，以岗位职业能力为依据，通过整体化的职业资格研究，按照"从初学者到专家"的职业成长逻辑规律，经过几年的理性探索与实践，重构了工作过程系统化的课程结构，以任务驱动式进行教材编排，结构由"任务书—知识准备—案例分析—拓展知识"四部分组成，充分体现工学结合特点，有一定的创新性和实用性。

致同学

亲爱的同学：

你好！

欢迎你学习"园林苗木生产技术"课程。通过本课程的学习，希望你具备园林苗木生产及养护管理的能力，能胜任园林苗木生产技术员等职业岗位的任职要求。

一、在学习本课程之前，希望你能够了解本课程的学习目标与学习内容

本课程采用行动导向、工作过程系统化课程开发方法进行设计，整个学习领域由4个学习情境、12个工作任务组成，每个工作任务均从简单到复杂依次递进。每个任务均设计有相应的任务目标、知识准备、案例参考及知识拓展。

二、希望你在学习过程中能够做到

1. 主动学习

你是学习的主体，职业的成长需要主动学习，需要你自己积极地参与实践。你与你的小组有独立进行计划工作的机会，在一定时间范围可以自行组织、安排自己的学习行为。在学习过程中，你可以参与学习目标的自我设计，参与学习效果的自我评价。

希望你与你的小组能够多查阅成功的园林苗木生产典型案例，多在理实一体化实训室、学院苗圃、园林绿地等完成技能的训练与强化，当然老师会尽力为你们提供一切帮助。只有在行动中主动地学习，才能更好地获得职业能力，因此，你自己才是实现有效学习的关键所在。

2. 用好工作页

每个学习与工作任务均有明确的学习目标与工作成果，你要充分利用这些目标去安排自己的学习过程并评价自己的学习效果。在工作页的引导下，你与你的小组成员应尽量独立去完成每个学习任务的各个环节。老师会帮助大家划分学习小组，但要求你们既要有分工，更要互相协作、互相帮助、互相学习，共同达到学习目标；各小组事先应制订可行的学习与工作计划，并合理安排学习与工作时间，严格按照学习与工作计划规定的进度完成阶段性任务，要有完整的学习与工作记录。

在工作页中，会有部分参考资料推荐给大家，老师在指导的过程中也会补充更多的典型成功案例供大家参考，希望大家能够用好这些资料，更要培养查阅、收集、分析与运用相关信息的能力。

3. 团队协作

你所完成的常见园林植物育苗，常见园林植物大苗培育，苗木出圃等工作任务，

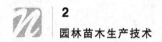

具有一定的工作量,会有部分任务是需要大家在课外自主完成的。因此希望大家在小组组长的带领下,分工协作,按时、保质地完成任务,最终真正体会到一个完整的园林苗木生产及养护管理的工作过程。在小组讨论过程中,你应与同学多交流,积极发表你的意见,并展示各阶段的学习成果。

同学们,预祝你们学习取得成功,早日成为一名园林绿化工程师。

编者

2013 年 1 月

前　言

　　"国家示范性高职院校建设项目计划"骨干高职院校建设项目的启动,标志着我国高等职业教育进入了一个新的发展阶段。根据《国家中长期教育改革和发展规划纲要(2010—2020年)》、《教育部关于全面提高高等职业教育教学质量的若干意见》(教高〔2006〕16号)、《教育部、财政部关于实施国家示范性高等职业院校建设计划,加快高等职业教育改革与发展的意见》(教高〔2006〕14号)、《教育部、财政部关于进一步推进"国家示范性高等职业院校建设计划"实施工作的通知》(教高〔2010〕8号)等文件精神要求,在"校企合作、工学结合"理念的指导下,采用工作过程导向的"典型工作任务分析法"和"实践专家访谈会"等技术方法,以岗位职业能力为依据,通过整体化的职业资格研究,按照"从初学者到专家"的职业成长逻辑规律,经过两年多的理性探索与实践,重构了工作过程系统化的专业核心课程体系,以任务驱动式进行教材编排,结构由"任务书—知识准备—案例分析—拓展知识",组织教师和行业企业专家编写了本专业核心课程系列特色教材。

　　园林技术高技能人才就业主要在城市建设、园林管理、房地产企业、绿化工程公司、园林公司、花木公司、花艺公司等企事业单位和教学科研单位从事园林植物栽培与养护、园林规划与设计、园林工程与施工及园林教学科研等中、高端职业岗位。园林苗木生产技术是园林技术专业的岗位核心课程,其功能在于让学生了解园林苗木生产技术员等职业岗位的全面工作流程,培养学生园林苗木生产及养护管理的能力,同时注重培养学生的职业素质和学习能力。本课程需要以"园林观赏植物"、"植物生长与环境"、"园林植物病虫害防治"等课程的学习为基础。

　　本学习领域(课程)以高职园林技术类专业的学生就业为导向,紧密联系园林企业职业岗位工作实际,采用行动导向、工作过程系统化课程开发方法进行设计,整个学习领域由4个学习情境、12个工作任务组成,根据学生的认知规律,每个工作任务从简单到复杂依次递进。以实际工作任务为引领,在已有的知识能力基础上,训练和提高学生的职业综合能力,将职业素质的培养和提高作为最终目标,以适应园林苗木生产技术员等职业岗位的任职要求。

　　学生可在教师指导、工作页的引导下通过查阅相关的资料与技术手册,自主分阶段有计划地在理实一体化教室、苗圃、各类园林绿地现场完成学习内容和工作任务。学习中既强调园林植物苗木生产应形成显性的工作成果,又关注隐性能力的培养,充分体现高职教育课程职业性、实践性和开放性要求。

　　本教材由福建林业职业技术学院黄云玲副教授担任主编,福建农业职业技术学院池银花副教授、南平市园林管理处副主任黄长兴高级技师担任副主编,福建林业职业技术学院院长郑郁善教授对本书的编写提出了许多宝贵的意见。本教材编写过程中,还参考了大量的文献资料和网站资料,在此表示衷心感谢。由于编者水平有限,书中难免有不妥之处,欢迎指正。

编者

2013 年 1 月

目　录

学习情境1

园林苗木生产准备

任务1　组建学习团队

1.1　任务书

　　组建一支优势互补、团结协作、分工明确、具有较强学习能力和创造力的团队是园林植物栽培养护各项学习任务开展的基础。

任务书1　组建学习团队

任务名称	组建团队	任务编号	01	学时	2学时
实训地点	植物栽培实训室	日期		年　月　日	
任务描述	组建团队时须确立团队目标,根据园林企业生产经营活动进行明确的岗位分工定岗,每个团队成员应熟悉岗位职责及相关规章制度,并在实施过程中定期进行岗位角色转换。团队成员应万众一心、精诚团结、互相沟通、相互扶持、彼此欣赏、坚定目标。				
任务目标	能组建一支优势互补、团结协作、分工明确、具有较强学习能力和创造力的团队,并定期进行岗位角色转换;增强自主学习、组织协调、团队协作、表达沟通能力。				
相关知识	园林企业岗位分工、岗位职责及相关规章制度;园林植物栽培养护课程性质、地位、课程目标;团队及团队合作相关知识。				
实训设备与材料	多媒体教学设备与教学课件;园林企业岗位分工与岗位职责及相关规章制度;互联网、报纸、专业书籍;案例等。				
任务组织实施	1. **任务组织**:以5～6人为一组按照任务书的要求完成工作任务。 2. **任务实施**: (1)学生自主组成团队,每个团队5～6人,每班根据人数组成5～8个团队。 (2)以学生自荐和同学推荐的方式选出各组组长。 (3)由组长对团队成员进行职责分工、定岗、角色转换设计等。具体步骤: ①在组长的带领下,本团队的成员介绍各自的优势和特长,明确自己的工作态度,办事风格,自荐自己合适岗位。				

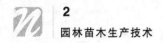

续表

任务组织 实施	②组长根据本团队组员的实际情况,初步确认各个组员的岗位分工,主要包括:组长(负责全组各项工作的开展和管理,负责生产计划制订,负责组织全组同学讨论学习,做到合理分工,汇报展示各项学习任务成果),副组长(协助组长开展各项工作,协助组长协调人员分工,负责汇总各类纸质成果,负责日常考勤),技术员1(负责工具材料准备和保管),技术员2(负责技术资料查找整理编辑),技术员3(负责苗圃苗木日常养护管理工作的记录及技术档案建立),技术员4(负责各项学习任务纸质成果和实训报告初稿撰写),另小组每个人都应自觉主动参与苗圃苗木日常养护管理工作,园林绿地植物栽培工作和养护工作等(分工只是暂时的,组员在完成其他任务时最好有角色的互换,每个人都应对上述内容进行实践,但负某职责的人要对本团队认领方面的任务负主要责任,要使每个组员在本学期课程结束后各方面的能力均能达到自己较满意的水平。建议完成2～3个任务后适当转换角色)。 (4)制作学生工作页1:组建团队,由团队成员共同填写好工作页后,组长最后审核。 (5)制作学生评价页1:组建团队。 (6)相关材料归档。
工作成果	1. 学生工作页1:组建团队。 2. 学生评价页1:组建团队。 3. 绿化市场或园林市场调研报告。
注意事项	**分组时注意** (1)组长讲清组织纪律,有效地协调、沟通,激发同学的工作热情和工作意识。 (2)各组长之间要互相协调、互相借鉴。 **安排工作时注意** (1)每位同学要有自己的主要工作,即做自己工作的负责人,同时辅助其他组员的工作,并在工作中互相沟通、互相激励、齐心协力完成小组各项学习任务和成果,最后上交给组长验收。 (2)分工明确,各司其职。负责分任务的同学要及时监控工作的进程和质量,并接受组长的检查。避免"搭车"现象。

1.2 知识准备

一、园林苗木生产技术概述

(一)园林苗木生产技术内涵

园林苗木生产技术是通过对各类园林植物生长发育规律的了解,研究园林苗木繁育、生产、养护管理技术方法的一门实用型技术,其专业性、实践性、职业性强。

(二)园林苗木生产技术课程性质、地位

园林苗木生产技术是园林技术专业核心课程,其功能在于让学生了解种苗工、花卉园艺师、园林苗木生产技术员等职业岗位的全面工作流程,培养学生园林苗木繁育、生产、养护管理的能力,同时注重培养学生的职业素质和学习能力。本课程需要以"园林观赏植物"、"植物生长与环境"、"园林植物病虫害防治"等课程的学习为基础。

(三)园林苗木生产技术课程目标

1. 专业能力目标。

(1)会园林市场调研和制订园林企业生产计划;

(2)会园林苗圃建立、区划和苗圃技术建档;

(3)会园林植物栽培土壤选择、栽培基质配置及处理;

(4)会园林植物苗木各项繁殖技术;

(5)会本地区主要园林苗木繁育、生产、养护管理技术;

(6)具备种苗工、花卉园艺师、园林苗木生产技术员上岗就业的能力。

2. 方法能力目标。

(1)能独立分析与解决生产实际问题;

(2)能自主学习园林新知识、新技术;

(3)能通过各种媒体查阅各类资料、获取所需信息;

(4)能独立制定工作计划并实施。

3. 社会能力目标。

(1)具有较强的口头与书面表达能力、沟通协调能力;

(2)具有较强的组织协调和团队协作能力;

(3)具有良好的心理素质和克服困难的能力;

(4)具有行业法律观念和安全生产意识;

(5)具有创新精神和创业能力;

(6)具有良好的职业道德和职业素质。

(四)园林苗木生产的意义

1. 社会效益。城市园林绿化是城市公用事业、环境建设和国土绿化事业的重要组成部分。园林苗木是搞好城市园林绿化的物质基础,城市园林绿化需要各种规格、各种品种的优质种苗,园林苗木生产在城市园林绿化中起到举足轻重的作用。

2. 生态效益。园林苗木具有改善生态环境,提高环境质量,增进人民身心健康的作用。

3. 经济效益。园林苗木具有创造财富的生产功能;是新兴产业、朝阳产业。

(五)园林苗木生产技术的任务和内容

园林苗木生产技术的主要任务是为园林苗木繁育、生产提供理论依据和先进技术,培养具备种苗工、园林苗木生产技术员职业岗位技能的技术技能型人才。其主要内容如下:园林苗木生产准备、常见园林植物育苗、园林植物大苗培育和苗木出圃、园林苗木生产综合训练等基本知识和技能;包括园林苗圃建立,苗圃生产计划制订,常见园林植物播种育苗、扦插育苗、嫁接育苗、组织培养育苗、分生压条育苗,园林植物大苗培育,苗木出圃等。

二、园林企业岗位分工、岗位职责及相关规章制度

（一）岗位分工

园林企业所设岗位及其分工如图 1-1-1 所示。

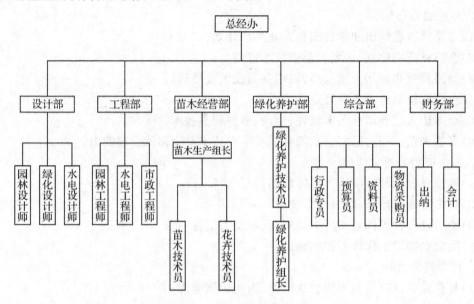

图 1-1-1　园林企业岗位分工

（二）岗位职责

园林企业所设岗位及其岗位职责如表 1-1-1 所示。

表 1-1-1　园林企业岗位及岗位职责

序号	岗位	岗位职责
1	苗木生产组长	负责全组各项工作的开展和管理，做到合理分工； 负责生产计划制订，并按生产计划合理组织本组苗木的生产和经营； 负责苗木生产技术管理工作任务，严格执行各项技术操作规程，确保苗木产质量； 负责进行苗木出入圃管理工作任务； 负责组织全组同学学习，提高苗木生产和养护管理水平，提高全组人员综合素质； 负责汇报展示各项学习任务成果。
2	苗木生产副组长	协助组长开展各项工作，协助组长协调人员分工； 协助生产计划制订，协助组织本组苗木的生产和经营； 协助苗木生产技术管理工作任务，严格执行各项技术操作规程，确保苗木产质量； 协助进行苗木出入圃管理工作任务； 协助组织全组同学学习，提高苗木生产和养护管理水平，提高全组人员综合素质； 负责汇总各类纸质成果。

续表

序号	岗位	岗位职责
3	苗木和花卉生产技术员	服从组长、副组长工作安排,按时、按量、保质完成各项学习任务; 严格执行各项技术操作规程,确保苗木产质量; 负责工具材料准备和保管; 负责技术资料查找整理编辑; 负责苗圃苗木日常养护管理工作的记录及技术档案建立; 负责各项学习任务纸质成果和实训报告初稿撰写。
4	绿化养护组长	负责全组各项工作的开展和管理,做到合理分工; 负责按工作计划和学习任务安排,带领组员保质保量完成全组绿化养护学习任务; 负责组织全组同学认真学习园林技术知识、园林公司各种规章制度,熟悉绿化养护管理标准和作业指导书,熟练掌握绿化养护管理各种操作技术,提高绿化养护管理水平,提高全组人员的业务水平和综合素质; 负责汇报展示各项学习任务成果。
5	绿化养护副组长	协助组长开展各项工作,协助组长协调人员分工; 协助组长按工作计划和学习任务安排,带好组员保质保量完成全组绿化养护学习任务; 协助组长组织全组同学开展学习和讨论,提高绿化养护管理水平,提高全组人员的业务水平和综合素质; 公正合理做好本组人员日常考勤工作,对违章行为及时制止并向组长报告; 负责汇总各类纸质成果。
6	绿化养护技术员	服从组长、副组长工作安排,严格执行各项绿化养护技术操作规程,做好校园内各绿化区域的种植和管护工作,能根据气候和植物生长情况及时浇水、修剪、施肥,并做好防虫、防晒、防冻工作,对区域内的杂草、杂物及时清除,确保花草树木的正常生长,确保绿地养护质量; 熟悉绿化机具的使用和维护,负责工具材料准备和保管; 负责技术资料查找整理编辑; 负责校园或某小区绿地养护管理工作的记录及技术档案建立; 负责各项学习任务纸质成果和实训报告初稿撰写。

注:本表结合《园林植物栽培养护》对应的岗位分析。

三、团队建设

(一)团队内涵

团队是由两个或两个以上的人组成的一个共同体,该共同体合理利用每一个成员的知识和技能协同工作,解决问题,达到共同的目标;团队内的成员在工作上相互依附,在心理上彼此意识到对方,在感情上相互影响,在行为上有共同的规范和目标。团队构成要素有(5P):目标(purpose)、计划(plan)、人员(people)、定位(position)、权限(power)。

(二)团队组建

组建团队共同承担园林苗木生产、园林绿地种植和养护等学习任务是本课程教学组织实施的前提与基础,团队组建的成功与否,会对整个课程学习任务完成的质量高低产生很大的影响。在组建团队时要注意:

1. 取长补短、合理定岗。人有所长、必有所短,在一个团队中,最好各个成员的能力互补、性格互补,做到取长补短、相得益彰,创造良好的合作氛围。

2. 即讲独立、又重合作。团队中每位组员应该各尽其职,发挥特长,让每一位同学充分发挥自己优势;但独立离不开合作,每位团队成员要自觉合作,齐心协力为共同的目标奋斗。

3. 明确目标、制订计划。一个团队应该有明确目标,并依据目标制订实施计划,且应采取措施监督计划执行与改进的情况,确保目标实现。

4. 遵守规范、严格管理。没有规矩不成方圆,一个团队没有规范,就没有有效约束,难以管理。因此应制定团队规范,且每个团队成员自觉遵守,形成良好团队意识和集体观念。

(三)团队合作

"人心齐、泰山移","一木难成舟、万木才成林","一根筷子易折断、一把筷子抱成团"……这些古训描述的都是团队合作的力量。一支优秀的团队是集体智慧的源泉,它可以发挥巨大的力量来解决各种复杂的问题。

团队合作是一种为达到既定目标所显示出来的自愿合作和协同努力的精神。团队合作有着无可比拟的力量,团队成员集体能够实现个人能力简单叠加所无法达到的成就,能产生一股强大而且持久的力量,可以调动团队成员的所有资源和才智,并且会自动地驱除所有不和谐和不公正现象,同时会给予那些诚心、大公无私的奉献者适当的回报。相互信任,良好的沟通氛围,良性的冲突,真情奉献、勇于承担是团队合作的基础。

(四)团队合作中常见问题

1. 搭便车。对于团队成员的搭便车行为,首先当然是努力把每个成员对团队的贡献区分化,最好的团队模式是接力赛模式,工作内容有一定的顺序,每个成员各司其职,其贡献都可以轻而易举地被辨别出来。其次是沟通。要让大家协助共帮,对目标有共识,不把个人的利益驾于团队利益之上。让每个成员了解团队合作的好处和不合作的损失,认识到自己在合作中的重要性,建立团队的凝聚力、认同感和信任感,激发合作的愿望。再次是创造良好的团队合作气氛和行为规范。团队成员一起工作时,整个团队气氛会很大程度上影响个人的行为。最后,团队其他成员的评价是摆脱搭便车困境的有效方法。即使无法把每个成员的贡献都区分得很清楚,但是如果让团队成员认识到有人在评价他们的行为,至少他身边的合作伙伴知道他是否在同其他伙伴合作,这也将是有效地摆脱搭便车困境的方法。

2. 轮岗。分工只是相对的,组员在完成其他任务时最好有角色的互换,每个人都应对上面提到的内容进行实践,但负有某职责的人要对本团队认领方面的任务负主要责任,要使每个组员在本学期课程结束后各方面的能力均能达到自己较满意的水平。建议完成2~3个任务后适当转换角色。

1.3　案例分析

案例 1-1　性格与团队

作为团队领导人和协调者的唐僧,虽然处事缺乏果断和精明,但对于团队目标抱有坚定信念,以博爱、仁慈之心在取经途中不断地教诲和感化着众位徒弟。

队中明星员工孙悟空是一个不稳定因素:虽然能力高超,交际广阔,疾恶如仇,但桀骜不驯,喜欢单打独斗。最重要的一点是他对团队成员有着难以割舍的深厚感情,同时有一颗不屈不挠的心,为达成取经的目标愿意付出任何代价。

也许很少有人会意识到,猪八戒对于团队内部承上启下起着多么重要的作用,他的随和健谈,是唐僧和孙悟空这对固执师徒之间最好的"润滑剂"和沟通的桥梁,虽然好吃懒做的性格经常使他成为挨骂的对象,但他从不会因此心怀怨恨。

至于沙僧,每个团队都不能缺少这类员工,脏活累活全包,并且任劳任怨,还从不争功,是领导的忠实追随者,起着保持团队稳定的基石作用。

每个团队成员都会有个性,这是无法也是无需改变的,而团队的艺术就在于如何发掘组织成员的优缺点,根据其个性和特长合理安排工作岗位,使其达到互补的效果。

思考:

(1)本团队成员的性格分别是怎样的,讨论一下各自的性格在本团队中所起的作用。

(2)结合成员的优势特长和性格特点,讨论一下各自的分工。

案例 1-2　遵守规范

有一天,美国 IBM 公司老板汤姆斯华森带着客人去参观厂房,走到厂房门口时,警卫挡着他:"对不起先生,不能进去,识别牌不对。"原来美国 IBM 有个规定,进厂区的时候,识别牌必须是浅蓝色的,在行政大楼,公司本部统统是粉红色的,汤姆斯·华森和他的一些随从们挂的都是粉红色的,没有换识别牌,不能进去。董事长的助理就马上对警卫叫起来了,说这是大老板,但是警卫说公司教育不是这样,必须按规矩办事。结果汤姆斯·华森笑笑说,他讲的对,快把识别牌换一下,结果所有的人统统换成浅蓝色的。

思考:这个案例你看了有什么触动？仔细想想自己以前有没有不遵守团队规范或学校规章制度?

启示:一家企业如果真的像一个团队,从领导开始就要严格地遵守这家企业的规章。整家企业如果是个团队,整个国家如果是个团队,那么自己的领导要身先士卒带头做好,自己先树立起这种规章的威严,再要求下面的人去遵守这种规章,这样才叫做团队。

例 1-3　濒临倒闭的美国钢铁厂能够起死回生

美国一家面临倒闭的钢铁公司,在频繁更换几任总经理之后仍无起色。新到任的总经理似乎也拿不出什么好的办法来,但却在几次员工会议上发现了一个现象,公司的每次决策制度公布时,大家似乎都不愿意提出反对意见,管理者说什么就是什么,以前怎么做的就怎么做,会议总是死气沉沉。因此这位总经理果断做出了个决定,以后会议,不分层次,每个人都有平等发言的权利,如果发现问题,谁提出解决方案并且没有人能够驳倒他,他就是这个方案项目的负责人,公司给予相应的权限和奖励。新制度出台后,以往静悄悄的会议渐渐出现了热烈的场面,大家踊跃发言,争相对别人提案进行反驳,有时候为争论某个不同意见,争论者面红耳赤,甚至大打出手,但在走出会议室之前,都会达成一个解决问题的共识,不管是同意还是反对,都要按照达成的共识去做。过了一段时间,公司起死回生,几年之后成为美国四大钢铁公司之列。

思考:

(1)良性的冲突为什么能挽救濒临企业?

(2)如何激发良性的冲突。

1.4　知识拓展

八个建立高效团队必须注意的事项

一个成功的企业接班人,必须建立自己的高效团队。所谓高效团队,就是要思想高度统一,执行十分到位,领导坚强有力,协作内外和谐。所谓自己的,就是要有别于父母团队,自己重新建立的团队。这是一个成功接班人的根本保证。那么如何建立高效团队呢? 我认为主要有以下"八项注意":

第一,选人与外招内培。首先要选人,选什么样的人,我想必须符合下面四个条件:忠诚、敬业、有较好的专业知识和较强的专业能力、有团队意识,创新意识和协作精神。

选人的条件确定了,人到哪里去招呢? 这也是一件难事。方太集团采用的是对外招聘与内部培养相结合的办法。对外招聘的优点是可以招到针对性强、能立即发挥作用的职业经理人。但不利的是与内部的文化相融往往有一个过程,融洽不好,会出现新老矛盾。有的新职员,看起来水平很高,但不适合这个企业的现状,也很麻烦。但是自己培养需要较长的过程,所以对外招聘是必要的。方太创造了一个阳光计划,每年招收 60~100 名的应届大学生,集中 6 个月培训,然后分配职务和部门,由人力资源部对他们进行职业生涯的规划和定期培训,力争在 3 年之内能成为主管级以上干部。这个计划实施了 8 年,效果比较好。一部分阳光学员已经成为方太中层管理干部。

第二,组织与机构设置。组织与机构设置,需要按以下原则进行:高效、精干、适合企业现状。

有的企业为了赶时髦,部门设置越全越好,越多越好,越细越好。这是不对的,但到底应该如何设置,没有定式,按上面三个原则办事才行。

第三,目标与计划执行。组织成立了,就要制定企业目标,有中长期目标,也有短期目标,特别重要的是年度目标。将目标分解到各职能部门,然后制订实施计划。有的企业目标有了,计划也制订了,就是执行不到位,最终目标完不成。

方太有一个例会制度,每个月召开一次计划例会,检查上月计划执行及任务完成情况,布置下月计划的推进,如上月完成不好,下月如何完善和改进,必须提出明确的措施。这样一月盯着一月,监督计划执行与改进的情况,这就是一种上下左右的监督机制。

第四,考核与优胜劣汰。对干部的绩效考核制度,是增强干部的进取心,优化团队的高效性的一项十分重要的现代管理手段和激励机制。按权重比例将目标分解到 100 分的比例中,然后按实际完成的情况测算得分,将所得分数与年终奖挂钩。

在方太同时还有一项 A、B、C 考核制,A 是优秀,C 是淘汰,每半年测评一次。这可以大大促进干部的进取心,同时也能淘汰个别不满意的干部,使组织不断优化与高效。

第五,培训与能力提升。即使是一个最优秀的人才,也必须不断培训,接受新的思想,新的管理。方太实现的是全员培训,包括专业技能的培训,提升领导力的培训,提升个人道德素质的培训,企业文化培训等。当然,对高层干部的培训次数更多,层次更高,要求更严。通过培训努力打造一个学习型的组织,全面提升干部的能力与素质。

第六,沟通与上下一心。"沟通,沟通,再沟通"是通用电气的企业文化,这是杰克·韦尔奇创造的。他会在 6 个月中给 500 名高管上一堂课,统一思想,而且还要求将这堂课的录像向全球几十万员工播放,做到上下一心。一个企业的领导者对高层统一思想至少一个月一次。方太每个月有各种例会,其中计划例会、销售例会和人力资源例会就是总裁传达自己思想的场所。从而达到进一步明确目标,统一思想,鼓舞斗志,凝聚人心的作用。

第七,元老和家族安置。在组织自己团队的时候,第二代往往不会去重用与父母一起创业的元老与家族成员。如果这个关系处理不当,会造成企业不和谐,所以对元老与家族成员的安置,最好是由父母解决。

对元老安置的方法有:个别很有能力和威信的可以留用;有的可以买断工龄,另谋出路;有的分立项目,独立经营;有的降级使用,工资不减;有的保持年薪,成为顾问;等等。元老与家族的安置要注意和谐,这是考量我们新一代接班人能力和气量的大事。

第八,充分信任与授权。一个好汉三个帮,没人帮助就不是好汉。大凡成功的人士都是善于用人的。用人是一门艺术,也是一种胸怀!建立现代精英团队,领导人必须要对团队成员充分信任与授权。现在的年轻人,有一种强烈的自我价值实现的愿望。你越对他信任,越授权,他越感到有信心,有价值感。

任务 2 　苗圃建立

2.1 　任务书

园林苗圃是园林苗木生产的基地,一般为固定苗圃,使用时间长,基本建设、技术设备条件较好,生产苗木种类多,效益较高。苗圃区划是科学组织园林苗木生产,充分利用土地的前提。

任务书 2 　苗圃建立

任务名称	苗圃建立	任务编号	02	学时	2 学时
实训地点	植物栽培实训室、学院苗圃		日期		年　月　日
任务描述	苗圃建立是组织园林苗木生产的基础。包括苗圃选址、苗圃区划和苗圃技术建档;①苗圃选址应综合考虑经营条件和自然条件;②苗圃区划应遵循因地制宜、合理布局、地尽其力、节约用地原则,合理区划生产用地区和辅助用地区;③苗圃技术档案包括土地利用档案、育苗技术措施档案、苗木生长调查档案、气象观测档案、苗圃作业日志等。				

续表

任务目标	会园林苗圃选址五大要素分析,懂得怎么选择园林苗圃;会制定园林苗圃作业区区划方案并组织实施;会建立和管理苗圃技术档案。
相关知识	园林苗木生产的国家、行业、企业技术标准;园林苗圃建圃条件、程序及技术方法、技术规程;园林苗圃区划相关知识;园林苗圃技术档案有关知识。
实训设备与材料	多媒体教学设备与教学课件;园林苗圃实训基地,区划的各类工具;互联网、报纸、专业书籍、苗圃图纸、案例。
任务组织实施	1. 任务组织:以5~6人为一组按照任务书的要求完成工作任务。 2. 任务实施: (1)组长组织团队各成员合理分工收集园林苗圃选址、区划、技术建档的基本知识、技术规程,园林苗圃作业区划案例等信息材料,组织小组讨论学习,准备相关资料; (2)参观中大型园林苗圃,进行园林苗圃选址五大要素分析; (3)园林苗圃作业区区划方案制定及实施; (4)园林苗圃技术档案建立; (5)制作学生工作页2(1)、(2):苗圃建立; (6)制作学生评价页2:苗圃建立。
工作成果	1. 工作页2(1)、(2):苗圃建立。 2. 任务评价页2:苗圃建立。
注意事项	苗圃建立方案科学合理,可操作性强。

2.2 知识准备

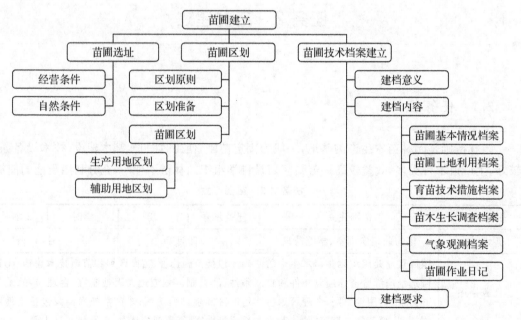

图 1-2-1　苗圃建立内容图

一、苗圃选址

园林苗圃是培育园林苗木的基地,通过园林苗圃经营条件和自然条件分析,使学生会正确选择园林苗圃地。

(一)经营条件

首先要选择交通方便,靠近铁路、公路、水路和用苗区域附近的地方,以便于苗木的出圃和材料物资的运入,降低成本;其次应靠近村镇或居民点附近,以便于解决劳力用工、水力、电力等问题;靠近林业科研院校、拖拉机站等地,有利于技术指导、采用机械化作业;最后还应注意环境污染问题,尽量远离污染源。选择适当的苗圃位置,创造良好的经营管理条件,有利于提高经营管理水平。

(二)自然条件

1. 地形地势。苗圃地宜选择地势较高、地形平坦、排水良好、光照充足的开阔地带。坡度1°~3°为宜,南方多雨地区,为便于排水,自然坡度在3°~5°。山地丘陵区因条件限制时,可选择在山脚下的缓坡地,坡度在5°以下,如自然坡度较大,应进行地形改造如修建水平梯田等。南方林区坡向宜选在东南坡和东北坡;忌选积水的洼地,重盐碱地,寒流汇集地如峡谷、风口、林中空地等日温差变化较大的不利小地形。

2. 土壤。土壤是苗木生长的基础,土壤质地、肥力、酸碱度等各种因素对苗木生长都有重要的影响。选择苗圃地时应先调查土壤条件并分析,判定土壤条件是否适合苗木生长,是否需要进行改良。土壤质地宜选择砂壤土、轻壤土、壤土;土层厚度宜在40~50 cm以上,且深厚肥沃;pH值以5~8为宜,其中针叶树圃地pH值以5~6.5为宜,阔叶树圃地以5~8为宜。如丁香、月季等适宜pH 7~8的碱性土壤,一些阔叶树和多数针叶树适宜在中性或微酸性土壤上生长,杜鹃、茶花、栀子花都要求pH 5~6的酸性土壤。

3. 水源。水是苗木生长发育必不可少的重要物质,水源不足将影响苗木产质量。苗圃地应选在江、河、湖、塘、水库等水源附近,水质为软水且无污染水源的地方,以利引水灌溉和使用现代化灌溉技术;水中盐含量不超过0.1‰,地下水位深度适宜:砂土地区1~1.5 m以下,砂壤土2.5 m以下,黏性壤土4 m以下为宜。

4. 病虫害。应事先进行病虫害状况调查,如地下害虫数量超标或有较严重的立枯病、根腐病等病菌感染的地方不宜选作育苗圃地。长期种植烟草、棉花、蔬菜等地块忌选为苗圃地,或者采取有效消毒措施后再作苗圃。

二、苗圃区划

(一)区划原则

因地制宜、合理布局、地尽其力、节约用地。

(二)苗圃区划准备

1. 搜集区划资料。如苗圃平面图、地形地貌图、气象资料、育苗技术规程等资料。

2. 准备调查区划器具。GPS、皮尺、水准仪、卡尺、绘图板、土壤取样器、酸度计等。

3. 苗圃踏查。由设计人员会同施工和经营人员到已确定的苗圃地范围内进行实地踏勘和调查访问工作,概括了解苗圃地的现状、历史、地势、土壤、植被、水源、交通、病虫害以及周围的环境,提出改造各项条件的初步意见。

4.自然条件调查。

(1)土壤调查。根据圃地的地形、地势及指示植物分布选择典型地区挖掘土壤剖面,调查土层厚度、土壤结构、质地、酸碱度、地下水位等各种因子,必要时采集样本进行室内分析。并在地形图上绘出土壤分布图。

(2)病虫害调查。主要调查圃地内地下害虫及周围植物病虫害的种类及感染程度。

(三)苗圃区划

1.苗圃面积计算。

(1)生产用地面积。苗圃地包括生产用地和辅助用地两部分。直接用于育苗和休闲的土地称为生产用地,通常占80%,大型苗圃比例大些,中小型苗圃所占比例小些。

生产用地面积可以根据各种苗木的生产任务、单位面积的产苗量及轮作制来计算。各树种的单位面积产苗量通常是根据各个地区自然条件和技术水平所确定。如果没有产苗量定额,则可以参考生产实践经验来确定。计算时用下列公式:

$$S = \frac{N \times A}{n} \times \frac{B}{C}$$

式中:S—某树种所需的育苗面积;

N—该树种计划产苗量;

n—该树种单位面积的产苗量;

A—苗木的培育年龄;

B—轮作区的总区数;

C—每年育苗所占的区数。

例如:某苗圃生产 5 年生樟树播种苗 30 万株,采取 3 区轮作,每年有 1 区休闲种植绿肥作物,2 个区育苗,单位面积产苗量为 20 株/m²,则需要育苗面积为:

$$S = \frac{30 \times 10000}{20} \times 5 \times \frac{3}{2} = 112500 \ m^2$$

若不采用轮作制,$\frac{B}{C}$ 等于 1,则育苗面积为 75000 m²。

依上述公式的计算结果是理论数值。实际生产中,在苗木抚育、起苗、假植、贮藏和运输等过程中苗木会有一定损失。所以,计划每年生产的苗木数量时,应适当增加 3%～5%,育苗面积亦相应地增加。各个树种所占面积的总和即为生产用地的总面积。生产用地面积加上辅助用地面积即为苗圃地的总面积。

(2)辅助用地面积。辅助用地面积包括道路、灌溉系统、防护系统、房建系统等辅助设施所占用的土地面积,一般占苗圃总面积的 20%,大型苗圃占 15%～20%,中小型苗圃占 20%～25%。设辅助用地占圃地总面积的比例为 M,则 $P_总 = P_生 + P_辅 = P_生 + M \times P_总$,所以

$$P_总 = \frac{P_生}{1-M} \qquad P_辅 = \frac{M \times P_生}{1-M}$$

2.苗圃区划。

(1)生产用地区划。生产用地一般可设置播种区、营养繁殖区、移植区、大苗区、母树区、引种驯化区等各作业区。生产用地区划应因地制宜,科学安排各个生产作业区,大型或机械化程度高的苗圃作业区长度以 300～500 m 为宜,中小型苗圃或畜耕为主的苗圃以 200 m 为宜,作

业区宽度以长度的 1/2 或 1/3 为宜,作业区长边宜循南北走向。各育苗区的配置如下:

①播种区。应选择全圃自然、经营条件最优良的地段。即地势较高而平坦,坡度小,靠近水源、灌溉管理方便,土质优良、土层厚度 50 cm 以上、肥力较高,背风向阳地段。

②无性繁殖区。应依据树种生物学特性,以满足扦插、嫁接埋条(压条)、分蘖(分株)育苗的工艺条件,选择排水良好、自然条件接近播种区且地下水位较高的地段。

③移植区。应依据苗木培育规格和树种生长速度及特性,选择苗圃中土壤条件中等、地块大且独立完整的地段。

④大苗区。培育一次或多次移植供特殊绿化用的大型大龄苗木。可选设于靠近苗圃主干道或苗圃四周,土壤条件中等、地下水位较低的整齐地段。

⑤母树区。提供优良种子、插条、接穗等的繁殖材料区。可选圃地四周灵散且土壤条件较好、地下水位较低地段。

⑥试验区。应根据引种、组培和新种引植及新品种的特性及其采用工艺条件,选择便于观察、试验且土壤条件优良的地段,宜结合温室统一区划。

⑦其他则按各苗圃的具体任务和要求,还可设立温室区、标本区、果苗区、塑料大棚、温床等。苗圃温室、塑料大棚应根据生产任务和科研项目安排的需要,合理地确定建设规模,进行选型和工程设计。

(2)辅助用地区划。辅助用地包括道路系统、排灌系统、防护林带、管理区的房屋场地等,满足生产需要的前提下尽量减少辅助用地占地面积。具体各区配置如下:

①道路系统设置。保证管理和运输方便的前提下尽量节省用地,道路占地面积不超过苗圃总面积的 7%～10%。A. 主干道(主道):是苗圃内部和对外运输的主要道路,以办公室、管理处为中心,设于圃地中央或附近。宽 6～8 m,其标高应高于耕作区 20 cm。B. 支干道(副道):与主道相垂直并与各耕作区相连接,宽 4 m,标高高于耕作区 10 cm。C. 小道:沟通各耕作区的作业路并与副道垂直,宽 2 m。D. 环路:一般大型苗圃设置,宽 4～6 m。

②排灌系统设置。灌溉渠道网与排水沟网宜各居道路一侧,形成沟、渠、道路并列设置。A. 灌溉系统包括水源、提水设备和引水设施三部分。a. 水源主要有地面水和地下水两类,地面水指河流、湖泊、池塘、水库等,以无污染又能自流灌溉的最为理想。不能自流灌溉的用抽水设备引水灌溉。一般地面水温度较高,与作业区土温相近,水质较好,且含有一定养分,有利苗木生长。地下水指泉水、井水等。地下水的水温较低,宜建蓄水池,以提高水温,再用于灌溉。水井应设在地势高的地方,以便自流灌溉。水井设置还要均匀分布,以便缩短引水和送水的距离。b. 提水设备指抽水机(水泵),可依苗圃的需要,选用不同规格的抽水机。c. 引水设施有地面渠道引水和管道引水两种。B. 排水系统设置。做到外水不积、内水不淹,雨过沟干。a. 大排水沟:为排水沟网的出口段并直接通入河、湖或公共排水系统或低洼安全地带。大排水沟的截面根据排水量决定,但其底宽及深度不宜小于 0.5 m。b. 中排水沟:顺支道路边设置,底宽 0.3～0.5 m,深 0.3～0.6 m。c. 小排水沟:设在小道旁,宽度与深度可根据实际情况确定。

③防护系统设置。A. 防护林带。防护林带的设置规格,依苗圃的大小和风害程度而异,一般小型苗圃与主风方向垂直设一条林带;中型苗圃在四周设置林带;大型苗圃除周围设置环圃林带外,还应在圃内结合道路等设置与主风方向垂直的辅助林带。如有偏角,不应超过 30°。一般防护林防护范围是树高的 15～17 倍。林带的结构以乔、灌木混交半透风式为宜,既可减低风速又不因过分紧密而形成回流。林带宽度和密度依苗圃面积、气候条件、

土壤和树种特性而定,一般主林带宽 8~10 m,株距 1.0~1.5 m,行距 1.5~2.0 m;辅助林带多为 1~4 行乔木即可。林带的树种选择,应尽量就地取材,选用当地适应性强,生长迅速,树冠高大的乡土树种。同时也要注意到速生和慢生、常绿和落叶、乔木和灌木、寿命长和寿命短的树种相结合。苗圃中林带的占地面积一般为苗圃总面积的 5%~10%。B. 围墙。

④房屋建筑系统。包括办公室、宿舍、食堂、仓库、种子贮藏室、工具房、畜舍车棚、劳动集散地、晒场、肥场等。本区设置以有利生产、便于经营管理,方便生活,节省土地为依据。中小型苗圃的建筑一般设在苗圃出入口的地方。大型苗圃的建筑最好设在苗圃中央,以便于苗圃经营管理。占地面积为苗圃总面积的 1%~2%。

三、苗圃技术档案建立

苗圃技术档案是育苗生产和科学实验的历史记录,是历史的真实凭证。包括记录各种苗木从种子、插条、接穗处理开始到起苗、包装、贮藏、出圃为止的育苗全过程资料。从苗圃建立起,作为苗圃生产经营内容之一,就应建立苗圃技术档案。

(一)建立苗圃技术档案的意义

苗圃技术档案通过不间断地记录、积累、整理、分析和总结苗圃地的使用情况,苗木的生长状况,育苗技术措施,物料使用情况及苗圃日常作业的劳动组织和用工等,能够及时、准确、历史地掌握培育苗木的种类、数量和质量及各种苗木的生长节律,为分析总结育苗技术经验,探索土地、劳力、机具和物料合理使用及建立健全计划管理、劳动组织,制定生产定额和实行科学管理提供依据。对于人们考查既往情况,掌握历史材料,研究有关事物的发展规律,以及总结经验、吸取教训,具有重要的参考作用。

(二)苗圃技术档案的主要内容

1. 苗圃基本情况档案。记载苗圃的位置、面积、经营条件、自然条件、地形图、土壤分布图、苗圃区划图、固定资产、人员及组织结构等。

2. 苗圃土地利用档案。记录苗圃土地的利用和耕作情况,以便从中分析圃地土壤肥料的变化与耕作之间的关系,为合理轮作和科学地经营苗圃提供依据。

建立这种档案,可用表格形式,把各作业区的面积、土质、育苗树种、育苗方法、作业方式、整地方法、施肥和施用除草剂的种类、数量、方法和时间、灌水数量、次数和时间、病虫害的种类,苗木的产量和质量等,逐年加以记载,归档保管备用。

为了便于工作和以后查阅方便,在建立这种档案的同时,应当每年绘出一张苗圃土地利用情况平面图,并注明和标出圃地总面积、各作业区面积、各育苗树种的育苗面积和休闲面积等。

表 1-2-1　苗圃土地利用表

作业区号		作业区面积			土壤质地			填表人		
年度	植物种类	育苗方法	作业方式	整地情况	施肥情况	施除草剂情况	灌水情况	病虫害情况	苗木质量	备注

3. 育苗技术措施档案。每一年内把苗圃各种苗木的整个培育过程,从种子或种条处理开始,直到起苗包装为止的一系列技术措施用表格形式,分别树种记载下来,如表1-2-2所示。根据这种资料,可分析总结育苗经验,提高育苗技术。

表1-2-2　育苗技术措施表

树种_____　　苗龄_____　　育苗年度_____　　填表人_____

育苗面积(公顷)				前茬		

繁殖方法	实生苗	种子来源_____	贮藏方法_____	贮藏时间_____	催芽方法_____
		播种方法_____	播种量/(kg/hm²)___	覆土厚度_____	覆盖物_____
		覆盖情况_____	间苗时间_____	留苗密度_____	起止日期_____
	扦插苗	插条来源_____	贮藏方法_____	扦插基质_____	插前处理_____
		生根剂_____	扦插方法_____	扦插密度_____	成活率_____
	嫁接苗	砧木名称_____	来源_____	接穗名称_____	来源_____
		嫁接日期_____	嫁接方法_____	解缚日期_____	成活率_____
	移植苗	移植地准备_____	移植苗木来源_____	移植时苗龄_____	移植方法_____
		移植次数_____	株行距_____		

整地	耕地日期_____　耕地深度_____　床作或垄作_____　土壤消毒_____				
施肥	基肥_____	施肥日期_____	肥料种类_____	用量_____	方法_____
	追肥_____	追肥日期_____	肥料种类_____	用量_____	方法_____
灌水	次数_____　时间_____　遮阴时间_____				
中耕	次数_____　时间_____　深度/cm_____				

病虫害防治		名称	发生时间	防治日期	药剂名称	浓度	方法	效果
	病害							
	虫害							

出圃	日期	总公顷数	每公顷产量	合格苗/%	起苗与包装
	初生苗				
	扦插苗				
	嫁接苗				

新技术应用效果及问题		
存在问题和改进意见		

4. 苗木生长调查档案。是对苗木生长的观察。用表格形式,记载出各树种苗木的生长过程,以便掌握其生长周期与自然条件和人为因素对苗木生长的影响,确定适时的培育措施。

表 1-2-3　苗木生长发育表

植物种类						苗木种类					育苗年度	
开始出苗						大量出苗						
芽膨胀						芽展开						
顶芽形成						叶变色						
开始落叶						完全落叶						
项目	生长量											
	月　日	月　日	月　日	月　日	月　日	月　日	月　日	月　日				
苗　高												
地　径												
出圃苗	级别		分类标准			亩产量				总产量		
	Ⅰ级	高度										
		地径										
		冠幅										
	Ⅱ级	高度										
		地径										
		冠幅										
	Ⅲ级	高度										
		地径										
		冠幅										
其　他												

5. 气象观测档案。气象变化与苗木生长和病虫害的发生发展有着密切关系。记载气象因素,可分析它们之间的关系,确定适宜的措施及实验时间,利用有利气象因素,避免或防止自然灾害,达到苗木的优质高产。

在一般情况下,气象资料可以从附近的气象站抄录,但最好是本单位建立气象观测场进行观测。记载时可按气象记录的统一格式填写,如表 1-2-4 所示。

表 1-2-4　气象记录表

年份:＿＿＿＿＿＿　　　　　　　　　　　　　　　　　　　　　　填表人:＿＿＿＿＿＿

月份	平均气温/℃				平均地表温/℃				蒸发量/mm				降雨量/mm				相对湿度/%				日照			
	平均	上旬	中旬	下旬	平均	上旬	中旬	下旬	平均	上旬	中旬	下旬	平均	上旬	中旬	下旬	平均	上旬	中旬	下旬	平均	上旬	中旬	下旬
全年																								
1 月																								
...																								
12 月																								

6. 苗圃作业日记。它不仅可以了解苗圃每天所做的工作,便于检查总结,而且可以根据作业日记,统计各树种的用工量和物料的使用情况,核算成本,制定合理定额,更好地组织生产,提高劳动生产率。

表 1-2-5　苗圃作业日记

植物种类	作业区号	育苗方法	作业方式	作业项目	人工	机工	作业量		物料使用量			工作质量说明	备注
							单位	数量	名称	单位	数量		
总计													
记事													

（三）建立苗圃技术档案的要求

苗圃技术档案能提高生产,促进科学技术的发展和苗圃经营管理水平的提高。要充分发挥苗圃技术档案的作用就必须做到:

1. 要真正落实,长期坚持,不能间断。

2. 要设专职或兼职管理人员。多数苗圃由技术员兼管,人员应尽量保持稳定,工作调动时,要及时另配人员并做好交接工作。

3. 观察记载要认真负责,实事求是,及时准确。要做到边观察边记载,务求简明、全面、清晰。

4. 一个生产周期结束后,有关人员必须对观察记载材料及时进行汇总整理,按照材料形成时间的先后或重要程度,连同总结等分类整理装订、登记造册,归档、长期妥善保管。最好将归档的材料,输入计算机中储存。

2.3　案例分析

案例 2-1　福建林职院苗圃选址

根据园林苗圃选址的要求,分析福建林职院苗圃的经营条件和自然条件,说明该苗圃选址的合理性、存在问题和改进建议。

1. 经营条件。

福建林职院苗圃地处南平市环城路中段,富屯溪、鹰福铁路、205 国道环绕而过,公路、铁路、河流形成了相互交织的运输网络,水陆交通方便,水利电力供应方便,具有优越的地理环境。苗圃总面积 10 hm²,属于小型永久性苗圃,主要供学院园林绿化、花卉租摆等应用。该苗圃有固定职工 2 人,其中一个苗圃主任,另有长期聘用技术工人 3 人,还有30 多个勤工助学的学生,劳力充足,并有较雄厚的技术指导力量,这些都是苗圃经营的有利条件。

2. 自然条件。

(1)气候条件。据南平气象台提供的资料,福建林职院苗圃气候特征主要为:积温≥10 ℃的生长期330 d 左右,生长期平均温 20.2 ℃,初霜期 12 月 8 日,终霜期 2 月 14 日,

全年无霜期 300 d 左右;1 月均温 9.2 ℃,7 月均温 28.6 ℃,极端高温 41 ℃,极端低温
—5.8 ℃;年降雨量 1633.3 mm,分布不均,年蒸发量 1478.6 mm,相对湿度 78％;风力较
小,年均风速 1.0 m/s,风向以东北方向为多。综上可知福建林职院苗圃属中亚热带海洋性
湿润季风气候,雨量充沛,光照丰富,冬无严寒,夏无酷暑,水热资源丰富,适宜发展园林种苗
生产。

(2)土壤。根据苗圃土壤调查和土壤采样分析,可知福建林职院苗圃土壤为砂页岩发育
的山地红壤为主,土层 50 cm 左右,土壤质地为轻壤至中壤,土壤结构以粒状、团粒状为主,
土壤水分条件较好,pH 值为 5.6;腐殖质含量为 2.73％,土壤含 N 量为 0.2％,速效磷为
8 ppm,速效钾含量为 60 ppm,土壤肥力中等。

(3)地形。福建林职院苗圃地势平坦,自然坡度在 3°以下,排水良好。有利于进行育苗
区区划和育苗作业。

(4)病虫害。据圃地病虫害调查,主要发现圃地土壤中有蛴、地老虎、蝼蛄等害虫,但这
些害虫的分布密度较小,危害较轻,地下害虫数量未超过标准。主要病害有立枯病、猝倒病
等,特别是在春雨、梅雨季发病较严重。因此在具体育苗生产前应做好土壤消毒工作。

(5)水源。福建林职院苗圃土壤本身水分条件较好,且苗圃有自来水源,灌溉条件方便,
能满足育苗供水要求。南北两侧各有一条排水沟,有利于雨季及时排水防涝。

(6)圃地杂草。据圃地植被调查,可知福建林职院苗圃主要杂草种类是莎草科的香附
子、水蜈蚣等,禾本科的狗牙根、蟋蟀草、白茅等。这些杂草繁殖容易,适应性强,对水肥竞争
力强,易消耗大量土壤养分,因此整地前应对其处理彻底。

案例 2-2 福建林职院苗圃区划

苗圃区划应遵循因地制宜、合理布局、地尽其力、节约用地原则,做到合理利用土地资
源,并根据立地条件与树种生物学特性要求和育苗方法与经营管理水平综合考虑。苗圃生
产用地可根据计划培育苗木的种类、数量、规格要求、出圃年限、育苗方式及轮休或休闲等因
素以及各树种的苗木单位面积产量合理设计。

1. 生产用地规划。

(1)作业区及规格。福建林职院苗圃为小型苗圃,地势平坦,以手工作业为主,少机械作
业,作业区长度为 20～50 m;作业区宽度 10～20 m,作业区为南北走向。

(2)各育苗区设置。福建林职院苗圃主要供教学、科研、生产性育苗应用,据苗圃实地观
测、苗圃经营自然条件特点、育苗任务,将苗圃生产用地区划为如下区块。

①播种区。选择苗圃中自然、经营条件最优良的地段,即地势平坦、靠近水源、灌溉管理
方便、土质优良、土层厚度 50 cm 以上、肥力较高,背风向阳地段。

②插条区。与播种区设置要求基本相同,依据树种生物学特性,以满足扦插育苗的条
件,选择排水良好、自然条件接近播种区且地下水位较高的地段。

③移植区。依据苗木培育规格和树种生长速度及特性,选择苗圃中土壤条件中等、地块
大且独立完整的地段。

④大苗区。因福建林职院苗圃还肩负着提供学院绿化用苗任务,须培育一定数量植株
的体型、苗龄均较大并经过整形的各类绿化大苗,因此应设立大苗区。该区选设于靠近苗圃
主干道及苗圃四周、土壤条件中等、地下水位较低的整齐地段。大苗区的特点是株行距大,

占地面积大,培育的苗木大,规格高,根系发达,可以直接用于园林绿化建设。

⑤盆花区:为满足福建林职院校园绿化美化需要,福建林职院苗圃还设置了盆花区,主要提供校园绿化美化的各类盆花。该区设在苗圃地势平坦、土壤条件中等、管理较方便的位置。

⑥温室大棚。为满足育苗生产任务和科研项目需要,福建林职院苗圃设有 3 栋温室(其中 2 栋玻璃温室、面积 280 m²,1 栋塑料薄膜温室、面积 120 m²),2 栋塑料大棚(面积 240 m²)。

2. 辅助用地规划。

苗圃的辅助用地(或称非生产用地)主要包括道路系统、排灌系统、防护林带、管理区的房屋占地等,这些用地是直接为生产苗木服务的。福建林职院苗圃属小型苗圃,本着因地制宜、节约用地的原则,辅助用地总面积应控制在苗圃总面积的 30% 以下。

因福建林职院苗圃坐落于学院内,且为小型苗圃,苗圃的主道系统、防护林带和围墙、房屋建筑系统等均可利用学院原有的一些基础设施,无须重新建设。但可根据育苗生产和管理的需要设置如下辅助用地:

(1)道路系统。①支干道(副道):与主道相垂直并与各育苗作业区相连接,宽 2~3 m,标高高于作业区 10 cm,长度依实际需要定。②小道:沟通各育苗作业区的作业路并与副道垂直,宽 1~2 m。

(2)排灌系统规划。①灌溉系统设置。福建林职院苗圃灌溉系统包括水源、引水设施三部分。A. 水源:为南平市区自来水源。B. 引水设备:设置管道灌溉,有主管和支管,均埋入地下,其深度以不影响机械化耕作为度,开关设在地端使用方便之处。②排水系统设置。排水系统由大小不同的排水沟组成,福建林职院苗圃的主排水沟设于苗圃南北两侧,其出口直接通入公共排水系统。另各作业区沿着副道和小道、步道设有中小排水沟,有利于雨季及时排水防涝,可做到外水不积、内水不淹,雨过沟干。

(3)房屋建筑系统设置。根据育苗实际需要,在苗圃中设有一间 150 m² 的仓库,供种子、工具等材料的储藏;设有肥料场 100 m²。其他建筑设施包括办公室、宿舍、食堂、畜舍车棚等均利用学院原有设施。

2.4 知识拓展

一、苗圃施工

苗圃施工的主要项目是各类建筑和道路、沟渠的修建,水、电、通信的引入,防护林带的种植和土地平整等。房屋的建设宜在其他各项之前进行。

(一)道路的施工

施工前先在设计图上选择两个明显的地物或两个已知点,定出主干道的实际位置,再以主干道的中心线为基线,进行道路系统的定点放线工作,然后方可进行修建。道路的种类很多,有土路、石子路、柏油路、水泥路等。大型苗圃中的高级主路可请建筑部门或道路修建单位负责建造,一般在苗圃施工的道路主要为土路。施工是由路两侧取土填于路中,夯实,两侧修筑成整齐的灌溉水渠或排水沟。

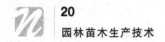

（二）灌溉渠道的修筑

灌溉系统中的提水设施，即泵房的建造和水泵的安装工作，应在引水灌渠修筑前请有关单位建造。一、二级渠道须用水准仪精确测定，打桩标明，再按设计要求修筑。在渗水力强的砂质土地区，水渠的底部和两侧要求用黏土或三合土加固。埋设管道应按设计的坡度、方向和深度的要求埋设。

（三）排水沟的挖掘

一般先挖掘向外排水的大排水沟。中排水沟结合道路的边沟修筑，在修路时即挖掘修成。小区的小排水沟可结合整地进行挖掘，亦可用略低于地面的步道来代替。为防止边坡下踏、堵塞排水沟，可在排水沟挖好后，种植一些簸箕柳、紫穗槐、柽柳等护坡树种。

（四）防护林的营建

一般在路、沟、渠施工后立即进行，以尽早起到防风作用。最好使用大苗栽植，能尽早起到防风作用。栽植的株距、行距按设计规定进行，同时应成"品"字形交错栽植。栽后要注意及时灌水，并注意经常的养护以保证成活。

（五）土地平整

坡度不大者可在路、沟、渠修成后结合翻耕进行平整，或待建立苗圃后结合耕作播种和苗木出圃等时节，逐年进行平整，这样可节省建立苗圃时的施工投资，而且使原有土壤表层不被破坏，有利苗木生长。坡度过大必须修梯田，这是山地苗圃的主要工作项目，应提早进行施工。总坡度不太大，局部不平者，挖高填低。深坑填平后，应灌水使土壤落实后再进行平整。

（六）土壤改良

在苗圃地中如有盐碱土、砂土、重黏土或城市建筑废墟地等，土壤不适合苗木生长时，应在苗圃建立时进行土壤改良。对盐碱地可采取开沟排水，引淡水冲碱或刮碱、扫碱等措施加以改良；轻度盐碱土可采用深翻晒土，多施有机肥料，灌水和雨后（灌水后）及时中耕除草等农业技术措施，逐年改良。对砂性强的土壤，最好用掺入黏土和多施有机肥料的办法进行改良。对重黏的土壤则应用混砂、深耕、多施有机肥、种植绿肥和开沟排水等措施加以改良。对城市建筑废墟或城市撂荒地的改良，应以除去耕作层中的砖、石、木片、石灰等建筑废弃物为主，然后进行平整、翻耕、施肥，即可进行育苗。

二、城市园林苗圃育苗技术规程（节选）

城市园林苗圃育苗技术规程（节选）

（中华人民共和国城镇建设行业标准 CJ/T 23-1999）

1 总则

1.1 为了加强城市园林苗圃技术管理，提高育苗技术水平，满足城市园林绿化对苗木的基本需要，特制订本规程。

1.2 本规程主要对城市园林绿化需要的乔木、灌木和部分花木的繁育技术作出有关规定。其他专业苗圃可参照使用。花卉、草皮、地被植物、水生植物和盆栽花木等园林植物的育苗规程另行制订。

1.3　一个城市的园林苗圃面积应占建成区面积的 2%～3%。并根据城市园林绿化的发展及市场需要制订苗木生产规划。

1.4　园林苗圃要结合生产实际，开展科学试验，推广采用新技术，逐步实现良种壮苗，培育种类丰富、造型优美的苗木产品。

1.5　各地园林苗圃应结合当地的实际情况，制订育苗技术操作规程，加强技术培训和技术考核，努力提高职工技术素质，按规程指导苗圃育苗生产。

2　圃地选择与区划

2.1　圃地选择

2.1.1　各城市应根据城市绿化规划的要求设置园林苗圃。设置两个苗圃以上时，宜分设于城市的不同方位。

2.1.2　苗圃宜建于背风向阳、地势平坦之处，生产区的坡度一般不大于 2‰；如建于丘陵地，应开垦梯田。

2.1.3　苗圃土壤的物理、化学性状应良好：土层深度在 50 cm 以上，pH 值宜为 6.0～7.5，含盐量宜低于 2‰，有机质含量不低于 2.5%，氮、磷、钾的含量与比例应适宜。

2.1.4　圃地应水源充足、排灌方便，地下水位宜为 2 m 左右，并无严重的大气和水源污染。交通方便，距市中心一般不宜远于 20 km。

2.2　苗圃区划

2.2.1　根据育苗生产需要，苗圃应划分为生产区和辅助区。

2.2.2　生产区用地不得少于苗圃总面积的 80%，一般可分为以下五个小区：

a.幼苗繁殖小区。宜设在土质好、水源近、并靠近管理区的平坦地段。

b.小苗培育小区。宜靠近幼苗繁殖小区。

c.大苗栽培小区。宜安排在土质一般的平地或缓坡地。

d.科学试验小区。根据不同试验的需要，分别在上述小区内选定，一般宜设在管理区附近。

e.母本小区。应在土壤肥沃、土层深厚处建立；也可在圃外建立采种基地。

2.2.3　辅助区包括管理区、机具站、仓库、积肥场等。要统筹规划，科学安排道路、水、暖、电等系统；苗圃周围宜营造防护林。

任务 3　苗圃生产计划制订

3.1　任务书

园林苗圃生产计划制订是合理组织园林苗木生产，为城市绿地建设提供大量种类齐全、结构合理的绿化苗木的前提保证。

任务书 3　苗圃生产计划制订

任务名称	苗圃生产计划制订	任务编号	03	学时	2 学时
实训地点	植物栽培实训室、南平园林市场		日期	年　　月　　日	
任务描述	园林苗圃生产计划制订主要包括：①园林苗圃苗木生产品种选择；②苗圃生产计划制订和实施；③苗木管理计划制订和实施等内容。				
实训地点	植物栽培实训室、南平园林市场		日期	年　　月　　日	
任务目标	会开展绿化市场和园林市场调研；会制订园林苗圃生产计划并组织实施；会制订苗木管理计划并组织实施；增强自主学习能力、组织协调和团队协作能力、表达沟通能力、独立分析和解决实际问题能力、创新能力。				
相关知识	绿化市场和园林市场调研相关知识；园林苗木生长习性；园林苗圃生产计划制订的依据及程序；园林苗木生产的国家、行业、企业技术标准。				
实训设备与材料	多媒体教学设备与教学课件；互联网、报纸、专业书籍、案例。				
任务组织实施	1. 任务组织：本学习任务教学以调研法、小组讨论法、小组实操法为主，以 5～6 人为一组按照任务书的要求完成工作任务。 2. 任务实施： (1)组长组织团队各成员合理分工收集园林苗木生长习性，园林苗圃生产计划制订的依据和程序，生产计划的格式等信息材料，组织小组讨论学习，准备好相关问题资料； (2)组长合理安排团队成员分工进行本地园林市场调研，了解南平市年销花市场消费群体、销售种类、进货渠道、销售状况、盈利状况、商家措施等，了解本地区各类绿地种植的主要园林植物种类，分析本地区年销花市场存在问题并提出建议，进行明年流行品种的预测等，编制调研报告； (3)制作学生工作页 3(1)、(2)：苗圃生产计划制订； (4)制作学生评价页 3：苗圃生产计划制订。				
工作成果	1. 本地区园林市场调研报告； 2. 工作页 3(1)、(2)：苗圃生产计划制订； 3. 任务评价页 3：苗圃生产计划制订。				
注意事项	应事先开展本地区园林市场调研，制订的生产计划应实际可行。				

3.2　知识准备

一、苗木生产品种选择

　　城市绿地建设需要大量种类齐全、结构合理的绿化苗木，园林苗圃须根据市场调查正确确定苗木生产品种，原则上应以市场适销的品种为主，兼顾苗木生长习性、苗圃规模及圃地的立地条件等。

　　1. 根据市场调查确定生产苗木品种。

　　园林苗圃确定苗木生产品种前应先进行市场各个园林苗木品种需求量、现有繁育数量、库存量调查;应掌握本地区园林苗木品种的规划,了解绿化设计、绿化行业用户、本地居民欣赏的品种;并注意引进新优、观赏价值高、适应性强的品种,不断丰富本地区园林植物资源,提升绿化质量。但新品种引进应遵循引种原则,严格引种程序,做好引种试验,控制合适数量(一般不超过苗圃容量的10%)。

2. 根据苗木的生长习性确定生产苗木品种。

(1)依据常绿、落叶品种,乔、灌品种的搭配比例。从苗圃总体规划上看,保持1/3常绿品种、2/3落叶品种比较合理,常绿、落叶类中分别保持1/3灌木品种、2/3乔木品种比较合适。

(2)根据苗木的生长速度。生长速度快慢由苗木的生长周期决定。在常绿、落叶(针、阔叶)品种的搭配比例确定的前提下,要根据生长速度选择具体的品种。一般情况下,针叶品种类生长周期特长(30年左右)的品种控制在5%~10%,生长周期长(20年左右)的品种可控制在40%~60%,生长周期短(10年左右)的品种控制在30%~50%,这样品种比例搭配比较适合近期的经营及远期的发展。落叶乔木品种搭配可根据其生长周期分类(长速慢、长速较慢、长速适中、长速较快、长速快),这5类品种在苗圃建设中应合理分配。一般情况下应按生长速度从慢到快10%、20%、30%、25%、15%的搭配比例较为合适。但苗圃管理是动态的,确定的比例也是从苗圃整体布局考虑的,应因地制宜,统筹发展。

(3)根据苗木的生物学特性和市场的认知程度。应尽量选择绿化施工中苗木移植成活容易,施工后长势好的树种;应合理选择观赏价值高的季相景观变化丰富、新优彩叶植物等,以提高市场认知程度。

(4)近缘树种要根据树木的形态特征择优选择。在树木种类基本确定的前提下,应充分考虑近缘种不同树种的形态特征的差异,择优选用外观形态、枝条生长、干皮特点优良的种类。

(5)选择抗性强的品种。应根据用苗地的气候土壤条件尽量选择适应性强、抗性强的苗木品种,即选择抗寒、抗旱、抗病、抗污染、抗盐碱的品种。

(6)根据苗圃土壤选择合适品种。根据苗木种类、培育年限、移植方式、土质情况等选择合适的苗木种类。黏土、轻壤至重壤土可培育年限长的大苗、需要带土移植的常绿树种;砂壤至重壤土可培育年限较长、须带土带冠移植的落乔木;砂土和砂壤土只能培育春季裸根移植的落叶乔木、花灌木、常绿树种小苗或营养钵苗等。

二、苗木生产和管理计划制订

苗圃生产计划制订要综合考虑季节、劳力等情况灵活安排。以下以华东地区为例说明苗圃全年生产计划安排,其他地区苗圃可参考本计划、结合当地实际进行修订。

1. 一月(小寒、大寒)。

挖掘、移植各种落叶树木、花木及果木,但寒潮、雨雪、冰冻天应暂停挖、移、种;翻地冬种,施足冬肥;储藏好硬枝插条,安排好吊扎盆景和挖掘树桩;大量积肥、沤制堆肥,配制栽培土;剪除枯、残、病虫枝叶,彻底清除越冬害虫;经常注意检查防寒设备、设施以苗木防寒包扎物,随时注意温室、温床的管理。

2. 二月(立春、雨水)。

继续挖、运、栽各种落叶树、花木、果树及耐寒的常绿树、针叶树,必须掌握随挖、随运、随种的原则;继续积肥和制造堆肥,配置栽培土,继续各种落叶树施冬肥;完成硬枝扦插条的采集、剪截工作,并可对杨树、柳树、悬铃木等进行扦插;完成育苗地的整理及施基肥工作;继续剪除病虫枝,并注意观察病虫害的发生情况(如吹绵蚧、草履蚧等)。注意温室里灰霉软腐病、瓜叶菊白粉病的发生;注意做好温室、温床的通风、遮阴、防寒等各项管理工作。

3. 三月(惊蛰、春分)。

做好苗木的挖运工作,保证大规模植树所需的苗木,新栽树木要加强养护管理,保证成活;完成全部育苗地的整地做畦工作,保证播种、扦插及移栽苗木的顺利进行;及时对各种园林植物进行扦插、播种、分株以及部分花木、果树的嫁接繁殖工作;天气渐暖,许多病虫害即将发生,要维护好各种除虫防病器械并准备好药品。注意蚜虫、草履蚧的发生,做到及时防治;经常注意温室、温床的通风等管理工作。

4. 四月(清明、谷雨)。

本月不再挖掘和种植落叶树。要抓紧常绿树(如香樟、法冬清等)的挖掘、栽种工作;播种百日草、千日红、鸡冠花、万寿菊、一串红、半支莲等春播草花;做好盆栽、地栽花木的松土、除草、花前施肥等工作,每周应对宿根花卉春播草花施薄肥;做好蚜虫、螨虫、地老虎、蚜槽、线站及白粉病、锈病的防治工作。

5. 五月(立夏、小满)。

对春季开花的灌木进行最后修剪和绿篱修剪整形。按技术操作要求,对行道树、庭院树进行剥芽修剪,对发生萌蘖的小苗根部随时进行修剪剥除;继续加强新栽树木的养护管理工作,做好补苗、间苗、定苗工作,增施追肥,勤施薄肥;本月气温逐高,病虫害大量危害树木花卉,应注意虫情的预测预报,做好防虫防病工作。

6. 六月(芒种、夏至)。

本月进入梅雨季,气温高,湿度大,应抓紧进行补植和嫩枝扦插;对开花灌木进行花后修剪、施肥,对一些春播草花进行摘心,对行道树进行适当修剪,解决枝条与线路的矛盾;做好病虫害防治工作,本月着重防治袋蛾、刺蛾、毒蛾、尺蠖、龟蜡断等害虫和叶斑病、炭疽病、煤污病。

7. 七月(小暑、大暑)。

本月天气炎热,杂草生长快,要继续除草、疏松土壤;袋蛾、刺蛾、毒蛾、龟蜡断、天牛、盾蚧、第二代吹绵蚧、螨类等害虫大量发生,应注意重点防治,同时要继续防治叶斑病、炭疽病、白粉病等;伏天气温高、雨水少时要灌溉抗旱,本月又是台风、暴雨发生较多的月份,注意防涝;扦插苗避阴、浇水、勤施薄肥。

8. 八月(立秋、处暑)。

继续中耕除草,疏松土壤;继续做好防旱排涝工作,保证苗木的正常生长;本月份苗木生长旺盛,要及时追施肥料,对小苗要勤施薄肥(以化肥为主大乔木每月一次每次按 $200 \sim 300$ g/棵,灌木按每月两次每次 $3 \sim 4$ g/m² 的标准施肥);加强梅雨季节扦插的小苗管理;继续做好防台风、防汛工作,发现被风吹倒的苗木及时扶正;继续做好防治病虫害的工作,要认真防治危害树木的主要害虫袋蛾、第二代刺蛾、天牛、螨类等以及叶斑病、炭疽病、白粉病等主要病害。

9. 九月(白露、霜降)。

继续抓好除害灭病工作,特别要经常检查蚜虫、木囊蛾等的发生情况,一经发现,立即防治;播种秋播花卉(如石竹、金鱼草、雏菊等);抓好病虫害防治工作,特别要检查发生较多的蚜虫、刺蛾、褐斑病及花灌木煤污病等病虫情况,及时防治;准备迎接国庆用苗。

10. 十月(寒露、霜降)。

分栽各种秋栽花卉,继续扦插月季、香石竹等,嫁接月季、遮蔽;做好防治虫害工作,消灭成虫和虫卵;继续中耕除草;苗木停止生长后,检查成活率。

11. 十一月(立冬、小雪)。

本月可以移植较多常绿树和少数落叶树;进行冬季树木修剪,剪去病枝、枯枝和有虫卵的竞争枝、过密枝等;继续做好除害灭病工作,特别是除袋蛾囊、刺蛾茧等;对温室进行消毒,做好温室花木进房前的病虫害防治工作;做好防寒工作,对部分树木进行涂白,或用草绳包扎或设风障;采集、剪截、储藏扦插条;进行冬翻,改良、消毒土壤。

12. 十二月(大雪、冬至)。

继续进行苗木的整形修剪工作;除雨、雪、冰冻天外,可以挖掘种植大部分落叶树;大量积肥,冬耕翻地,改良土壤;做好防寒保暖工作,随时检查温室、温床、覆盖物、包扎物等设备设施,发现问题,迅速采取措施;继续抓好防治病虫害工作,剪除病虫枝、枯枝、消灭越冬病虫源,并结合冬季大扫除做好卫生工作;继续采收、剪取、储藏扦插条;维修工具,保养机械设备;做好总结评比工作,制订来年工作计划。

3.3　案例分析

案例 3-1　南平市园林处苗圃年生产计划制订

根据南平市和周边县市园林绿化市场需求调查、苗木生产习性、南平市园林处苗圃生产规划及圃地的自然条件,制订南平市园林处苗圃 2012 年生产计划。

苗圃培育的植物品种选择首先要对南平市和周边县市绿化市场进行调查,了解市场各个品种的消费量及近期苗木发展趋势。通过调查,了解苗木市场的现状。

1. 大规格苗木供不应求。

2011 年福建全省完成造林面积 701 万亩,造林树种达 40 多种,造林面积和树种多样化均为历史之最。2012 年全省造林绿化任务为 300 万亩,其中"四绿工程"建设 200 万亩,主要是城市、村镇和道路植树绿化,以及"三沿一环"(沿路、沿江、沿海、环城)树种结构调整和补植、修复。这就需要大量的大规格苗木。而当前大规格成品苗木生产量与市场需求相比还存在一定的缺口。胸径 15 cm 以上的苗木,价格和需求不断上升,树形好的福建山樱花、桂花、山杜英、香樟、野鸭椿、马褂木、乌桕、紫荆花、芒果、红榕、小叶榕等大规格苗木市场前景看好。

2. 容器苗将成为市场新宠。

随着绿化工程苗木标准的提升,对苗木的整体性、存活率要求越来越高。容器苗具有栽植受季节限制少、整体性、成活率高的特点。因此,越来越受到绿化工程单位的欢迎,但技术还不是很成熟,且成本较高。

3. 果树类苗木受欢迎。

城市生活水平提高,不仅公共绿化苗木,果树类苗木也走进绿化工程现场。芒果、龙眼、荔枝、木瓜等果树成为绿化市场的亮丽风景线。

4. 彩叶树种需求量加大。

福建 650 万亩大造林已结束,2012 年全省造林绿化的重点要从山上为主转到山上山下统筹,重点推进"四绿"工程建设,重点在人口集中的地方多种树、种大树,拓展造林空间,将造林绿化升级为彩化、香化、美化、季相化的树种结构调整,在绿化工程中增加大量的彩叶树种。如马褂木、乌桕、山杜英、红枫、紫叶绸李、红叶李、美国黄金柳、美国黄金垂丝柳、银杏、红叶石楠、红花继木、黄金榕、金森女贞等乔灌木在绿化工程中用量非常大,其销售量一直处于上升趋势。

5. 宿根花卉和地被植物销路广。

目前,公共绿地花坛应用宿根花卉和地被植物已十分普遍,草花花坛成本高,花期相对较短,在大面积的应用上受到一定制约。宿根花卉的花色、花期、株高及生态要求等有很大的选择余地,而且栽植时间短、见效快。有助于大面积绿地景观效果的提高,其应用量均进一步增加,销售前景看好。

绿化市场调查结果表明,对大规格苗木、容器苗、果树类苗木、彩叶类苗木、宿根花卉和地被类苗木需求量较大,发展前景看好,而南平市园林处苗圃大规格苗木、果树类苗木、彩叶类苗木种类和数量较少,容器苗特别是大规格容器苗基本没有,因此应有计划增加大规格苗木、容器苗、果树类苗木、彩叶类苗木的种植种类和数量,适量增加宿根花卉和地被植物如鸢尾、萼距花、沿阶草等。

南平市园林处苗圃地势平坦、交通方便、水源充足、土层深厚,pH 值为 5.5～6.5,土壤以中壤为主,适宜大部分绿化植物生长。南平市园林处苗圃 10.5 hm²,规划 0.33～0.67 hm² 为一个育苗区块。

南平市园林处苗圃 2012 年计划育苗 68 亩,生产苗木 96 万株,做到常绿、落叶、乔、灌木品种的搭配比例合理。

通过以下的分析调查和本苗圃的实际情况,根据今年的生产成本及工作要求制订 2012 年度苗圃生产计划,详见下表:

2012 年年度育苗生产计划表

单位名称: 　　　　　　　　　　　　　　　　　　　　　　　　单位:株/m²

施业类别	合计		苗木类别										其中造林苗/株	备注
	面积/m²	产量/株	草本植物				木本植物							
			一、二年生草本	宿根草本	球根草本	其他	乔木		灌木	藤木	其他			
							针叶树	阔叶树						
合计														
播种	666.7	150000						福建山樱花						
	666.7	150000						桂花						
	666.7	150000						山杜英						
	666.7	20000						马褂木						
	666.7	20000						楠木						
	333.5	10000					红豆杉							
	83.4	25000	一串红											
	83.4	25000	矮牵牛											

续表

施业类别		合计		苗木类别										其中造林苗/株	备注
		面积/m²	产量/株	草本植物				木本植物							
				一、二年生草本	宿根草本	球根草本	其他	乔木		灌木	藤木	其他			
								针叶树	阔叶树						
扦插	硬枝														
	嫩枝	666.7	10000	菊花											
		3333.5	50000							红叶石楠					
		1333.4	20000							连翘					
		1333.4	20000							金森女贞					
		666.7	10000							红花继木					
		666.7	10000							大叶栀子					
		666.7	10000							杜鹃花					
		666.7	10000								爬山虎				
		666.7	20000							萼距花					
换床		3335	40000						福建山樱花						
		3335	40000						桂花						
		3335	40000						山杜英						
		1667	10000						马褂木						
		1667	15000						楠木						
		1667	30000							红叶石楠					
		666.7	10000							连翘					
		666.7	10000							金森女贞					
		333.5	5000							红花继木					
		666.7	5000							大叶栀子					
		333.5	5000							杜鹃花					

续表

施业类别	合计		苗木类别									其中造林苗/株	备注
	面积/m²	产量/株	草本植物				木本植物						
			一、二年生草本	宿根草本	球根草本	其他	乔木		灌木	藤木	其他		
							针叶树	阔叶树					
育大苗	3335	10000						福建山樱花					
	3335	10000						桂花					
	3335	10000						山杜英					
	1667	5000						马褂木					
	1667	5000						楠木					

3.4　知识拓展

苗木生产的质量管理

1. 苗圃苗木生产的质量策划。

（1）确定质量目标。根据苗圃苗木生产的特点，包括不同苗木种类或品种不同生长发育习性及对环境的要求，苗圃现有条件，如苗木生产机械设备、苗圃技术管理人员以及苗圃的气候土壤条件等，策划苗木生产应达到的质量目标。

（2）确定实现质量目标的程序。选择有效的程序和过程实现苗木生产的质量目标，包括确定各种可以量化的指标、目标的分解、工序（如播种、水肥管理、病虫害防治等）的质量管理点（控制点）。

（3）实现质量目标所需资源的有效配置。实现质量目标所需的资源，如人、材料、机械设备及机具、技术（方法）和信息、资金等。这些资源在苗木的质量管理中如何有效配置是实现苗圃全面质量管理的关键，在苗圃苗木生产的质量策划中必须加以重视。

（4）质量计划的编制。通过上述的策划活动编制苗圃生产的质量计划，从而完成对苗木生产的质量策划。

2. 苗圃苗木生产的质量控制。

（1）系统控制。园林苗圃的生产由若干生产部门组成。每一个生产部门的任务由若干个工序如育苗、锄草、防病虫、施肥、浇水和苗木的越冬防寒等来完成，苗圃生产管理按系统来说最基本的元素就是苗木生产工序，因此生产过程质量是形成整个苗圃苗木质量的基础。同时，合理运用苗圃生产过程质量度量方法监视苗木的生产过程，可有效检验是否达到生产程序改进的目的。

（2）各种影响苗木生产质量的因素控制。影响苗圃苗木生产的质量主要有五大因素，即人、材料、园林机械、苗木的生产方法和环境因素。

①人的控制。主要对苗圃苗木生产管理人员、技术人员及工人的技术水平、责任心等方面加以控制。把苗木质量目标分解到每一个人并与其经济利益挂钩。

②材料的控制。园林苗圃所需要的材料包括苗木种或品种资源、农业生产资料（如农药、肥料、农膜、农业机械设备等），这是苗木生产的物质条件，是提高苗木质量的重要保证。材料的质量控制应从以下几个方面入手：合理选择苗木品种，保证将来苗木的市场供应，掌握农资材料信息，优选供货厂家；合理组织材料的供应，确保苗木生产的正常进行；合理组织各种生产资料的使用，减少使用中的浪费；严格检查验收，把好苗木生产质量关；重视农业生产资料的性能、质量标准、适用范围，以防错用或使用不合格材料。

③苗圃机械设备的控制。苗圃机械设备的控制有以下要点：要根据苗圃苗木生产的特点选择机械设备，若主要以生产种苗为主，应选择与种苗生产繁殖有关的机械设备，如苗木种子精量播种机、装盆机、自动喷灌机等机械设备；以大田苗木生产为主的苗圃企业应选择合适的整地机械、苗木栽植机、起苗机械等机械设备。在机械设备的使用过程中，要有专门人员操作，要注意机械设备的维修与养护，保证机械设备的正常运行。

④技术与方法的控制。技术与方法控制包括苗木生产周期内所采取的育苗技术、栽培技术、病虫害防治及水肥管理等方面的控制，保证所培育苗木的规格一致、生长健壮，提高苗木的质量，这也是苗圃苗木质量管理和成本管理的关键。

⑤环境的控制。环境因素主要有气候、土壤、水分、地形等自然环境因素和病虫草等生物因素。在苗木栽培管理过程中，要根据苗木种类和苗木的生长发育状况适时调整苗木生长的环境条件，如及时防病虫、除草，合理进行水肥管理，合理选择苗木的栽培方式等，为苗木生长创造最佳的环境及栽培管理条件。

（3）园林苗木生长的过程控制。在苗木生长的各个阶段，从播种、扦插等苗木繁殖到苗木出圃都要认真管理，以保证苗木各生长阶段的质量。苗圃生产部门主管策划并确定生产资源，组织、协调、指导生产部门人员照章生产；协调部门内部以及与其他部门的关系，确保苗木生产计划能保质保量完成。技术部门要制定苗木生产标准及相应的生产技术，协助苗木的生产流程安排，编制生产质量标准和技术指导文件，进行必要的现场操作指导和过程质量控制。按规定对苗木生长进行观测、评价，对验证和确认的苗木质量负责；同时负责检验、测量和试验设备的校验、维修和控制，保证苗木生产的顺利进行。

（4）苗木质量的全员控制。苗木的质量决定苗圃的生存与发展，从苗圃的管理人员到场地职工都要重视苗木的质量。要有严格的岗位责任制，培养职工的责任心和主人意识，关心苗木的质量，关心企业的发展。

3．苗圃苗木生产的质量保证。

园林苗圃苗木生产的质量保证可分为对外的质量保证和对内的质量保证。对外的质量保证是指对顾客的质量保证和对认证机构的保证，对顾客的质量保证是指提供符合顾客要求的园林苗木；对认证机构的保证是指通过国家质量技术监督局下属的认证机构对园林苗圃苗木的生产组织的质量管理体系的认证来实现其质量保证。现在许多园林苗圃企业已经通过了国家的质量管理体系的认证。对内的质量保证是苗圃的部门管理人员向苗圃经营者的保证。其保证的内容是苗木质量管理的目标符合苗圃企业的生产经营总目标。

4．苗圃苗木生产的质量改进。

园林苗圃的质量改进是苗圃企业为满足不断发展变化的市场需求和期望而进行的各项生产管理活动。

（1）苗木生产质量改进的分类。①对苗木生产过程本身的改进。苗木生产过程的改进主要包括苗木种植(种)品种的确定,每种苗木的繁殖数量及生产各种苗木的规格;苗木繁殖栽培技术的改进和提高;苗木生产机械设备及新技术的改良与引进等。这种改进是一种苗木生产技术改进,可以提高苗圃企业的苗木质量、降低苗木生产成本,甚至可促进园林苗木新品种的引种与具有自主知识产权新品种的培育。②对管理过程的改进。它包括苗圃企业经营目标和生产目标的调整、发展战略的更改、苗圃内部机构的变动、资源的重新分配、奖励制度的改变、苗木生产过程的调整等。这种改进对苗圃企业来说是永无止境的,随时都应进行,从最高管理者到基层管理者都应针对自己的管理对象来进行。这种改进可以降低苗圃企业的苗木生产成本,使苗圃企业的资源发挥更大的效益。

(2)苗木生产质量改进的原则。一是苗木生产质量改进的根本目的是满足内部和外部顾客的需要,苗圃的最高管理者和各级管理者要以身作则、持之以恒坚持质量改进,以满足不断发展的苗木市场对高质量苗木的需求。二是苗木生产的质量改进是一种纠正措施、预防措施或创新措施,是针对苗木的生产过程进行的,可以更好地提高苗木生产过程的效果或效率。三是苗木生产的质量改进是苗圃苗木持续、不间断、充分合理配置资源、提高苗木生产质量的过程。四是苗木生产的质量改进是本苗圃企业全体员工及各管理层都应参与的活动,根据改进对象,质量改进可以在不同层次、不同范围、不同阶段、不同时间、不同人员之间进行。五是质量改进应建立在数据分析的基础之上,在苗木生产过程中,不断寻求改进机会,追求更高的质量目标。

(3)质量改进的管理。苗圃的质量改进须由最高管理者授权,由苗圃质量管理部门负责,如果是大型苗圃企业,也可成立专门的质量改进管理机构。苗圃质量改进的管理主要包括:要确定质量改进的目的和目标,提出质量改进的方针、策略、方案和总的指导思想,进行质量改进策划,必要时制订质量改进计划。支持和广泛协调苗圃内各部门的质量改进活动,并向其传达质量改进的目的和目标。尊重员工的创新精神,采用必要的手段使苗圃中的每个人都能并有权改进自己的工作过程质量。对质量改进进行鼓励,对改进的成果进行分析、评定,对于推出可行性强、质量改进明显、对苗圃生产起到一定推动作用措施的人员要给予适当的奖励。不断追求新的更高的目标。

(4)苗圃生产质量的改进方法。质量管理和其他各项管理工作一样,要做到有计划、有措施、有执行、有检查、有总结,才能使整个管理工作循序渐进,保证工程质量不断提高。

①对苗圃的生产进行现状分析。根据苗圃的生产技术和管理水平以及不同苗木生长发育特性、质量规格,制定相应的生产管理目标,找出影响苗木质量的因素,安排苗圃的生产计划。

②按照制订的措施计划实施。执行中若发现新的问题或情况发生变化(如人员变动、苗木品种或规格变化、生产技术的提高),应及时修改措施计划。

③在苗木生产计划的执行过程中进行动态检查、验证实际执行的结果,看是否达到了预期的效果,进行适当地控制和调整。

④对检查的结果进行总结处理。如果出现异常,要调查原因,消除苗木生产中异常和尚未解决的问题。分析因质量改进造成的新问题,把它们转到下一次循环的第一步去。通过循环,再次检查、处理,使苗圃的苗木质量得到改善和完善。

学习情境 2

常见园林植物育苗

任务4　常见园林植物播种育苗

4.1　任务书

园林植物播种育苗即有性繁殖,也称种子繁殖。数量充足的良种是园林植物播种育苗的物质基础。园林植物播种育苗分为露地播种育苗和容器播种育苗。

任务书4　常见园林植物播种育苗

任务名称	常见园林植物播种育苗	任务编号	04	学时	14学时
实训地点	植物栽培实训室、学院花圃	日期		年　　月　　日	
任务描述	常见园林植物播种育苗是苗木生产的重要能力。常见园林植物播种育苗包括:①常见园林植物播种育苗方案制定及实施;②园林植物播种育苗生产程序和技术;③园林植物种子生产及检验技术;④播种设施、播种地、种子准备;⑤播种时间确定、播种量、播种密度确定;⑥播种方式、方法选择,实施具体播种育苗;⑦播种苗养护管理。				
任务目标	熟悉优良种子及发芽条件;了解采收、处理、贮藏园林植物种子及种子品质检验的基本知识;熟悉园林植物播种前准备、播种程序及技术方法;熟悉播种苗生长发育规律及园林植物播种后管理知识;会制定常见园林植物露地和容器播种育苗技术方案并实施;具备正确选择播种方法,实施播种和播后管理的基本技能;增强自主学习能力、组织协调和团队协作能力、表达沟通能力、独立分析和解决实际问题能力、创新能力。				
相关知识	优良种子及发芽条件;采收、处理、贮藏园林植物种子及种子品质检验的基本知识;播种苗生长发育规律;园林植物播种育苗生产程序和技术方法;园林苗木生产的国家、行业、企业技术标准;常见草本和木本园林植物播种育苗技术。				
实训设备与材料	多媒体教学设备与教学课件;园林植物种子标本,培养箱、烘干箱、电子天平等种子品质检验各类仪器材料,园林苗圃实训基地,育苗大棚,各类育苗工具;互联网;各类育苗材料、肥料、药品等;报纸、专业书籍;教学案例等。				

续表

任务名称	常见园林植物播种育苗	任务编号	4	学时	14 学时
实训地点	植物栽培实训室、学院花圃		日期		年　月　日
任务组织实施	1. 任务组织:本学习任务教学以引导文法、咨询法、实验法、小组讨论法、小组实操法为主,以 5～6 人为一组按照任务书的要求完成工作任务。 2. 任务实施: (1)收集优良种子及发芽条件,采收、处理、贮藏园林植物种子及种子品质检验的基本知识,园林植物播种前准备、播种程序及技术方法,播种苗生长发育规律及园林植物播种后管理知识,园林植物种子采收、处理、贮藏和常见园林植物播种育苗案例等信息材料,组织小组讨论学习,做好学习记录,准备好相关问题资料; (2)进行园林植物种子品质检验; (3)制作工作页 4(1)、(2)、(3)、(4):常见园林植物播种育苗; (4)制作任务评价页 4:常见园林植物播种育苗; (5)相关材料归档。				
工作成果	1. 工作页 4(1)、(2)、(3)、(4):常见园林植物播种育苗 2. 任务评价页 4:常见园林植物播种育苗				
注意事项	1. 按园林植物种子生产技术规范进行园林植物种子采收、处理、贮藏方案制定; 2. 按林木种子检验规程(GB 2772-1999)进行园林植物种子品质检验,确保测定数据的准确性; 3. 按城市园林苗圃育苗技术规程(CJ/T 23-1999)、容器育苗技术规程等制定常见园林植物露地和容器播种育苗技术方案,确保方案的可实施性。				

4.2　知识准备

一、园林植物种子生产

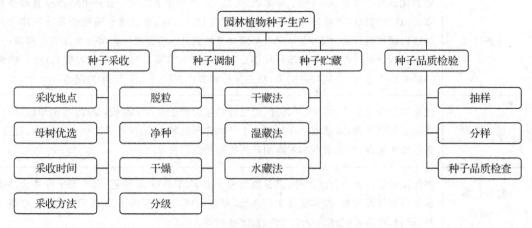

图 2-4-1　园林植物种子生产内容图

（一）有性繁殖

有性繁殖即种子繁殖,凡是能采收到种子的园林植物均可进行种子繁殖,是最常用的育苗方法,繁育的苗木为实生苗。种子繁殖优点是:繁殖数量大、方法简便,苗木根系完整、生长健壮,寿命长,种子便于携带、贮藏、流通、保存和交换等;缺点是:易变异和退化,育苗周期长,部分园林植物开花结实慢,移栽不易成活。

（二）良种、种子来源及发芽条件

1. 良种。良种是园林植物栽培成功的重要保证,指遗传品质和播种品质优良的种子。即品种纯正,净度高,颗粒饱满、发育充实,富有生活力,无病虫害和机械损伤。

2. 种子来源。种子来源最大的三条途径分别为采收、购买、交换。

3. 种子发芽条件。园林植物种子,只有在基质、水分、温度、氧气和光照等外界条件适宜时才能顺利发芽生长,休眠种子还得首先打破休眠。

（1）基质。基质将直接改变影响种子发芽的水、热、气、肥、病、虫等条件,一般要求细而均匀,不带石块、植物残体及杂物,通气、排水、保湿性能好,肥力低,不带病虫害。

（2）水分。园林植物种子萌发需要吸收足够的水分,应根据不同播种期、不同园林植物对水分的要求合理补充水分。播种前应提前 1 天将播种地土壤或基质浇透水,确保土壤和基质水分充足又不积水。

（3）温度。园林植物种子萌发的适宜温度依种类及原产地的不同而异,萌芽适温要比生育适温高出 3 ℃～5 ℃,绝大多数园林植物种子发芽的最适温度为 18 ℃～21 ℃。

（4）氧气。氧气是种子内部生理代谢活动顺利进行的前提,种子萌发必须有足够的氧气,这就要求大气中含氧充足,播种基质透气性良好。但水生园林植物种子萌发所需的氧气量是很少的。

（5）光照。大多数园林植物种子的萌发对光照要求不严格,但是好光性种子萌芽期间必须有一定的光照,如毛地黄、矮牵牛、凤仙花等;而嫌光性种子萌芽期间必须遮光,如雁来红、万寿菊等。

（三）种子采收

1. 种子成熟。种子成熟类型有形态成熟、生理成熟和生理后熟。形态成熟是指种子具有发芽能力,且果实、种子显示出成熟的外部形态特征,从植株上或果实内脱落的成熟种子。生产上所指的成熟种子是指形态成熟的种子。生理成熟指种子内部贮藏的营养物质积累到一定程度,具有发芽能力时,但外部形态不具备成熟特征。

种子是否成熟,可通过解剖、发芽试验、化学分析等试验来确定。但一般以形态成熟的外部特征来确定种子成熟期和采种期最为方便。球果类成熟时果鳞干燥硬化、变色,并且有的种鳞开裂,散出种子;干果类(荚果、蒴果、翅果)成熟时果皮变为褐色,并干燥开裂或不开裂;肉质果(浆果、核果等)成熟时果实变软,颜色由绿变红、黄、紫等色。

2. 种子的采收。

（1）留种母株优选。作为留种用的植株,一定要进行选择。要选花色、花形、株型都比较美观,生长健壮、无病虫害,能体现品种特性的植株作为留种母株。选株的时间要在始花期开始进行,对当选的植株要加强管理以求得到优良的种子。

（2）采收。种子的采收最主要的是应掌握其成熟度,适时采收。具体采收时间应依据种实成熟的外部形态特征、不同植物种实成熟期、种实脱落期和脱落方式确定,主要树种种子采收方式及方法如表 2-4-1 所示。种实采收方法要根据种子成熟后散落方式、果实大小以及树体高低来决定,有地面收集、植株上采收等方法。在采收种子时,应先采一株上早开花的种子,以及着生在主干或主枝上的种子,较晚开花往往结实不好,种子成熟度较差。种子采收后,必须立即编号,标明种类、名称、花色及采收日期等。采收时要特别注意同种园林植物的不同品种必须分别采收,如鸡冠花有红、黄、紫等色,必须分别采收,分别编号,以免混淆。

表 2-4-1 主要树种种子采收简明表

树种名称	母树年龄	种子成熟时期	种子成熟特征	采种法	取子法	种子量	每 500 g 粒数	贮藏法
杉木	15～35	11 月上旬—下旬	球果黄褐色	钩采或手摘	曝晒果裂后用筛子取子	每 100 kg 果子取 3～3.5 kg	63000～70000	袋装、干藏
马尾松	20～25	11 月上旬—下旬	球果黄褐色	钩采或手摘	石灰水沤堆 15 d 左右,晒至果开裂筛子	每 100 kg 果子取 2 kg	41000～43000	袋装、干藏
柳杉	15～30	10 月	球果黄褐色	钩采或手摘	曝晒未裂用筛子取子	每 100 kg 果子取 7～8 kg	150000～170000	袋装、干藏
建柏	25～40	9 月下旬—10 月上旬	青黄变草黄	钩采或手摘	晒后搓揉种翅用筛子取子	每 100 kg 果子取 4 kg	24000～36000	袋装、干藏
木荷	20～30	9、10 月下旬	果棕褐色	钩采	曝晒 2～3 d 果裂用筛取子	每 100 kg 果子取 3～5 kg	70000～80000	袋装、干藏
桉树	10～30	第 1 次 3～4 月,第 2 次 8—9 月	果黄褐色	钩条或剪枝	平铺微晒,果裂后用筛子取子	每 100 kg 果子取 3～4 kg	160000～200000	袋装、干藏或密封干藏
油茶	10～30	10 月下旬	赤褐色果微裂	摘采或地面收集	阴凉数天果裂去壳	每 100 kg 果取子 25～40 kg	280～450	层积湿藏
油桐	5～15	10 月中旬	果皮赤褐色	摘采或地面收集	石灰水沤堆 10 d 左右,再阴凉数天果裂去壳	每 100 kg 果取子 25～40 kg	140～180	层积湿藏,或即播
檫树	15～40	8 月上旬	浆果乌黑饱满	钩采或竹竿打下	浸沤,揉搓去果肉,洗净晾干	每 100 kg 果取子 40～50 kg	6000～8000	层积湿藏,或即播
樟树	20～80	11 月	果皮青变黑	钩采或竹竿打下	浸沤,揉搓去果肉,洗净晾干	每 100 kg 果取子 40～50 kg	3600～3800	层积湿藏,或即播
银杏	30～100	9 月	果皮黄白色	钩采或地上拣集	浸沤,揉搓去果肉,洗净晾干		280～320	层积湿藏
枫杨	10～30	8～9 月	果黄褐色	采果穗	稍晒去杂		4800～5200	拌沙藏

续表

树种名称	母树年龄	种子成熟时期	种子成熟特征	采种法	取子法	种子量	每市斤粒数	贮藏法
板栗	10~50	9 月	赤蒂裂开果棕红色	摘采或地面收集	阴凉数天除果苞	每苞 1~3 粒子	40~60	层积湿藏，或即播
栓皮栎	20~50	9—10 月	果皮棕褐色	摘采或地面收集	阴凉数天		100~120	层积湿藏，或即播
青冈栎	15~40	10 月	果皮黄褐色	摘采或地面收集	阴凉数天，去壳取子		330~450	层积湿藏，或即播
麻栎	20~50	10 月	果皮黄褐色	摘采或地面收集	阴凉数天		140~160	层积湿藏，或即播
米槠	20~50	10 月	果皮黄褐色	摘采或地面收集	阴凉数天		500~1000	层积湿藏，或即播
甜槠	20~50	10 月	果皮黄褐色	摘采或地面收集	阴凉数天		500~1000	层积湿藏，或即播
栲树	20~50	10 月	果皮黄褐色	摘采或地面收集	阴凉数天		500~1000	层积湿藏，或即播
钩栗	20~50	10 月	果皮黄褐色	摘采或地面收集	阴凉数天		350~400	层积湿藏，或即播
锥栗	20~50	10 月	果皮黄褐色	摘采或地面收集	堆沤浇水去壳取子		350~450	层积湿藏，或即播
乌桕	15~40	11 月	果实变褐色	钩采小果枝	曝晒去蜡壳取子		2500 ~ 3200	层积湿藏，或即播
棕榈	10~30	10 月	果灰褐色	用刀钩采	种子阴干后贮藏		1200 ~ 1400	袋装干藏或即播
楠木	20~60	10 月下旬—12 月上旬	果紫褐色	钩采	浸沤，揉搓去果肉，洗净晾干	每 100 kg 果子取 4~5 kg	2100 ~ 2300	层积湿藏，或即播
苦楝	8~25	10 月下旬—11 月中旬	果黄色	钩采或地面收集	浸沤，揉搓去果肉，洗净晾干		600~800	层积湿藏，或即播
杜仲	10~30	10 月中旬—11 月上旬	果棕色	打落拣集	晾干		6500 ~ 7500	袋装、干藏

续表

树种名称	母树年龄	种子成熟时期	种子成熟特征	采种法	取子法	种子量	每市斤粒数	贮藏法
漆树	15～30	11 月	果皮黄褐色	采果穗	晾干		10000～12000	袋装干藏或沙藏
厚朴	15～30	10 月	果皮黄褐色	摘果	阴凉除果壳		1600～1800	层积湿藏
黄檀	15～50	10 月	果皮黄褐色	采夹果	晒后棒打取子		12000～13000	袋装、干藏
喜树	10～30	10 月下旬	果皮深棕色	采果	微晒去潮		6200～6400	袋装、干藏
重阳木	10～40	10 月中旬—11 月中旬	果赤褐色	采果穗	浸沤,揉搓去果肉,洗净晾干		78000～90000	袋装、干藏
三角枫	15～40	11 月	果黑色微裂	钩采或竹竿打下	晒干		78000～90000	袋装、干藏
女贞	10～50	11 月	果皮黑蓝色	剪下小果枝	浸沤,揉搓去果肉,洗净晾干		13000～16000	袋装干藏或即播
圆柏	15～50	9—10 月	果皮紫黑色	摘取或钩采	浸沤,揉搓去果肉,洗净晾干		42000～46000	袋装、干藏
酸枣	10～15	9—10 月	果皮黄色	打落地面收集	浸沤,揉搓去果肉,洗净晾干		290～330	层积湿藏
枫香	15～50	10 月	果皮黄褐色微裂	采果	晒 1～2 d 种子脱落		160000～170000	袋装、干藏
泡桐	8～15	9—10 月	果铜黄色	采果穗	阴凉果裂种子脱落		160000～180000	袋装干藏或密封
侧柏	10～30	9 月	球果黄褐色微裂	钩采或手摘	曝晒 5～7 d 筛取种子		24000～26000	袋装、干藏
香榧	15～50	9—10 月	果赤褐色	钩采或手摘	浸沤,揉搓去果肉,洗净晾干		400～500	袋装、干藏
肉桂	20～50	10 月	果灰黑色	钩采	浸沤,揉搓去果肉,洗净晾干		80～120	袋装、干藏
山苍子	3～15	8 月	果皮赤褐色	钩采或手摘	浸沤,揉搓去果肉,洗净晾干		400～600	层积湿藏,或即播

续表

树种名称	母树年龄	种子成熟时期	种子成熟特征	采种法	取子法	种子量	每市斤粒数	贮藏法
合欢	8～15	11—12 月	红褐色、夹果微裂	采摘果夹	曝晒脱粒去杂取子		3600 ～ 3800	袋装、干藏
毛竹	2～3				繁殖挖竹鞭			
柿树	10～25	9～10 月	黄红色	采摘果实	浸沤，揉搓去果肉，洗净晾干		400～500	袋装干藏或密封

（四）种子（实）调制

种子（实）调制的目的是为了获得纯净的、适于运输、贮藏或播种用的优良种子。种实采集后，要尽快调制，以免发热、发霉、降低种子的品质。种子（实）调制包括脱粒、净种、干燥、分级四个工序。

1. 脱粒与干燥。用什么方法脱粒与干燥，取决于果实类别和种子的安全含水量。球果和干果类种子安全含水量高的用阴干法，安全含水量低的可日晒，也可阴干；肉质果类用浸泡、堆沤再结合阴干法。

（1）球果类的脱粒与干燥。脱粒关键是适当干燥，球果干燥后，果鳞开裂，种子迅速脱出。干燥方法有自然干燥法和人工加热干燥法。常用自然干燥法，即将球果放在日光下曝晒或放在干燥通风的室内阴干，而使种子脱出的方法。种子安全含水量低的树种：晒干（或事先堆沤）—敲打—脱粒；种子安全含水量高的树种：阴干—敲打—脱粒。球果干燥脱粒后应及时收取种子。如侧柏、福建柏、杉木、湿地松和云杉的球果，曝晒 3～10 d，球果鳞片开裂后，翻动球果或轻轻敲打，种子即可脱出。马尾松的球果含松脂较多，不易开裂，可用沤晒法脱粒。堆沤时用 2%～3% 的石灰水或草木灰水浇淋球果，约堆沤 10 d，再用日晒处理。

（2）干果类的脱粒与干燥。干果的种类较多，脱粒的方法因安全含水量的高低和种粒大小不同而异。安全含水量高和种粒极小的种子用阴干法；安全含水量低的非极小粒种子可用阳干或阴干。

①阴干法。即将果实放在干燥通风的室内阴干，使种子脱出的方法，适用于坚果类、菁荚果类、安全含水量高的蒴果及种粒极小的种子，如桉树、柳树、油茶、板栗等，一般不能曝晒，应放入室内风干 3～5 d 后，当多数蒴果开裂后，翻动果实或轻轻敲打脱粒。

②阳干法。即将果实放在阳光下晒干，使种子脱出的方法。适用于翅果类（杜仲除外）、荚果类和安全含水量低、种粒不是很小的蒴果。如紫薇、木槿、相思树、喜树等，直接摊开曝晒 3～5 d，翻动果实或轻轻敲打脱粒。

（3）肉质果类的脱粒与干燥。肉质果类包括核果、仁果、浆果、聚合果等，含有较多的果胶及糖类，容易腐烂，采集后必须及时处理，否则会降低种子的品质。肉质果类可采用堆沤搓洗法或水浸搓洗法脱粒，脱粒后采用阴干法干燥。

①堆沤搓洗法。将果实堆沤数日，待果肉软化后揉搓掉果肉，放入水中漂洗干净，然后放在通风干燥的室内将种子阴干，如樟树、楠木、桂花、圆柏、山杏、槐树等。

②水浸搓洗法。将果实水浸数日,待果肉软化后揉搓掉果肉,再放入水中漂洗干净,然后放在通风干燥的室内将种子阴干,如核桃、银杏等。

有的果实收集回来后,果肉已软化,如桂花、阴香、罗汉松等,可直接揉搓掉果肉,放入水中漂洗干净,然后放在通风干燥的室内将种子阴干。对种粒小而果肉厚的果实,如山楂、海棠等,可将果实平摊在地面碾压(不宜摊得太薄,以防种子受伤),边压边翻,使果肉破碎,再放入水池中淘洗。洗净后取出种子晾干。

2. 净种。净种的目的是去掉种子中的混杂物,如果鳞、果皮、果柄、种翅、枝叶碎片、空粒、土块、破碎种子及异类种子等,以利于种子贮藏、运输和播种。根据种子和夹杂物的比重或大小不同,分别采用风选、筛选、水选和粒选净种。

(1)风选。适用于中、小粒种子,利用饱满种子与夹杂物的重量不同,利用风力将它们分离,风选的工具有风车、簸箕等。

(2)筛选。利用种子与夹杂物的大小不同,选用各种孔径的筛子清除夹杂物,应配合风选、水选净种。

(3)水选。利用种粒与夹杂物比重不同的净种方法,还可采用盐水、黄泥水、硫酸铜、硫酸铵等溶液选种;油脂含量高的种子不宜水选,水选的时间不可过久,经过水选的种子不能日晒,一般进行阴干后再贮藏。

(4)粒选。从种子中挑选粒大、饱满、色泽正常、没有病虫害的种子,这种方法适用于核桃、板栗、油桐、油茶等大粒种子的净种。

3. 分级。种子分级是把同一批种子按种粒大小加以分类,目的是分清种源、防止混杂、保证种质。方法可用粒选、风选、筛选。大粒种子,如栎类、核桃、油桐等可用粒选分级;中小粒种子可用不同孔径的筛子进行分级。

经过分级的种子,播种后出苗整齐,苗木生长均匀,抚育管理方便,降低生产成本。如油松种子分级后测定:大粒种子的千粒重 49.17 g,发芽率为 91.5%,小粒种子的千粒重只有 23.9 g,发芽率为 87.5%,且大粒种子育出苗木的质量好于小粒种子。

(五)种子贮藏

园林植物种子,除少数树种(如杨、柳、榆、桑、柑橘、紫檀等)种子随采随播外,大多数树种的种子是秋采春播,另外,许多园林植物结实间隔期明显,歉年没有种子或种子很少,因此,必须对种子进行合理的贮藏,以保持种子的发芽率,延长种子的寿命,适应生产的需要。

1. 影响种子贮藏的因素见图 2-4-2。种子成熟后即转入休眠状态且一直延续到获得萌发条件时为止。贮藏种子即是这种处于休眠状态的种子。种子虽然处于休眠状态,但仍进行微弱的呼吸作用,消耗贮藏的营养物质;同时种子内部的化学成分也相应地发生变化。呼吸作用越强,贮藏物质的消耗越多,从而引起种子重量的减轻和发芽率的降低。

(1)内在因素。

①种子特性。种子在一定环境条件下保持生活力的期限即为种子寿命,种子寿命有长寿(10~100 年)、中寿(3~10 年)、短寿(3 年以下)之分。不同树种,种子内含物的类型、种皮的结构及生理活性不同,保存生活力的时间长短不同,一般认为含脂肪、蛋白质多的种子(松科、豆科)寿命较长,而含淀粉多的种子(如壳斗科)寿命短。因为脂肪、蛋白质转化为可利用状态需要的时间长,放出的能量也比淀粉高。贮藏时,分解少量蛋白质或脂

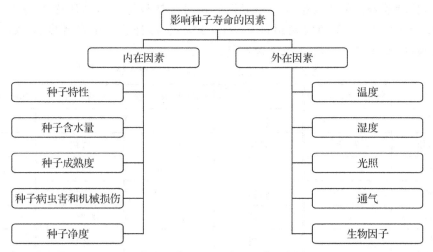

图 2-4-2 影响种子贮藏寿命的因素

肪释放的能量,就能满足种子微弱呼吸的需要,因此维持的寿命长。如豆科的刺槐、合欢、中国槐等,种皮致密,气干状态含水量低,用普通干藏法可保持生活力 10 年以上。法国巴黎博物馆的合欢种子 155 年还有生活力。而种皮膜质、易透水透气的种子,如杨、柳、桉等,寿命很短。

②种子的含水量。贮藏期间种子水分含量的高低,直接影响呼吸作用的强弱和性质,也影响种子表面微生物的活动,是决定种子耐贮性的重要因素。主要园林树木种子的标准含水量如表 2-4-2 所示。种子含水量高,种子中出现了大量游离水,酶的活性增高,种子的呼吸作用加强,同时,放出的大量水和热又被种子吸收,更加强了呼吸作用,并为微生物的活动创造了有利条件,将导致种子生命力很快丧失,缩短种子的寿命。种子含水量低时,水分处于与胶体结合的状态,基本上不移动,几乎不参与代谢活动,呼吸作用极其微弱,无微生物活动所需的水热条件,对外界不良环境条件的抵抗力强,有利于保存种子的生命力。一般种子含水量在 4%~14%,含水量每降低 1%,种子寿命可延长 1 倍。但种子含水量也不是越低越好,过分干燥或脱水过急也会降低某些种子的生活力。如钻天杨种子含水量在 8.74% 时可保存 50 d,而含水量降低到 5.5% 时只能保持 35 d。壳斗科树木和七叶树、银杏等种子则需较高的含水量才有利于贮藏。如图 2-4-3 所示为在 35 ℃ 的贮藏条件下不同含水量对白榆种子寿命的影响。由此可见,适当干燥是保持种子

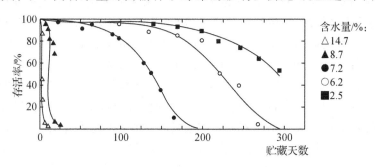

图 2-4-3 白榆种子含水量与寿命的关系

生命力、延长种子寿命的重要措施。一般把贮藏时维持种子生活力所必需的含水量称为"种子的安全含水量"。在种实调制过程中,一定要掌握种子的干燥程度,既要使含水量降到最低限度,又不能低于种子安全含水量。

表 2-4-2 主要园林树木种子安全含水量

树 种	标准含水量/%	树 种	标准含水量/%	树 种	标准含水量/%
油松	7～9	杉木	10～12	白榆	7～8
红皮油松	7～8	椴树	10～12	椿树	9
马尾松	7～10	皂荚	5～6	白蜡	9～13
云南松	9～10	刺槐	7～8	元宝枫	9～11
华北落叶松	11	杜仲	13～14	复叶槭	10
侧柏	8～11	杨树	5～6	麻栎	30～40
柏木	11～12	桦木	8～9		

③种子的成熟度。充分成熟的种子含水量低,种皮致密坚硬,种子内含物丰富又不易渗出,微生物不易寄生,呼吸作用微弱,内含物消耗少,有利于贮藏。反之则种子不耐贮藏。因此,采种时千万不要"晾青"。种子成熟有生理成熟与形态成熟之分,其主要区别如表 2-4-3 所示。

表 2-4-3 生理成熟与形态成熟期种子特点比较

比较项目	生理成熟	形态成熟
内含物	继续积累	积累停止、难溶
含水量	多,活动状态	少,吸附状态
种粒	不饱满	饱满
种皮	软、不致密	坚硬,致密
呼吸作用	强	弱
抗性	弱	强
耐贮性	不耐贮藏	耐贮藏

④种子机械损伤。受伤的种子,吸湿面积增大,又无保护层,含水量迅速增加,呼吸作用增强,且营养物质容易外渗,微生物容易侵入,种子贮藏寿命短,故调制时应减少种子损伤。

⑤种子净度。净度低的种子杂质多,增加贮藏容积和吸湿面积,使种子呼吸增强,且容易携带病菌虫卵等,贮藏寿命短,因此入库贮藏的种子应提高净度。

(2)外在因素。种子本身的特性是决定其寿命长短的内因,而贮藏种子的环境条件是影响种子寿命长短的外因。贮藏的环境条件能人为加以控制,短寿种子贮藏得好,可延长寿命,长寿种子贮藏不好,会大大缩短寿命。如杨树种子在一般条件下,最多能保存30～40 d,而贮藏在用石蜡封口并放有氯化钙的瓶子里3年后的发芽率仍可达90%。相反,如果把长寿种子存放在温度高、湿度大的条件下,也会很快地丧失发芽能力。因此,为了延长种子的寿命,应了解各种贮藏环境对种子生命活动的影响,通过人工控制和调节达到延长种子寿命的目的。

①温度。种子贮藏期间,在一定温度范围内(0 ℃～55 ℃)种子的呼吸强度随温度升高而增加,加速了种子营养消耗,缩短种子寿命。温度超过 60 ℃则蛋白质凝固,变性,酶纯化。高温使种子容易衰老、变性。研究证明,一般在 50 ℃～0 ℃之间,温度每降低 5 ℃,种子的寿命可增加 1 倍。温度对不同含水量种子呼吸强度的影响如图 2-4-4 所示。

温度过低也不利于种子的贮藏,对含水率高的种子来说,当温度降低到 0 ℃以下,种子内部的自由水就会结冰,从而因生理上和机械作用的原因使种子死亡。

温度对种子的影响与含水量有密切的关系,种子含水量越低,细胞液浓度越大,则种子对高温及低温的抵抗力越强;相反,种子含水量越高,对高、低温的抵抗力越弱。

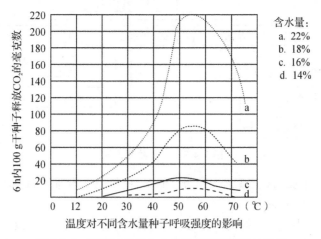

图 2-4-4　温度对不同含水量种子呼吸强度的影响

图中 2-4-4 的 4 条曲线分别代表 4 种含水量(22％、18％、16％、14％)时种子的呼吸变化情况。

实践证明,大多数树木种子贮藏期间最适宜的温度是 0 ℃～5 ℃,在这种温度条件下,种子生命活动很微弱,同时不会发生冻害,有利于种子生命力的保存。

②空气的相对湿度。种子有较强的吸湿能力,能在相对湿度较高的情况下吸收大量的水分。因此,相对湿度的高低和变化可以改变种子的含水量和生命活动状况,对种子寿命的长短产生很大影响。对一般的树种来说,种子贮藏期以相对湿度较低为宜。当空气相对湿度为 70％时,一般种子的含水量平衡在 14％左右,是一般种子安全贮藏含水量的上限;相对湿度控制在 50％～60％时,有利于多数种子的贮藏;相对湿度为 20％～25％时,一般种子贮藏寿命最长。

③通气条件。适宜于干藏的种子,为抑制种子呼吸作用,在含水量较低时尽量少通气(密闭)有利于生活力的保存;而含水量高的种子,呼吸作用旺盛,空气不流通,氧气供应不足则进行无氧呼吸,产生酒精使种子受害。无论是有氧还是无氧呼吸,都要释放热能和水分,增加种子的温度,故对含水量高的种子应适当通气、调节温湿度是必要的。

④生物因子。种子在贮藏过程中常附着大量的真菌和细菌。微生物的大量增殖会使种子变质、霉坏、丧失发芽力。微生物的繁殖孳生也需要一定的条件。提高种子纯度,尽量保持种皮的完整无损,降低环境的温度和湿度,特别是降低种子的含水量,是控制微生物活动

的重要手段。防止虫害、鼠害也是种子贮藏中需要考虑的问题。

由此可见,影响种子生活力的贮藏条件是多方面的。温度、湿度和通气三项条件之间相互影响、相互制约。但种子的含水量常常是影响贮藏效果的主导因素。贮藏前种子生产的各个工序必须保持种子具有良好入库状态,然后再给以良好的贮藏条件,就能延长种子的寿命。安全含水量较高的种子,宜贮藏在温度较低和适当的通气条件下;安全含水量低的种子,宜在干燥、低温、密封的条件下贮藏。

2.种子贮藏的方法(见图2-4-5)。环境相对湿度较小、低氧、低温、高二氧化碳及黑暗无光的条件利于种子的贮藏。

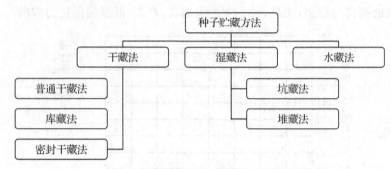

图 2-4-5　种子贮藏方法

(1)干藏法。将干燥的种子贮藏于干燥、低温、密封或适当通气的环境中,凡种子安全含水量低的均可采用此法贮藏。

①普通干藏法。将充分干燥的种子装入麻袋、箱、桶等容器中,再放于凉爽而干燥、相对湿度保持在50%以下的种子室、地窖、仓库或一般室内贮存。多数针叶树和阔叶树短期贮藏种子可采用此法,如侧柏、香柏、柏木、杉木、柳杉、云杉、铁杉、落叶松、落羽杉、水杉、水松、花柏、梓树、紫薇、紫荆、木槿、腊梅、山梅花等。

②库藏法。大批量长期贮藏安全含水量较低的园林植物种子,可建立贮藏冷库,库温控制在1 ℃~5 ℃,相对湿度维持在50%~60%时,对种子充分干燥,可使种子寿命保持一年以上。如杉木、马尾松、黄山松、刺槐、池杉、柏木、侧柏、漆树、枫香等。

③密封干藏法。用普通干藏和库藏法仍易失去发芽力的种子,如桉、柳、榆等可用密封干藏法贮藏。将种子放入玻璃瓶等容器中,加盖后用石蜡或火漆封口,置于贮藏室内,容器内可放吸水剂如氯化钙、生石灰、木炭等,可延长种子寿命5~6年,如能结合低温效果更好。

(2)湿藏法。将种子贮藏在低温、潮润、通气的环境条件下叫湿藏法。凡安全含水量高,用干藏法效果不好的树种如桂花、樟树、杜仲等种子宜采用湿藏法。

①坑藏法。选择地势较高,排水良好之地挖坑,坑深在地下水位之上,冻层之下。宽1~1.5 m,坑长随种子量而定,坑底架设木架或一层粗沙或石砾,将种沙混合物置于坑内,种沙体积之比为1∶3。其含水量约为30%,其上覆以沙土和秸秆等,坑的中央加一束秸秆以便空气流通。贮藏期间用增加和减少坑上的覆盖物来控制坑内温度,适用于北方地区,如橡实以0 ℃~3 ℃为宜。

②堆藏法。室内及室外都可堆藏,适用于南方地区。选平坦而干燥的空地,打扫干净,一层沙、一层种或种沙混合物堆于其上,堆中放一束草把以便通气,堆至适当高度后覆以一层沙,室外要注意防雨。室内堆藏要选阳光不直射的或温度可调节之室。

种子湿藏和混沙催芽颇为相似,但湿藏是保存种子的生活力,而催芽的目的是做好发芽的准备,目的不同,措施尽管相似也略有区别。一般湿藏的湿度较小,足以维持其生命不致干死即可。而催芽则尽可能给予较充足的水分,以便促进种子内部的物质转化和消除抑制剂。一般催芽的种子和沙含水量以 50%～60% 为宜。湿藏的湿度要小些。湿藏的温度不能太高,高则引起发芽或霉烂,低则引起冻伤。混沙催芽的温度也近似湿藏温度。但催芽可以高温也可以变温,如红松种子混沙催芽。

(3)水藏法。某些水生花卉的种子,如睡莲、王莲等必须贮藏在水中才能保持其发芽力。也可在水底淤泥、腐草少,水流缓慢又不冻结的溪涧或河流中流水贮藏。

3.种子的包装和运输。运输种子实质上是在经常变化的环境中贮藏种子,环境条件难以控制,更应当遵守贮藏的基本原则。应当妥善保管、包装、防止种子受到曝晒、雨淋、受潮、受冻、受压。运输应当尽量缩短时间。运输途中应当经常检查。运到目的地以后要及时贮藏在适宜的环境条件中。

(六)园林植物种子的品质检验

种子播种品质指种子的物理特性和发芽能力指标,包括净度、千粒重、发芽率、含水量、优良度、生活力、病虫害感染度等。种子品质检验指应用科学、标准的方法对种子样品的播种品质进行正确地分析测定。应严格按照中华人民共和国标准局颁发的《林木种子检验规程》(GB 2772-1999)的标准进行检验,如图 2-4-6 所示。

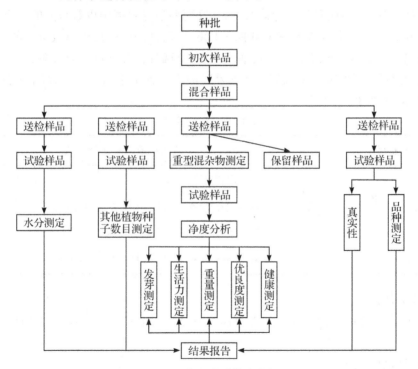

图 2-4-6　种子品质检验流程图

1.抽样。

(1)抽样要求。种子检验结果是否正确,取决于样品的代表性和检验的准确性,两者缺一不可,因此抽样是种子品质检验的第一重要步骤。要求按照一定程序,取得一个数量适当的,其中含有与种批相同的各种成分和比例的样品,使之能如实地代表该批种子。

(2)抽样程序。第一个阶段是从一个种批中抽取若干初次样品,充分混合后形成混合样品;第二个阶段是从混合样品中按规定重量分取送检样品,种子检验单位再从送检样品中用一定方法分取一定重量的测定样品,如图 2-4-7 所示。抽取初次样品的部位应全面均匀地分布,每个取样点所抽取的样品数量应基本一致。

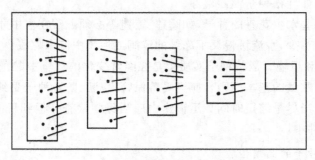

图 2-4-7 种子抽样程序示意图

(3)抽样强度。袋装(或大小一致、容量相近的其他容器盛装)的种批,下列抽样强度应视为最低要求:

5 袋以下 每袋都抽,且至少取 5 个初次样品。

6～30 袋 抽 5 袋,或者每 3 袋抽取 1 袋,这两种抽样强度中以数量大的一个为准。

31～400 袋 抽 10 袋,或者每 5 袋抽取 1 袋,这两种抽样强度中以数量大的一个为准。

401 袋以上 抽 80 袋,或者每 7 袋抽取 1 袋,这两种抽样强度中以数量大的一个为准。

从其他类型的容器,或者从倾卸装入容器时的流动种子中抽取样品时,下列抽样强度应视为最低要求,如表 2-4-4 所示。

表 2-4-4 抽样强度

种批量	应当抽取的初次样品数
500 kg 以下	至少 5 个初次样品
501～3000 kg	每 300 kg 一个初次样品,但不少于 5 个初次样品
3001～20000 kg	每 500 kg 一个初次样品,但不少于 10 个初次样品
20000 kg 以上	每 700 kg 一个初次样品,但不少于 40 个初次样品

2. 分样方法。

从混合样品中分取送检样品及从送检样品中分取测定样品,可用四分法(见图 2-4-8)和分样器法。

3. 送检样品的发送。

送检样品用木箱、布袋等容器密封包装。加工时种翅不易脱落的种子,须用木箱等硬质容器盛装,以免因种翅脱落增加夹杂物的比例。供含水量测定的和经过干燥含水量很低的送检样品要装在可以密封的防潮容器内,并尽量排出其中空气。种子健康状况测定用的送检样品应装在玻璃瓶或塑料瓶内。

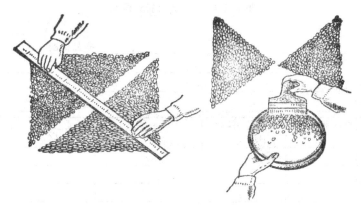

图 2-4-8　种子四分法分样示意图

送检样品必须填写两份标签,注明树种、检验申请表编号和种批号,一份放入袋内,另一份挂在袋外。送检样品要尽快连同检验申请表寄送种子检验机构。

4.种子品质检验。

(1)种子净度测定。净度是指被测定样品的纯净种子重量占测定后样品各成分重量的百分数。净度是种子播种品质的重要指标,种子净度越高,品质越好,越耐贮藏。

①取样。将送检样品用四分法或分样器法分样提取。净度测定样品称重的精度要求如表 2-4-5 所示。

表 2-4-5　净度测定样品称重的精度要求

测定样品重	称量至小数位数
1 g 以下	4
10 g 以下	3
10～99.99 g	2
100～999.9 g	1
1000 g 以上	0

②分析样品。将测定样品中的种子仔细观察,准确区分出纯净种子、废种子及杂物三部分。

A.纯净种子。完整的、没有受伤害的、发育正常的种子;发育虽不完全(如瘦小的、皱缩的)但无法断定其为空粒的种子;虽已裂嘴或发芽但仍具有发芽能力的种子。

B.废种子。能明显识别空粒、腐坏粒、已发芽且显著丧失发芽能力的种子;严重损伤的种子和无种皮的裸粒种子。

C.夹杂物。指不属于纯净种子的其他树种的种子、子叶、鳞片、苞片、果皮、种翅、种子碎片、土块和其他杂质;昆虫的卵块、成虫、幼虫和蛹。

③称重。分别称纯净种子、其他植物种子和夹杂物的重量,填入净度分析记录表(见附表 2-4-1)。称重精度要求如表 2-4-5 所示。

④检查误差。

A.重量误差。如果全样品的原重减去净度分析后纯净种子、其他植物种子和夹杂物的

附表 2-4-1　净度分析记录表

编号＿＿＿＿＿＿＿＿＿

树种＿＿＿＿＿＿＿＿＿＿　　样品号＿＿＿＿＿＿＿＿＿　　样品情况＿＿＿＿＿＿＿＿＿

测试地点＿＿＿＿＿＿＿＿＿＿＿＿＿＿＿＿＿＿＿＿＿＿＿＿＿＿＿＿＿＿＿＿＿＿＿＿＿＿

环境条件：室内温度＿＿＿＿＿＿＿＿℃　湿度＿＿＿＿＿＿＿＿＿％

测试仪器：名称＿＿＿＿＿＿＿＿＿＿＿＿＿＿＿＿＿＿＿＿　编号＿＿＿＿＿＿＿＿＿＿

方　法 （重复）	试样重/ g	纯净种子重/ g	其他植物 种子重/g	夹杂物重/ g	总　重/ g	各重复净度/ %	平均净度/ %	备注
实　际 差　距				容　许 差　距				

本次测定：有效　□　　　　测定人＿＿＿＿＿＿＿＿

　　　　　　无效　□　　　　校核人＿＿＿＿＿＿＿＿

　　　　　　　　　　　　　　测定日期＿＿＿＿＿年＿＿＿月＿＿＿日

重量和，其差值不得大于原重的5％，否则须重做；用两个"半样品"测定，测定后每份"半样品"各自所有成分的重量相加，如果同原重量的差距超过原重量的5％，须再分析两个"半样品"。

B. 容许误差。计算平均净度的　测定结果应计算到一位小数。

$$种子净度\% = \frac{纯净种子重}{纯净种子重+其他植物种子重+夹杂物重} \times 100\%$$

检查两次测定净度值的容许误差。　为了判断两次测定是否在允许差距内，可计算两次测定的平均数。如果两次测定百分数的差数不超过如表2-4-6所示的规定，则两次测定结果符合要求。

表 2-4-6　两次测定的平均数容许差距

两次分析结果平均		不同测定之间的容许差距			
		半样品		全样品	
50%～100%	<50%	非黏滞性种子	黏滞性种子	非黏滞性种子	黏滞性种子
1	2	3	4	5	6
99.95～100.00	0.00～0.04	0.20	0.23	0.1	0.2
99.90～99.94	0.05～0.09	0.33	0.34	0.2	0.2
99.85～99.89	0.10～0.14	0.40	0.42	0.3	0.3
99.80～99.84	0.15～0.19	0.47	0.49	0.3	0.4
99.75～99.79	0.20～0.24	0.51	0.55	0.4	0.4
99.70～99.74	0.25～0.29	0.55	0.59	0.4	0.4
99.65～99.69	0.30～0.34	0.61	0.65	0.4	0.5
99.60～99.64	0.35～0.39	0.65	0.69	0.5	0.5
99.55～99.59	0.40～0.44	0.68	0.74	0.5	0.5
99.50～99.54	0.45～0.49	0.72	0.76	0.5	0.5
99.40～99.49	0.50～0.59	0.76	0.82	0.5	0.6

续表

两次分析结果平均		不同测定之间的容许差距			
		半样品		全样品	
50%～100%	＜50%	非黏滞性种子	黏滞性种子	非黏滞性种子	黏滞性种子
1	2	3	4	5	6
99.30～99.39	0.60～0.69	0.83	0.89	0.6	0.6
99.20～99.29	0.70～0.79	0.89	0.95	0.6	0.7
99.10～99.19	0.80～0.89	0.95	1.00	0.7	0.7
99.00～99.09	0.90～0.99	1.00	1.06	0.7	0.8
98.75～98.99	1.00～1.24	1.07	1.15	0.8	0.8
98.50～98.74	1.25～1.49	1.19	1.26	0.8	0.9
98.25～98.49	1.50～1.74	1.29	1.37	0.9	1.0
98.00～98.24	1.75～1.99	1.37	1.47	1.0	1.0
97.75～97.99	2.00～2.24	1.44	1.54	1.0	1.1
97.50～97.74	2.25～2.49	1.53	1.63	1.1	1.2
97.25～97.49	2.50～2.74	1.60	1.70	1.1	1.2
97.00～97.24	2.75～2.99	1.67	1.78	1.2	1.3
96.50～96.99	3.00～3.49	1.77	1.88	1.3	1.3
96.00～96.49	3.50～3.99	1.88	1.99	1.3	1.4
95.50～95.99	4.00～4.49	1.99	2.12	1.4	1.5
95.00～95.49	4.50～4.99	2.09	2.22	1.5	1.6
94.00～94.99	5.00～5.99	2.25	2.38	1.6	1.7
93.00～93.99	6.00～6.99	2.43	2.56	1.7	1.8
92.00～92.99	7.00～7.99	2.59	2.73	1.8	1.9
91.00～91.99	8.00～8.99	2.74	2.90	1.9	2.1
90.00～90.99	9.00～9.99	2.88	3.04	2.0	2.2
88.00～89.99	10.00～11.99	3.08	3.25	2.2	2.3
86.00～87.99	12.00～13.99	3.31	3.49	2.3	2.5
84.00～85.99	14.00～15.99	3.52	3.71	2.5	2.6
82.00～83.99	16.00～17.99	3.69	3.90	2.6	2.8
80.00～8.99	18.00～19.99	3.86	4.07	2.7	2.9
78.00～79.99	20.00～21.99	4.00	4.23	2.8	3.0
76.00～77.99	22.00～23.99	4.14	4.37	2.9	3.1
74.00～75.99	24.00～25.99	4.26	4.50	3.0	3.2
72.00～73.99	26.00～27.99	4.37	4.61	3.1	3.3
70.00～71.99	28.00～29.00	4.47	4.71	3.2	3.3
65.00～69.99	30.00～34.99	4.61	4.86	3.3	3.4
60.00～64.99	35.00～39.99	4.77	5.02	3.4	3.6
50.00～59.99	40.00～49.99	4.89	5.16	3.5	3.7

注:表中数据引自国际种子检验协会1976《国际种子检验规程》。

⑤结果计算。分别计算两个"半样品"或两个全样品的每个成分重量占各成分重量的百分率,保留两位小数,查表 2-4-6 查净度测定溶许误差,如符合要求,计算两个"半样品"或两个全样品的平均净度,计算到两位小数,修约到 1 位小数,并填写净度分析记录表。在种子质量检验报告上,成分少于 0.05%的填报为"微量",若成分为零时用"－0.0－"表示,各成分总和必须为 100%,总和是 99.9%和 100.1%时,可从百分率数值大的加减 0.1%,如修约值超过 0.1%的,检查计算有无误差。

(2)种子重量测定。种子重量是指气干状态下 1000 粒纯净种子的重量,以克为单位,称为千粒重。该品质指标反映种粒大小和饱满程度,和种子质量密切相关,同树种同种批的种子,千粒重越大,种子越饱满,质量越好。测定种子千粒重有百粒法、千粒法、全量法三种,百粒法适用于种粒大小均衡的种子,千粒法适用于种粒大小、轻重极不均匀的种子,全量法适用于总量不足 1000 粒的种子。

①百粒法。

A. 取样。将净度测定后的纯净种子铺在光滑的桌上,充分混合后用四分法分为 4 份,每份中随机抽取 25 粒组成 100 粒,共取 8 个 100 粒,即 8 个重复,或用数粒器提取 8 个 100 粒;

B. 称重。分别称 8 个重复的重量(精度要求与净度测定相同),填入重量测定记录表(见附表 2-4-2);

C. 检查误差。计算 8 组的平均重量、标准差、变动系数,分析误差情况,公式为:

$$\overline{x} = \frac{\sum\limits_{i=1}^{n} x_i}{n} \qquad s = \sqrt{\frac{\sum\limits_{i=1}^{n} x_i^2 - n\overline{x}^2}{n-1}} \qquad C(\%) = \frac{S}{\overline{x}} \times 100\%$$

式中:x— 各重复重量(克);

$\quad\quad n$— 重复次数;

$\quad\quad \sum$— 和;

$\quad\quad S$— 标准差;

$\quad\quad \overline{x}$—100 粒种子平均重量;

$\quad\quad C$—变动系数。

D. 计算千粒重。若变异系数不超过 4(种粒大小悬殊和黏滞性种子不超过 6),则 8 个组的平均重量乘以 10 即为种子的重量。若变异系数超过 4(种粒大小悬殊和黏滞性种子超过 6),则重做。若仍超过,可计算 16 个组的平均重量及标准差,凡与平均重量之差超过 2 倍标准差的略去不计,未超过各组的平均重量乘以 10 为种子重量(即 $10 \times \overline{x}$),计算结果保留两位小数。

②千粒法。净度分析后,将全部纯净种子用四分法分成四份,从每份中随机取 250 粒,共 1000 粒为一组,再取第二组,即两个重复。千粒重在 50 g 以上的可采用 500 粒为一组,千粒重在 500 g 以上的可采用 250 粒为一组,仍是两个重复。分别称重后,计算两组的平均数。当两组种子重量之差大于此平均数的 5%时,则应重做。如仍超过,则计算四组的平均数,计算结果保留两位小数。

③全量法。凡纯净种子粒数少于 1000 粒者,将其全部种子称重,换算成千粒重。千粒重的称量精确度要求与净度测定称量精确度相同。

附表 2-4-2　种子重量测定记录表

编号_____

树种_____　样品号_____　样品情况_____　测试地点_____

环境条件:温度_____℃　湿度_____%　测试仪器:名称_____　编号_____

测定方法_____

重复号	1	2	3	4	5	6	7	8	9	10	11	12	13	14	15	16
x(g)																
标准差(S)																
平均数($\bar{x}$)																
变异系数(%)																
千粒重(g)																

第　　组数据超过了容许误差,本次测定根据第　　组计算。

本次测定:有效　　□　　　　测定人_____

　　　　　无效　　□　　　　校核人_____

　　　　　　　　　　　　　　测定日期_____年___月___日

（3）种子含水量测定。种子含水量是指测定样品中种子所含水分的重量占样品原始重量的百分率。测定含水量的目的,是为了给妥善贮藏和调运种子时控制种子适宜含水量提供依据。测定样品含水量前,应将送检样品在容器内充分混合,并把种子与大夹杂物分开,操作时,测定样品暴露在空气中的时间应尽量减少到最低限度。种粒小的以及薄皮种子可以原样干燥,种粒大的要从送检样品中随机取 50 g(不少于 8 粒),切开或打碎,充分混合后,取测定样品。测定用两次重复,每一重复的测定样品重量:大粒种子20 g,中粒种子10 g,小粒种子 3 g。称量精确度要求保留小数点后三位数字。两次重复间的差距不得超过 0.5%,如超过,则须重做。

①称样品盒重(M_1)。分别称 2 个预先烘干过的样品盒的重量,精度要求达 3 位小数。将数据填入含水量测定记录表(见附表 2-4-3)。

②取样。用四分法或分样器法从含水量送检样品中分取测定样品,放入样品盒。样品取两个重复。

③样品湿重(M_2)。分别称 2 个装有样品的样品盒的重量,精度要求达 3 位小数。

④烘干。105 ℃低恒温烘干法,将装有样品的容器置于烘箱中,升温至 103 ℃±2 ℃后烘 17±1 h。

⑤称样品干重(M_3)。将装有烘干样品的样品盒放入干燥器中冷却 30～45 min,然后分别称重,精度要求达 3 位小数。

⑥计算测定结果

$$含水量(\%)=\frac{M_2-M_3}{M_2-M_1}\times100\%$$

式中:M_1—样品盒和盖的重量,g;

　　　M_2—烘干前样品盒和盖及样品的重量,g;

　　　M_3—烘干后样品盒和盖及样品的重量,g。

附表 2-4-3　含水量测定记录表

编号_____

树种_____　　样品号_____　　样品情况_____

测试地点_____

环境条件:温度_____℃　湿度_____%

测试仪器:名称_____　　编号_____

测定方法:_____

容器号			
容器重(g)			
容器及样品原重(g)			
烘至恒重(g)			
测定样品原重(g)			
水分重(g)			
含水量(%)			
平均		%	
实际差距	%	容许差距	%

本次测定:有效　□　　　　　　测定人_____

无效　□　　　　　　校核人_____

测定日期_____年____月____日

依据种子大小和原始水分的不同,两个重复间的容许差距范围为 0.3%~2.5%,如表 2-4-7 所示。

表 2-4-7　含水量测定两次重量间的容许差距

种子大小类别	平均原始含水量		
	<12%	12%~25%	>25%
小种子	0.3%	0.5%	0.5%
大种子	0.4%	0.8%	2.5%
小种子	指每千克超过 5000 粒的种子		
大种子	指每千克最多为 5000 粒的种子		

两次含水量测定结果容许差距符合要求,计算两个重复的含水量平均值,精度为 0.1%。

(4)种子发芽测定。种子发芽力是指种子在适宜条件下发芽并长成植株的能力,是种子播种品质最重要的指标,常用发芽率和发芽势表示。

①测定样品的抽取。发芽测定所需样品可从净度测定后的纯净种子中抽取。用四分法将种子分成四份,从每份中随机取 25 粒种子组成 100 粒,共取四个 100 粒,即为四个重复。种粒大的可以 50 粒或 25 粒为一个重复。特小粒种子用重量发芽法,以 0.1~0.25 g 为一个重复。

②测定样品的预处理。先对种子和各类使用器皿等进行消毒;种子消毒后还须进行催芽,一般可用始温 45 ℃水浸种 24~48 h,浸种过程中最好再换一两次水。发芽困难的种子可根据具体情况采用合适方法进行预处理。

③置床和管理。在发芽皿上垫有滤纸或纱布即为发芽床。将经过消毒和浸种后的种子分组放置于四个发芽床,在每个发芽床上整齐放置 100 粒种子,种粒之间保持一定距离,以

免霉菌蔓延和幼根相互接触。种粒的排放应有一定的序列(见图 2-4-9)。

图2-4-9　发芽试验种粒的排放序列示意图

种子摆放完毕,在每一个发芽皿上贴上标签,写明送检样品号、树种、重复号、置床日期、姓名,以免混乱,然后将发芽皿放入光照发芽箱或培养箱,调控好发芽箱和培养箱的温度和光照条件,持续观察记录发芽情况,并在发芽期间确保发芽床适当的水分、通气等条件。

④观察记载。发芽测定要定期观察记载,并计入附表 2-4-4。为了更好地掌握发芽测定的全过程,要求每天做一次观察记载。发芽测定的持续时间如表 2-4-8 所示。表中所列天数以置床之日为零算起,不包括种子预处理的时间。如到规定的结束时间仍有较多的种粒萌发,也可酌情延长测定时间。发芽测定所用的实际天数应在检查报告中说明。

附表 2-4-4　发芽测定记录表

编号_____

树种_____　样品号_____　样品情况_____　测试地点_____

环境条件:室内温度_____℃　湿度_____%　测试仪器:名称_____　编号_____

预处理_____　置床日期_____　测定条件_____

项目	正常幼苗数						不正常幼苗数	未萌发粒分析							
	样品重/g	初次计数			末次计数	合计		新鲜粒	死亡粒	硬粒	空粒	无胚粒	涩粒	虫害粒	合计
日期															
重复 1															
重复 2															
重复 3															
重复 4															
平均															

组间最大差距_____　容许差距_____　本次测定:有效□　无效□

测定人_____　校核人_____　测定结束日期_____年_____月

发芽期间发现有感染了霉菌的种子及时取出消毒或用清水冲洗数次,直到水无浑浊再放回原发芽床,不要使它们触及健康的种粒,发霉严重时整个发芽床都要更换,并在发芽记录表中记述。

表 2-4-8　部分树种种子发芽测定的主要技术规定

树种	温度/℃	测发芽势的天数	测发芽率的天数	备　注
马尾松	25	10	20	
杉木	25	10	20	
柳杉	25	14	25	
木麻黄	30	8	15	重量发芽法,每天光照 8 h
板栗	25	3	5	取胚方
檫树	25	12	28	
相思树	25	7	21	始温 100 ℃水浸种 2 min,自然冷却 24 h,每天光照 8 h;浓硫酸浸种 15~20 min;染色法测定生活力。
胡枝子	20/35	7	15	去掉种皮;浓硫酸浸种 30 min 后用清水反复冲洗
柠檬桉	25	5	11	重量发芽法
油茶	25	8	12	取胚方,用染色法测定生活力;用解剖法测定优良度
木荷	25	7	30	用解剖法测定优良度
侧柏	25	9	20	
白榆	20	4	7	
杨属	20/30	3	6	

按发芽床的编号依次记载,记载项目如下:

A. 正常发芽粒。长出正常胚根,特大粒、大粒和中粒种子的幼根长为该种粒长度的一半以上;小粒和特小粒种子的幼根长度大于该种粒的长度。如是复粒种子,其中只要长出一个正常幼根即可视作正常发芽。并在记录表上注明,凡符合定义的正常发芽用镊子取出。

B. 异状发芽粒。胚根短生长迟滞,并且异常瘦弱,胚根腐坏,胚根出自珠孔以外的部位,胚根呈负向地性,胚根卷曲,子叶生出,双胚联结等。

C. 腐烂粒。内含物腐烂的种粒。

⑤发芽结果计算。在发芽测定结束后进行发芽结果计算。

A. 发芽率。指种子发芽终止在规定时间内的全部正常发芽种子粒数占供检种子粒数的百分率。

$$发芽率(\%)=\frac{n}{N}\times100\%$$

式中:n—正常发芽粒数;

　　　N—供检种子数。

发芽率按组计算,然后计算四组的算术平均值,平均值取整数,如组间差距没有超过表 2-4-9 的随机误差范围,其结果可认为是正确的,即平均值作为本次测定的结果。

具有下列情况之一时,应进行第二次测定:各重复之间的最大差距超过表 2-4-9 所列的容许范围;预处理的方法不当或测定条件不当,未能得出正确结果;发芽粒的鉴别或记载错误而无法核对改正;霉菌或其他因素严重干扰测定结果。

表 2-4-9　发芽测定溶许误差

平均发芽百分率/%		最大容许误差/%
99	2	5
98	3	6
97	4	7
96	5	8
95	6	9
93～94	7～8	10
91～92	9～10	11
87～88	13～14	13
84～86	15～17	14
81～83	18～20	15
78～80	21～23	16
73～77	24～28	17
67～72	29～34	18
56～66	35～45	19
51～55	46～50	20

注:本表引自国际检验协会 1976《国际种子检验规程》。

B. 发芽势。指发芽种子数达到高峰时,正常发芽数占供测种子总数的百分率。发芽势也是分组计算,然后计算四组平均值,要求保留小数点后一位数字,其容许差距为计算发芽率时容许差距的一倍半。

(5)种子生活力测定。种子潜在的发芽能力称为种子的生活力,即测定样品中有生活力的种子数占供检种子数的百分率。目前常用化学试剂染色法测定,根据不同的染色原理和种子染色部位,确定种子是否具有生活力。对有些休眠期长、难于进行发芽测定的树种种子,采用染色法测定其生活力,具有明显的优越性。

①酸性靛蓝(靛蓝胭脂红)染色法。靛蓝为蓝色粉末,分子式为 $C_{16}H_8N_2O_2(SO_3)_2Na_2$。靛蓝能透过死细胞组织而染上颜色,根据胚染色部位和比例判断种子生活力。靛蓝用蒸馏水配成浓度为 $0.05\%～0.1\%$ 的溶液,如发现溶液有沉淀,可适当加量,最好随配随用,不宜存放过久。

A. 取样。将净度测定后的纯净种子铺在光滑的桌上,充分混合后用四分法分为 4 份,每份中随机抽取 25 粒组成 100 粒,共取 4 个 100 粒,即 4 个重复。或用数粒器提取 4

个 100 粒。

B. 浸种。将 4 组样品进行预处理,方法根据不同种子特性而异。

C. 取胚。剥种胚要细心,勿使胚损伤,要挑出空粒、腐坏和有病虫害的种粒,并计入附表 2-4-5。剥出的胚先放入盛有清水或垫湿纱布的器皿中,全部剥完后再放入靛蓝溶液中,使溶液淹没种胚,上浮者要压沉。

D. 染色。染色时间因温度、树种而异,温度在 20 ℃~30 ℃时需 2~3 h;温度低于 20 ℃要适当延长染色时间;温度低于 10 ℃则染色困难,甚至不能染色。

E. 观察记载。到达染色所规定的时间之后倒出溶液,用清水冲洗种胚,立即将种胚放在垫湿纱布的器皿中。根据染色部位和比例大小来判断每一种胚有无生活力。计入附表 2-4-5中。以松属、杉木种胚为例,靛蓝法测定种子生活力的主要标志如图 2-4-10 所示。

附表 2-4-5　种子生活力测定记录表

编号_____

树种_____　　样品号_____　　样品情况_____

染色剂_____　　浓度_____

测试地点_____

环境条件:温度_____℃　湿度_____%

测试仪器:名称_____　编号_____

重复	测定种子粒数	种子解剖结果					进行染色粒数	染色结果				平均生活力(%)	备注
		腐烂粒	涩粒	病虫害粒	空粒			无生活力		有生活力			
								粒数	%	粒数	%		
1													
2													
3													
4													
平均													

测定方法

实际差距_____　　容许差距_____

本次测定:有效 □　无效 □

测定人_____　　校核人_____　　测定结束日期_____年_____月

● 有生活力者:胚全部未染色;胚根尖端少量染色;胚基部分有斑点状染色,但染色部位未成环状;子叶少许斑点染色。

● 无生活力者:胚全部被染色;胚根全长 1/3 或超过 1/3 部分染色;胚基部分包括分生组织在内的种胚全长的 1/3 的部分染色;子叶染色。

F. 结果计算。分别统计各组有生活力种子的百分率,并计算 4 个重复的平均值,按表 2-4-9 的规定检查几个重复间的差异,如果各重复中最大值与最小值的差距没有超过容许范围,就用各个重复的平均值作为测定的生活力,计算结果取整。

有生活力者		无生活力者	
1. 胚全未染色		1. 子叶着色	
2. 胚根尖端着色部分小于胚根长度的 1/3		2. 包括分生组织在内的种胚全长的 1/3 的部分着色	
3. 胚基部分有少量着色斑点且未相连成环状		3. 胚根全长 1/3 或超过 1/3 部分着色	
4. 子叶有少量着色斑点		4. 种胚全数染色	

图 2-4-10　松属、杉木种胚靛蓝染色法测定生活力的判别标准

$$生活力(\%)=\frac{有生活力种子数}{供检种子数}\times100\%$$

②四唑染色法。氯化（或溴化）三苯基四氮唑，简称四唑，为白色粉末，分子式为 $C_{10}H_{1}2N_{4}CL(B_r)$。其染色原理为种子的活细胞中有脱氢酶，而死细胞中没有，种子浸入无色四唑水溶液，在种胚的活组织中被脱氢酶还原成稳定的、不溶于水的红色物质——甲腊。而种胚的死组织中则无此种反应，因此种胚染成红色的种子有生活力，不染色的无生活力。

配制四唑水溶液时，用中性蒸馏水（pH 6.5～7）溶解，浓度用 0.1%～1%，一般用 0.5%。浓度高，染色时间短。具体测定程序同酸性靛蓝染色法。

（6）种子优良度测定。测定样品中优良种子数占供检种子数的百分率称为优良度。种子优良度对于休眠期长，目前又无适当方法测定其生活力的林木种子，以及在生产上收购种子，需要在现场及时确定种子品质时，可以应用感官、解剖、挤压等简便快速的方法测定种子优良度。

①取样。将净度测定后的纯净种子铺在光滑的桌上，充分混合后用四分法分为 4 份，每份中随机抽取 25 粒组成 100 粒，共取 4 个 100 粒，即 4 个重复。或用数粒器提取 4 个 100 粒。大粒种子可取 50 粒或 25 粒。

②浸种处理。种皮较坚硬难于解剖的种子，或用挤压法鉴定的小粒种子须进行浸种。多数种子通常用始温 30 ℃～45 ℃的水浸种 24～48 h，每天换水。硬粒种子和种皮致密的种子可用始温 80 ℃～85 ℃的水浸种，在自然冷却中浸种 24～72 h，每日换水。

③观察记载。根据下列步骤进行测定，并将结果计入附表 2-4-6 中。

A. 感官鉴定法。先对种子的外部表现进行观察，看其种粒是否饱满整齐，颜色和光泽是否新鲜正常，有无异常气味，等等，凡内含物充实饱满，色泽新鲜、无病虫害或受害极轻的都是优良种子。如板栗种壳有光泽，子叶较硬、有弹性，浅黄色，有光泽，有清香味；杉木种粒饱满，胚乳暗白色有油光或胚根稍带粉红色。

B. 压油法。马尾松等种子含有油质的，可在一块玻璃板上放一张白纸，在纸上整齐地排放随机抽取的 100 粒种子，再盖一张白纸，覆以玻璃板并用力下压，使种粒破碎，检查上下两张白纸上的油渍，只要在任一张纸上留下油渍，便视为优良种子。

C. 挤压法。有些种子如桦木，可用挤压法来鉴定优良度，将种子煮沸片刻，取出用两张玻璃片挤压，能压出内含物的为优良种子，而空粒种子只能压出水来。

④检查误差。分别统计各组种子优良度的百分率，并计算 4 个重复的平均值，查表 2-4-9 检查容许误差。如果各个重复中最大值与最小值的差距没有超过容许范围，就用各个重复的平均值作为测定的优良度。

⑤结果计算。根据记录的资料，分别 4 个重复计算优良种子的百分率，计算结果取整。

$$优良度（\%）=\frac{优良种子数}{供测种子数}\times100\%$$

附表 2-4-6　种子优良度测定记录表

编号＿＿＿＿＿＿＿＿＿＿

树种＿＿＿＿＿＿＿＿＿　样品号＿＿＿＿＿＿＿＿＿　样品情况＿＿＿＿＿＿＿＿＿＿

测试地点＿＿＿＿＿＿＿＿＿＿＿＿＿＿＿＿＿＿＿＿＿＿＿＿＿＿＿＿＿＿＿＿＿＿＿＿

环境条件：温度＿＿＿＿＿＿＿＿℃　湿度＿＿＿＿＿＿＿＿＿％

测试仪器：名称＿＿＿＿＿＿＿＿＿＿＿＿＿＿＿＿＿＿＿＿＿　编号＿＿＿＿＿＿＿＿＿

重复	测定种子粒数	观察结果						优良度/%	备注
		优良粒	腐烂粒	空粒	涩粒	病虫粒			
1									
2									
3									
4									
平均									
实际差距				容许差距					
测定方法									

本次测定：有效　□　　　　　测定人＿＿＿＿＿＿＿＿＿

　　　　　无效　□　　　　　校核人＿＿＿＿＿＿＿＿＿

　　　　　　　　　　　　　　测定日期＿＿＿＿＿年＿＿月＿＿日

(7)种子健康状况测定。种子健康状况指是否携带病原菌，如真菌、细菌、害虫等，通过测定该品质指标，为评估种子质量提供依据。将测定结果填入附表 2-4-7 中。

①取样。从送检样品中随机抽取 100～200 粒种子。

②观察记录。

A. 直观检查。将样品放在白纸或白瓷盘、玻璃板上，用放大镜观察，挑出有菌核、霉粒、虫瘿、活虫及病虫伤害的种子。

B. 种子中隐蔽害虫的检查。将样品切开检查有虫和被蛀粒数。

C. 种子病源检查。将种子放在温暖湿润的环境条件下培养一段时间,再用适当倍数的显微镜直接检查。有条件的,可进行洗涤检查和分离检查。

③结果计算。

$$病害感染度(\%)=\frac{霉粒数+病害粒数}{供检种子数}\times100\%;虫害感染度(\%)=\frac{虫害粒数}{供检种子数}\times100\%$$

$$病虫害感染度(\%)=\frac{病虫感染粒数}{供检种子数}\times100\%$$

附表 2-4-7 种子健康状况测定记录表

编号_____

树种_____ 样品号_____ 样品情况_____

测试地点_____

环境条件:温度_____℃ 湿度_____%

测试仪器:名称_____ 编号_____

测定种子粒数	观察结果			病害感染度(%)	虫害感染度(%)	病虫害感染度(%)	备 注
	健康粒	虫 粒	病 粒				

测定方法

测定人_____ 校核人_____ 测定结束日期_____年_____月_____

附表 2-4-8 园林植物种子质量检验证

1. 树种: 本种批重: kg

2. 送检样品重: 收到日期 年 月 日

3. 种子采收登记表编号:

4. 送检申请表编号:

5. 检验结果:

项目		备注
1. 净度:	%	
2. 千粒重:	g	
3. 发芽率:	%	
4. 发芽势:	%	
5. 生活力:	%	
6. 优良度:	%	
7. 含水量:	%	
8. 病害感染程度:	%	
9. 虫害感染程度:	%	

6. 种子质量等级: 级

7. 检验证有效期:

检验单位: (盖章) 检验员: 年 月 日

二、园林植物播种育苗

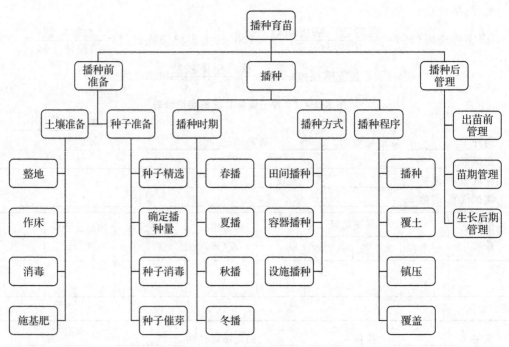

图 2-4-11　园林植物播种育苗流程图

（一）播种前准备

1. 土壤准备。

（1）整地。

①整地的作用。改善土壤的理化性质；减少或消灭杂草和病虫害；提高土壤肥力、减少土壤水分蒸发，为种子顺利萌发创造良好的条件。

②整地环节。整地的基本要求是"及时平整，全面耕到，土壤细碎，清除草根石块，并达到一定深度"。包括清理圃地、浅耕灭茬、耕地、耙地、镇压五个环节，最重要的是耕地和耙地两个环节。

（2）作床。苗床育苗的作床时间应在播种前 1～2 周，以使作床后疏松的表土沉实。作床前应先选定基线，区划好苗床与步道，然后作床。一般苗床宽 100～150 cm，步道底宽30～40 cm，长度依地形、作业方式等而定，一般为 10～20 m 不等，以方便管理为度。苗床走向以南北向为好。在坡地应使苗床长边与等高线平行。一般分为高床与低床两种形式（见图 2-4-12）。作床的基本要求是"床面平、床边直、土粒碎、杂物净"，如图 2-4-13 所示。

①高床。床面高出步道 15～25 cm。高床有利于侧方灌溉及排水。降雨较多的地区和低洼积水、土质黏重地多采用高床育苗。

②低床。床面低于步道 15～25 cm。低床利于灌溉，保墒性能好。干旱地区多采用低床育苗。

（3）消毒。土壤消毒是减少土壤中的病原菌和地下害虫，减轻病原菌和地下害虫对苗木危害的措施。生产上常用药剂消毒和高温消毒。

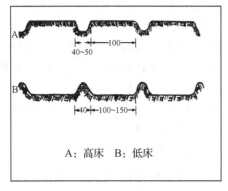

图 2-4-12　苗床形式示意图(单位:cm)　　　图 2-4-13　作床示意图

①高温消毒。有蒸汽消毒和火烧消毒两种。温室土壤消毒可用带孔铁管埋入土中 30 cm 深,通蒸汽维持 60 ℃,经 30 min,可杀死绝大部分真菌、细菌、线虫、昆虫、杂草种子及其他小动物。蒸汽消毒应避免温度过高,否则可使土壤有机物分解,释放出氨气和亚硝酸盐及锰等毒害植物。基质或土壤量少的,可放在铁板上或铁锅内,用烧烤法处理,厚 30 cm 的土层,90 ℃维持 6 小时可达到消毒的目的。在苗床上堆积燃烧柴草,既可消毒土壤,又可增加土壤肥力。

国外用火焰土壤消毒机对土壤进行高温处理,可消灭土壤中的病虫害和杂草种子。

②药物消毒。土壤药剂消毒的常用方法如表 2-4-10 所示。

表 2-4-10　土壤药剂消毒常用方法

药剂名称	使 用 方 法	备 注
硫酸亚铁 (工业用)	配成 2%～3% 的水溶液喷洒于苗床,用量以浸湿床面 3～5 cm 为宜;也可与基肥混拌或制成药土撒在苗床上浅耕,每 667 m² 用药量 15～20 kg,于播种前 7 d 进行,用药后盖膜,7 d 左右撒膜	灭菌
福尔马林 (工业用)	每平方米用 50 mL,稀释 100～200 倍,在播种前 10～15 d 均匀地浇在土壤中,并用塑料薄膜严密覆盖,播种前一周打开薄膜通风,翻、晾无气味后播种	灭菌
五氯硝基苯(75%)	每平方米用 3 g,混拌适量细土,撒于土壤中	灭菌
代森锌	每平方米用 2～4 g 混拌适量细土,撒于土壤中	灭菌
必速灭	将待消毒的土壤或基质整碎整平,撒上必速灭颗粒,用量为 15 g/m²,浇透水后覆盖薄膜,3～6 d 后揭膜,再等待 3～10 d,并翻动 2～3 次	新型广谱土壤消毒剂;在土壤含水量为最大持水量的 60%～70%,土壤温度 10 ℃以上时,施用效果最好。
辛硫磷	用辛硫磷乳油拌种,药种比例为 1∶300;用 50% 辛硫磷颗粒剂制成药土撒于土壤中预防地下害虫,用量为每平方米 3～4 g。还可制成药饵诱杀地下害虫	杀虫

（4）施基肥。

①肥料的种类。肥料可分为有机肥、无机肥和菌肥等。

有机肥指由植物的残体或人畜的粪尿等有机物经微生物分解腐熟而成。苗圃中常用的有机肥主要有厩肥、堆肥、绿肥、人粪尿、饼肥等。有机肥含多种营养元素，肥效长，能改善土壤的理化状况。

无机肥又称矿质肥料，包括氮、磷、钾三大类和多种微量元素。无机肥容易被苗木吸收利用，肥效快，但肥分单一，连年单纯施用会使土壤物理性能变坏。

菌肥是用从土壤中分离出来，对植物生长有益的微生物制成的肥料。菌肥中的微生物在土壤和生物条件适宜时会大量繁殖，在植物根系上和周围大量生长，与植物形成共生或伴生关系，帮助植物吸收水分和养分，阻挡有害微生物对根系的侵袭，从而促进植物健康生长。有菌根菌、pt 菌根剂、根瘤菌、磷细菌肥、抗生菌肥等。

基肥应以有机肥为主，加入适量磷肥堆沤腐熟后使用。

②施用方法。有撒施、局部施和分层施三种。常采用全面撒施，即将肥料在第一次耕地前均匀地撒在地面上，然后翻入耕作层。在肥料不足或条播、点播、移植育苗时，也可以采用沟施或穴施，将肥料与土壤拌匀后再播种或栽植。还可以在整苗床时将腐熟的肥料撒在床面，浅耕翻入土中。

③基肥的施用量。一般每公顷施堆肥、厩肥 37.5～60.0 t，或施腐熟人粪尿 15.0～21.5 t，或施火烧土 22.5～37.5 t，或施饼肥 1.5～2.3 t。在土壤缺磷地区，要增施磷肥 150～300 kg；南方土壤呈酸性，可适当增施石灰。所施用的有机肥必须充分腐熟，以免发热灼伤苗木或带来杂草种子和病虫害。

2. 种子准备。

种子准备的目的是科学估算播种量，促进种子发芽快、齐、匀、全、壮的措施，包括种子精选、确定播种量、种子消毒、种子催芽几个环节。不同园林植物种子有不同的处理方法。

（1）种子精选。种子经过贮藏，可能发生虫蛀和腐烂现象。为了获得纯度高、品质好的种子，确定合理的播种量，并保证幼苗出土整齐和苗木良好生长，在播种前要对种子进行精选。精选的方法有风选、水选、筛选、粒选等，可根据种子特性和夹杂物特性而定。种子精选的方法与净种方法相同。

（2）确定播种量。播种前首先应确定播种量，播种量影响株距密度，对直播影响更大。如果植株密度太小，产量减少；密度过大，或间苗造成浪费，或降低植株大小和质量。播种量的计算公式为：

$$X = C \times \frac{A \times W}{P \times G \times 1000^2}$$

式中：X—单位面积（或单位长度）实际所需播种量，kg；

A—单位面积（或单位长度）的产苗量，即苗木合理密度；

W—种子千粒重，g；

P—种子净度，%；

G—种子发芽率，%；

1000^2—常数；

C—损耗系数。

损耗系数 C 值确定可根据种粒大小、苗圃环境条件、育苗技术水平合理确定,以下为 C 值确定参考值:

大粒种子(千粒重在 700 g 以下),取 1 或略大于 1;中小粒种子(千粒重在 3~700 g 之间),取 1.5~5;极小粒种子(千粒重在 3 g 以下),大于 5,可达 10~20。

如图 2-4-11 所示为部分园林树木的播种量与产苗量。

表 2-4-11　部分园林树木播种量与产苗量

树　种	100 m² 播种量/kg	100 m² 产苗量/株	播种方式
油松	10~12.5	10000~15000	高床撒播或垄播
白皮松	17.5~20	8000~10000	高床撒播或垄播
侧柏	2.0~2.5	3000~5000	高垄或低床条播
桧柏	2.5~3.0	3000~5000	低床条播
云杉	2.0~3.0	15000~20000	高床撒播
银杏	7.5	1500~2000	低床条播或点播
锦熟黄杨	4.0~5.0	5000~8000	低床撒播
小叶椴	5.0~10	1200~1500	高垄或低床条播
紫椴	5.0~10	1200~1500	高垄或低床条播
榆叶梅	2.5~5.0	1200~1500	高垄或低床条播
国槐	2.5~5.0	1200~1500	高垄条播
刺槐	1.5~2.5	800~1000	高垄条播
合欢	2.0~2.5	1000~1200	高垄条播
元宝枫	2.5~3.0	1200~1500	高垄条播
小叶白蜡	1.5~2.0	1200~1500	高垄条播
臭椿	1.5~2.5	600~800	高垄条播
香椿	0.5~1.0	1200~1500	高垄条播
茶条槭	1.5~2.0	1200~1500	高垄条播
皂角	5.0~10	1500~2000	高垄条播
栾树	5.0~7.5	1000~1200	高垄条播
青桐	3.0~5.0	1200~1500	高垄条播
山桃	10~12.5	1200~1500	高垄条播
山杏	10~12.5	1200~1500	高垄条播
海棠	1.5~2.0	1500~2000	高垄或低床两行条播
山定子	0.5~1.0	1500~2000	高垄或低床条播
贴梗海棠	1.5~2.0	1200~1500	高垄或低床条播
核桃	20~25	1000~1200	高垄点播
卫矛	1.5~2.5	1200~1500	高垄或低床条播
文冠果	5.0~7.5	1200~1500	高垄或低床条播

续表

树　种	100 m² 播种量/kg	100 m² 产苗量/株	播种方式
紫藤	5.0～7.5	1200～1500	高垄或低床条播
紫荆	2.0～3.0	1200～1500	高垄或低床条播
小叶女贞	2.5～3.0	1500～2000	高垄或低床条播
紫穗槐	1.0～2.0	1500～2000	平垄或高垄条播
丁香	2.0～2.5	1500～2500	低床或高垄条播
连翘	1.0～2.5	2500～3000	低床或高垄条播
锦带花	0.5～1.0	2500～3000	高床条播
日本锈线菊	0.5～1.0	2500～3000	高床条播
紫薇	1.5～2.0	1500～2000	高垄或低床条播
杜仲	2.0～2.5	1200～1500	高垄或低床条播
山楂	20～25	1500～2000	高垄或低床条播
花椒	4.0～5.0	1200～1500	高垄或低床条播
枫杨	1.5～2.5	1200～1500	高垄条播

（3）种子消毒。为消灭种子表面所带病菌,减少苗木病害,在催芽、播种之前要对种子进行消毒灭菌,种子消毒的常用方法如表 2-4-12 所示。

表 2-4-12　种子消毒常用方法

名　称	使　用　方　法	备　注
硫酸亚铁	用 0.5%～1% 的溶液浸种 2 h,捞出用清水冲洗后阴干	
硫酸铜	用 0.3%～1.0% 溶液浸种 4～6 h,取出阴干备用	
高锰酸钾	用 0.5% 的溶液浸种 2 h,或用 3% 的溶液浸种 30 min,捞出密封 30 min,用清水冲洗后阴干	胚根突破种皮的种子不宜用此法
福尔马林	播种前 1～2 d,用 0.15% 的溶液浸泡 15～30 min,取出后密封 2 h,阴干	
石灰水	用 1.0%～2.0% 的石灰水浸种 24 h	
次氯酸钙(漂白粉)	用 10 g 的漂白粉加 140 mL 的水,振荡 10 min 后过滤,用过滤液(含有 2% 的次氯酸)浸种或稀释一倍处理,据不同种子浸种 5～35 min	
退菌特(80%)	将 80% 的退菌特稀释 800 倍液浸种 15 min	

（4）种子催芽。催芽就是用人为的方法打破休眠。催芽可提高种子的发芽率,减少播种量;且出苗整齐,便于管理。催芽的方法根据种子的特性及具体条件来定,如图 2-4-14 所示。

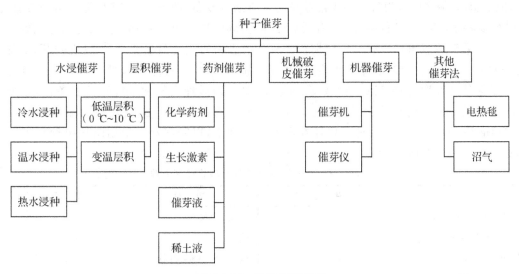

图 2-4-14　种子催芽方法

①水浸催芽。多数园林植物种子用水浸泡后会吸水膨胀,种皮变软,打破休眠,提早发芽,缩短发芽时间。在较高温的水中还可杀死种子的部分病原菌。

浸种的水温和时间因树种而异。种粒小且种皮软薄的种子浸种水温较低、时间较短,种皮厚且致密坚硬的种子浸种水温较高、时间长,甚至高达 100 ℃。一般树种浸种水温 30 ℃～50 ℃,浸种时间 24 h 左右。部分园林植物种子的浸种水温和时间如表 2-4-13 所示。

表 2-4-13　部分园林植物种子浸种水温及时间

树　　种	浸种水温/℃	浸种时间/h
杨、柳、榆、梓、锦带花	5～20	12
悬铃木、桑树、臭椿、泡桐	30	24
赤松、油松、黑松、侧柏、杉木、仙客来、文竹	40～50	24～48
枫杨、苦楝、君迁子、元宝枫、国槐、君子兰	60	24～72
刺槐、紫荆、合欢、皂荚、相思树、紫藤	70～90	24～48

水浸催芽的做法是在播种前把种子浸泡在一定温度的水中,浸种一定的时间后捞出,如水温较高,浸种过程中应不断搅拌,以使种子受热均匀。种水体积比一般为 1∶3,浸种过程中每天换 1～2 次水。浸种的水温和时间因树种特性而异。

②层积催芽。把种子与湿润物(沙子、泥炭、蛭石等)混合或分层放置,通过较长时间的冷湿处理,促使其达到发芽程度的方法,称为层积催芽。这种方法能解除种子休眠,促进种子内含物质的变化,帮助种子完成后熟过程,对于长期休眠的种子,出苗效果极其显著,在生产中广泛应用。

通过层积催芽,种皮得到软化,透性增加,种内的生长抑制性物质逐渐减少,生长激素逐渐增多,种胚得到进一步的生长发育,因此可以促进种子的发芽。层积催芽要求一定的环境条件,其中低温、湿润和通气条件最重要。因树种特性不同,对温度的要求也不同,多种树种为 0 ℃～5 ℃,极少数树种为 6 ℃～10 ℃。同时,还要求用湿润物和种子混合起来(或分层放置),常用的湿润物为湿沙、泥炭等,它们的含水量一般为饱和含水量的 60%,即以手握湿沙成团,但不滴水,触之能散为宜。层积催芽还必须有通气设备,种子数量少时,可用秸秆束通气,种子数量多时可设置专用的通气孔。有低温层积催芽和变温层积催芽(用高温和低温交替)两种。

层积催芽注意事项:第一,要定期检查种沙混合物的温度和湿度,如果发现问题,要及时设法调节。第二,要控制催芽的程度,当种子裂嘴达 30%左右即可播种。到春季要经常观察种子催芽的程度,如果已达到所要求的程度,要立即播种或使种子处于低温条件,以控制胚根的生长。如果种子发芽不够,在播种前 1～3 周把种子取出用较高的温度(18 ℃～25 ℃)催芽;第三,催过芽的种子要播在湿润的圃地上,以防回芽。常用园林树种种子层积催芽天数如表 2-4-14 所示。

表 2-4-14　常用园林树种种子层积催芽天数

树　种	催芽天数/d	树　种	催芽天数/d
银杏、栾树、毛白杨	100～120	山楂、山樱桃	200～240
白蜡、复叶槭、君迁子	20～90	桧柏	180～200
杜梨、女贞、榉树	50～60	椴树、水田柳、红松	150～180
杜仲、元宝枫	40	山荆子、海棠、花椒	60～90
黑松、落叶松、湖北海棠	30～40	山桃、山杏	80

根据园林树种种类的不同,可以采用不同的催芽方法。层积催芽和水浸出芽的技术要求和适用树种如表 2-4-15 所示。

表 2-4-15　种子催芽方法简明表

催芽方法		技　术　要　求	适用树种
层积催芽	混沙埋藏	1. 沙与种子的体积比为 2∶1 或 3∶1; 2. 沙的含水量为饱和含水量的 60%; 3. 在室内用容器或在地势较高,排水良好处挖坑层积,温度控制在 0 ℃～5 ℃; 4. 通气良好,防止霉烂; 5. 用冷水或温水浸种,使种皮吸水膨胀后,再层积; 6. 层积时间长短视树种而定; 7. 播种前一周左右检查种子,如果尚未露白,移于温度 20 ℃左右处催芽	椴树、杜仲、樟树、板栗、楠木、苦楝、川楝、枫杨、女贞、火力楠、油桐、油茶、银杏、栓皮栎、青冈栎、麻栎、米槠、甜槠、栲树、钩栗、锥栗、乌桕、酸枣等
水浸催芽	温水浸种	1. 用 50 ℃左右的温水; 2. 先将水倒入容器内,然后边倒种子边搅拌。倒完种子,水面要高出种子 10 cm 以上; 3. 水浸超过 1 d 的,每天都要换水; 4. 种皮吸水膨胀后,捞出摊于容器中置于 20 ℃左右处催芽	杉木、马尾松、柳杉、湿地松、建柏、池杉、侧柏、臭椿、香椿、泡桐、枫杨、喜树、枫香、木荷、桉树等
	热水浸种	1. 用 80 ℃～90 ℃的热水; 2. 先将水倒入容器内,然后边倒种子边搅拌,使种子受热均匀。倒完种子,水面要高出种子 10 cm 以上; 3. 在大部分种子膨胀后,筛出尚未膨胀的种子,再用热水反复浸种,直至绝大部分种子膨胀为止; 4. 将膨胀的种子摊于容器中,置于 20 ℃左右处催芽	刺槐、台湾相思、大叶相思、银合欢等

注:种皮表面有蜡质、油质的要去蜡质、油质后再催芽;埋藏处理时要注意防鼠。

③机械破皮催芽。通过机械擦伤种皮,增强种皮的透性,促进种子吸水萌发。在砂纸上磨种子,用锉刀锉种子,用铁锤砸种子,或用老虎钳夹开种皮都是适用于少量的大粒种子的简单方法。小粒种子可用3～4倍的沙子混合后轻捣轻碾。进行破皮时不应使种子受到损伤。

机械损伤催芽方法主要用于种皮厚而坚硬的种子,如牵牛花、刺槐、紫穗槐、油橄榄、厚朴、铅笔柏、银杏、美人蕉、荷花等。

④药剂催芽。用化学药剂或激素处理种子,可以改善种皮的透性,促进种子内部生理变化,如酶的活动、养分的转化、胚的呼吸作用等,从而促进种子发芽。

常用的化学药剂主要是酸类、盐类和碱类,如浓硫酸、稀盐酸、小苏打、溴化钾、硫酸钠、硫酸铜、钼酸铵、高锰酸钾等,其中以浓硫酸和小苏打最为常用。用98%浓硫酸浸种皮坚硬的种子,豆科类5 min,松类、皂荚30 min,漆树种子60 min;黄连木、乌桕、花椒等种皮上有油质或蜡质的种子,用1%苏打水浸种,有较好的催芽效果。

植物激素和微量元素。植物激素和微量元素,如赤霉素、2,4-D、吲哚乙酸、吲哚丁酸、萘乙酸、激动素及硼、铁、铜、锰、钼等,对种子都有一定的催芽效果。但所需浓度和浸种时间要经过试验,催芽时要慎重。用赤霉素发酵液(稀释5倍)处理,浸种24 h,对臭椿、白蜡、刺槐、乌桕、大叶桉等种子,不仅提高了出苗率,而且显著提高了幼苗生长势。

对于某些园林花卉的种子,也可不进行处理,直接进行播种。

上述除了土壤和种子准备外,播种前还应做好各种工具、用品、机械的调试维修和人员培训及计划安排等工作,使播种工作有条不紊地进行。

(二)播种

1. 播种时期。

适时播种是培育壮苗的重要措施之一。它可以提高发芽率,使幼苗出土迅速整齐,并直接关系到生长期的长短、苗木的出圃年限、苗木的产量及幼苗对恶劣环境的抵抗能力。实际生产中可根据园林植物生物学特性、育苗地的气候条件、育苗应用目的及时间、育苗方法等合理确定。具体播种期有春播、夏播、秋播和冬播。

(1)春播。春季是最主要的播种季节,适合于绝大多数的园林植物播种,如大部分园林树木、1年生花卉、宿根花卉。春播的早晚,应在幼苗不受晚霜危害的前提下,越早越好。近年来,各地区采用塑料薄膜育苗和施用土壤增温剂,可以将春播提早至土壤解冻后立即进行。

(2)夏播。适宜于春、夏成熟而又不宜贮藏的种子或生活力较差的种子。一般随采随播,如杨、柳、榆、桑等。夏播宜早不宜迟,以保证苗木在越冬前能充分木质化。应于雨后或灌溉后播种,并采取遮阳等降温保湿措施,以保持幼苗出土前后始终土壤湿润。

(3)秋播。适合于种皮坚硬的大粒种子和休眠期长、发芽困难的种子,如板栗、山杏、油茶、文冠果、白蜡、红松、山桃、牡丹属、苹果属、杏属、蔷薇属等,2年生花卉也适宜秋播。秋播要以当年种子不发芽为原则,以防幼苗越冬遭受冻害,一般在土壤结冻以前越晚播种越好。

(4)冬播。冬季气候温暖湿润、土壤不冻结、雨量较充沛的南方,可冬播。

2. 播种方式。

播种方式可分为田间播种、容器播种和设施播种(其又可分为设施苗床播种和设施容器播种)三种。

(1)田间播种。田间播种是将种子直接播于露地床(畦、垄)上,通常绝大多数园林树木种子或大规模粗放栽培均可用此方式。

①播种方法。常用的播种方法有撒播、条播和点播三种,应根据树种特性、育苗技术及自然条件等因素选用不同的播种方法。

A. 撒播。撒播就是将种子均匀地播撒在苗床上。撒播主要用于小粒和极小粒种子,如杨、柳、桑、泡桐、悬铃木、一串红、长春花、百日草等的播种。撒播播种速度快,产苗量高,土地充分利用,但幼苗分布不均匀,通风透光条件差,抚育管理不方便。

B. 条播。条播是按一定株行距开沟,然后将种子均匀地播撒在沟内,做到沟底平、条距齐、深浅一致、种粒均匀。条播主要用于中小粒种,如紫荆、合欢、樟树、卵叶小蜡、刺槐、牵牛、旱金莲等的播种。当前生产上多采用宽幅条播,条播幅宽 10~15 cm,行距 10~25 cm。条播播种行一般采用南北方向,以利光照均匀。条播用种少,幼苗通风透光条件好,生长健壮,管理方便,利于起苗,可机械化作业,生产上广泛应用。

C. 点播。点播是按一定株行距挖穴播种或按一定行距开沟,再按一定株距播种的方法。一般行距为 30 cm 以上,株距为 10~15 cm。点播主要适用于大粒种子或种球,如板栗、核桃、银杏、无患子、南酸枣、香雪兰、唐菖蒲、百合、朱顶红等的播种。点播时要使种子侧放,尖端与地面平行。点播用种量少,株行距大,通风透光好,便于管理。

②播种工序(见图 2-4-15)。

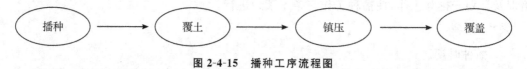

| 播种 | → | 覆土 | → | 镇压 | → | 覆盖 |

图 2-4-15 播种工序流程图

A. 播种。播种前将种子按亩、按床、按条沟的用量进行等量分开,用手工或播种机进行播种。撒播时,为使播种均匀,可分数次播种,要近地面操作,以免种子被风吹走;若种粒很小,可提前用细沙或细土与种子混合后再播。条播或点播时,要先在苗床上拉线开沟或划行,开沟的深度根据土壤性质和种子大小而定,开沟后应立即播种,以免风吹日晒土壤干燥。播种前,还应考虑土壤湿润状况,确定是否提前灌溉。

B. 覆土。播种后应立即覆土。覆土厚度须视种粒大小、土质、气候而定,一般覆土深度为种子横径的 1~3 倍。极小粒种子覆土厚度以不见种子为度,小粒种子厚度为 0.5~1 cm,中粒种子 1~3 cm,大粒种子 3~5 cm。黏质土壤宜薄、砂质土壤宜厚,春夏播薄、秋播厚。覆盖材料应细碎松软,可用过筛处理的疏松苗床表土、细沙土、黄心土、腐殖质土、木屑、火烧土等。要求覆土均匀。

C. 镇压。播种覆土后如土壤较干燥应及时用平板或木滚镇压,使种子与土壤紧密结合,便于种子从土壤中吸收水分而发芽。若为黏重或潮湿土壤,不宜镇压。在播种小粒种子时,有时可先将床面镇压一下再播种、覆土。

D. 覆盖。镇压后,用草帘、薄膜等覆盖在床面上,以提高地温,保持土壤水分,促使种子发芽。覆盖要注意厚度,使土面似见非见即可。并在幼苗大部分出土后及时分批撤除。一些幼苗,撤除覆盖后应及时遮阳。

(2)容器播种。容器播种是将种子播于装有营养土的浅木箱、花盆、育苗钵、育苗块、育苗盘等容器中。在花卉生产中对于数量较少的小粒种子多采用这种播种方式育苗。容器育苗自 20 世纪 50 年代开始兴起,60 年代得到了快速的发展,70 年代在欧美等国家的发展达到了高潮。具有发芽率和成苗率较高,节约用种,移植成活率高,繁殖和栽植不受季节限制等优点,但育苗成本较高,育苗技术较复杂,如图 2-4-16 所示。

①育苗容器(见图 2-4-17)。容器的形状有六角形、四方形、圆形、圆锥形,其中以六角形最为理想,因为六角形有利于根系舒展。容器规格相差很大,主要受苗木大小的影响,温带地区多数是用小型的,直径 2～3 cm,长度 9～20 cm,容积 40～50 cm³;亚热带、热带苗木较大,容器也较大,容积为 100 cm³ 左右。

A. 可入土的容器。这类容器在土中可被水、植物根系分散或被微生物所分解,如日本的纸质营养杯、美国的黏土营养杯、北欧的泥炭容器、中国华南的营养砖等。

a. 纸质营养杯。广西育苗蜂窝纸容器,无底无盖网格式六棱柱纸筒,大多用直径 4 cm,高 8 cm 的纸杯。

b. 黏土营养杯。美国用专门的机械压制成形,表面涂蜡,在温室育苗过程中不易散碎,但造林以后在土中可吸水软化和被根系穿透。杯呈上下均一的圆筒状,内壁有两条纵向凸起的棱,有利于根系的舒展和提高容器强度。容器杯径 2.5 cm,高度 10.2 cm,壁厚 0.3 cm。

c. 泥炭容器。容器用 70%泥炭,加入 30%具有束缚力的机械纸浆压制而成,这种容器具有很好的通气和造水性。生长在容器中的苗木,当水分充足时,根很容易从容器壁向外伸出。不浇水容器壁干燥时,向外伸出根即会枯死,而在容器内的根会形成大量的细根,在这样反复灌水和干燥的作用下,就形成细根盘结成块状的根系团(根球)。容器规格为上部直径 8 cm,下部 6 cm,高度 8 cm。

d. 营养砖。营养砖育苗,既适于大规模生产,又可进行小面积育苗,一般可采用因地制砖,营养砖苗令株重量达 0.5～1 kg。砖的大小视种子大小,苗木生长快慢以及培育时间长短而定。一般的规格为:(6×6×12)cm、(7×7×15)cm、(8×8×15)cm、(10×10×20)cm。

e. 泥浆稻草杯。制作材料是稻草和黏土,先将黏土碾碎加水和成泥浆,不能太稀,也不宜太浓,做杯时将事先准备好一定口径的塑料杯或木棒用湿稻草由上至下绕,在底部收紧,然后用泥浆均匀地涂抹在稻草上,以不见稻草为度,然后脱模成杯,晒干备用,杯的规格为直径 6～10 cm、10～15 cm、0.8～1 cm。使用时在杯内填装营养土进行播种或移苗。

B. 不可入土容器。

a. 聚乙烯薄膜袋。价格低廉,方法简便,效果好,国内外广泛应用。用厚度 0.03～0.04 mm,直径 5～12 cm,高 15 cm 制成薄膜袋,袋壁每隔 1.5～2 cm 穿直径 0.5 cm 圆孔,排水通气,在袋内装填营养土播种或移苗,栽植时把薄膜袋划破把苗从中取出栽植。

b. 硬塑料杯。用硬塑料制成单个管状容器杯,上大下小,可制成四方形、圆锥形等,杯内壁表面有 3～4 个垂直凸起的橡状结构,育苗时把容器装填营养土后安放在特制的育苗架上直立。

c. 塑料穴盘。通常由聚苯乙烯或聚氨酯泡沫塑料和黑色聚氯乙烯吸塑两种形式,育苗时套起来挂在架子上使用,穴孔数有 50 孔、72 孔、128 孔、200 孔、288 孔等,黑色穴盘壁光滑,利于定植时顺利脱盘,白色聚苯乙烯外托盘质轻,不透水,好运输。

d. 多孔聚苯乙烯营养砖。砖长 60 cm,宽 35.3 cm,砖内有 160 个杯,杯顶直径 3.1 cm,

深 12.7 cm,容积 64 m,杯底开口,杯内壁附加四条凸起的棱。

图 2-4-16 容器育苗

图 2-4-17 育苗容器

②播种基质。

A. 基质材料。播种基质应具备良好的物理、化学性质,持水力强,通气性好;质地均匀,质量轻,便于搬运,其体积在潮湿和干燥时要保持不变;不含草籽、虫卵,不易传染病虫害,能经受蒸汽消毒而不变质;能就地取材或价格低廉。可根据不同植物特点,合理选择田土、园土、腐叶土、堆肥土、塘泥、草炭(泥炭)、炉渣、菌渣、河沙、珍珠岩、蛭石、水晶泥、稻壳、木屑、椰子壳、椰糠、树皮、草苔、锯糠、陶粒、聚苯乙烯珠粒、轻木颗粒(特殊地下层古代植物木质部分)、过磷酸钙、有机肥等材料,按一定比例配制成育苗基质。

B. 基质配方。国外常用配方:泥炭土+蛭石 1:1 或 3:1;泥炭土+砂子+壤土 1:1:1;泥炭土+珍珠岩 1:1;纯泥炭。国内常用配方:黄心土 38%+松林土 30%+火烧土 30%+过磷酸钙 2%(常用于松类容器育苗);黄心土 50%+蜂窝煤灰 30%+菌杯土 18%+磷肥 2%;泥炭土 50%+森林腐殖质土 30%+火烧土 18%+磷肥 2%;黄心土 68%+火烧土 30%+磷肥 2%;泥炭 80%+珍珠岩 20%;泥炭+珍珠岩+蛭石 1:1:1。

C. 基质配制。根据基质配方准备各类基质材料;按基质配方比例,称取各类培养土材料和肥料,充分混合搅拌均匀;用碱或酸调整培养土的 pH 值,使之符合要求;配制好的基质应用高温或药剂消毒(药剂处理方法参照表 2-4-16);盖膜备用。

表 2-4-16 基质药剂处理常用方法

药剂名称	使 用 方 法	用 途
福尔马林(40% 工业用)	用 1:50(潮湿土壤)或 1:100(干燥土壤)药液喷洒之基质含水量 60% 状态即可。搅拌均匀后用不透气的材料覆盖 3~5 d,撤除覆盖翻拌无气味后即可使用	灭菌
硫酸亚铁(3% 工业用)	每立方米用硫酸亚铁 25 kg,翻拌均匀后,用不透气的材料覆盖 24 h 以上,或翻拌均匀后装入容器,在圃地薄膜覆盖 7~10 d 即可播种	灭菌
代森锌	每立方米用 10~12 g 药剂均匀混拌入基质中	灭菌
辛硫磷(50%)	每立方米用 10~15 g 混入基质,搅拌均匀后用不透气材料覆盖 2~3 d	杀虫

D. 装袋、置床。在容器中填装营养土,装袋时要振实营养土,以防灌水后下沉过多。容器育苗灌水后土面一般要低于容器边口 1 cm,防止灌水后水流出容器;将装有营养土的容器挨个整齐排列成苗床,一般床宽约 1 m,长依地形确定。在容器的下面要有砖块和水泥板做成的下垫面,以防止苗木的根系穿透容器,长入土地中。苗床周围用砖头围上或培土,以防容器翻倒。

③播种方法。播种前种子准备、播种时间确定、播种方法等参照露地播种育苗。

A. 瓦盆播种。选好瓦盆(新瓦盆用水浸泡过,旧瓦盆要浸泡清洗干净,最好消毒过),用破瓦片把排水孔盖上(留有适宜空隙),再放入约 1/3 盆深的干净瓦片、小石子、陶粒或木炭等(以利排水),然后填装基质,把多余的基质用木板在盆顶横刮除去,再用木板稍轻压严基质,使基质表面低于盆顶 1～2 cm。把种子均匀撒(大粒种子可以点播)在基质上,然后用木板轻轻镇压使种子与基质紧密接触,根据种子大小决定是否需要再覆基质。浇水用喷细雾法或浸盆法。浸盆法就是双手持盆缓缓浸于水中,注意水面不要超过基质的高度,如此通过毛细管作用让基质和种子湿润,湿润之后就把盆从水中移出并排干多余的水,将盆置于遮阴处,盖上玻璃或塑料薄膜,以保持基质湿润。如果是嫌光性种子,覆盖物上须再盖上报纸。

B. 穴盘播种。播种量较少时可采用人工播种方法。将草炭、蛭石、珍珠岩按 1∶1∶1 混匀,填满育苗盘,稍加镇压,喷透水。播前 10 h 左右处理种子,可用 0.5% 高锰酸钾浸泡 20 min 后,再放入温水中浸泡 10 h 左右,取出播种,也可晾至表皮稍干燥后播种,但一次处理的种子应尽量当天播完。播种时,可用筷子打孔,深约 1 cm,不能太深,播种完一盘后覆盖基质,然后喷透水,保持基质有适宜的湿度。专业穴盘种苗生产企业多采用精量播种生产线,完成从基质搅拌、消毒、装盘、压穴、播种、覆盖、镇压到喷水的全过程,实现商品化、工厂化生产。

(3)设施播种。设施播种,特别是在现代化温室内进行播种,比露地播种具有更多的好处,如能避免不良环境造成的危害,节省种子,控制并使种子发芽快速均匀整齐,幼苗生长健壮,减少病虫害的发生,使供应特殊季节和特殊用途的生产计划得以实现,等等。在花卉业发达国家,所有温室和室内植物都在设施内播种育苗,其大规模的花卉生产就是以温室播种育苗生产为基础,而且机械化程度高。

设施播种的设施有温室、塑料大棚、温床、冷床等。在设施内可用苗床或各种容器进行播种及移植,播种的基质及播种方法与上述播种基本相同。

在可控温的温室内,可自如地控制种子发芽和幼苗生长对温度的需求,一年四季都可进行播种育苗。现代化温室中,种子发芽后,幼苗给予高温(约 30 ℃)、强光(人工光照至少为 2000 lx)、每天至少 16 h 的光照、人工提高空气中 CO_2 的浓度(2000 μg/g)、60% 以上的相对湿度,能够充分得到速生优质的苗。

(三)播种后管理

播种后,在幼苗出土前及苗木生长过程中,要进行一系列的养护管理(见表 2-4-18)。播种苗生长不同时期及不同的播种方式,其管理措施也不尽相同。

1. 出苗前管理。

(1)保温。绝大多数园林植物种子发芽的最适温度为 18 ℃～21 ℃,且地温比气温略高 1 ℃～3 ℃更有利于种子萌发。因此播种后出苗前,应采取盖膜、地热线加温等方法确保种

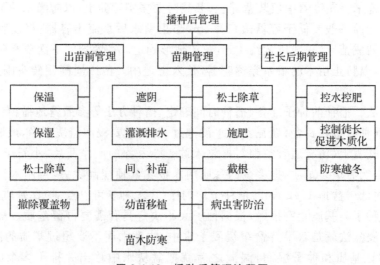

图 2-4-18　播种后管理流程图

子萌发环境温度维持在 15 ℃～25 ℃。

（2）保湿。一般播种前应灌足底水。在不影响种子发芽的情况下，播种后应尽量不灌水，以防降低土温和造成土壤板结。但如苗床干燥可适当补水，常采用喷灌的方式。育苗钵、育苗块等容器育苗，最好采用滴灌的方式。

（3）松土除草。田间播种，幼苗未出土时，如因灌溉使土壤板结，应及时松土；秋冬播种早春土壤刚化冻时应进行松土。松土不宜过深。结合松土除去杂草。

（4）撤除覆盖物。田间播种及育苗钵或育苗块播种，在种子发芽时，应及时分批分期撤除覆盖物，出苗较多时，将覆盖物移至行间，苗木出齐时，撤除全部覆盖物。若用塑料薄膜覆盖，当土壤温度达到 28 ℃时，要掀开薄膜通风，幼苗出土后撤除。温室内加盖薄膜保湿的，早晚也要掀开几分钟以利通风透气。

2. 苗期管理。

（1）遮阴。是防止日光灼伤幼苗和减少土壤水分蒸发而采取的一项降温、保湿措施。应据外界环境和园林植物苗木生态特性进行合理遮阴，及时、科学调整遮阴透光度。

（2）松土除草。松土除草是田间苗木生长期最基本和最繁重的日常管理工作，而在设施和容器育苗中，则基本上避免了该项操作。

①松土。在溉灌或雨后 1～2 d 进行，但当土壤板结，天气干旱，水源不足时，即使无须除草，也要松土。据土壤、环境、苗木和杂草生长情况确定次数，一般生长前半期 15 d 左右一次，深度 2～4 cm，生长后半期 30 d 左右一次，深度 8～10 cm，要求全面、均匀、不伤害苗木。

②除草。掌握"除早、除小、除了"的原则，若采用人工除草，做到不伤苗，草根不带土，对水沟、步道、圃地周围的杂草都应清除干净。施用除草剂时，第一次在播种后立即进行，然后每隔 30～40 d 施用第二次或第三次，结合人工除草 1～2 次。松土除草后应立即灌溉，并保护好苗木的根系。

（3）灌溉排水。

①灌溉。幼苗对水分的需求很敏感，灌水要及时、适量。在出苗期和生长初期灌溉应掌握"少量多次"，速生期则应"多量少次"的原则，始终保持土壤湿润，满足苗木生长对水分的

需求。灌水一般在早晨和傍晚进行,可用喷灌、浇灌、浸盆等方法。降雨或灌溉后应及时排除圃地积水。容器育苗当基质表面干燥时就应及时浇水,做到见干见湿、不干不浇、浇则浇透。

②排水。是雨季田间育苗的重要管理措施,雨季或暴雨来临之前要保证排水沟渠畅通,雨后要及时清沟培土,平整苗床,做到"外水不积、内水不淹"。

(4)追肥。苗期施肥是培养壮苗的一项重要措施,应酌情合理追肥。

①原则。从稀到浓、薄肥勤施、适时适量、分期巧施。

②依据。应依据施肥目的、气候条件、土壤条件、苗木特性、肥料性质等合理施肥。

③肥料种类。一般以氮肥为主,适当配以磷、钾肥,根据具体情况合理配比。苗木在不同生长发育阶段对肥料的需求也不同,一般来说,播种苗生长初期需氮、磷较多,速生期需大量氮,生长后期应以钾为主,磷为辅,减少氮肥。第一次施肥宜在幼苗出土后一个月,当年最后一次追施氮肥应在苗木停止生长前一个月进行。

④方法。追肥的方法有土壤追肥和根外追肥,土壤追肥常用沟施、浇灌、撒施,根外追肥常用喷施或涂抹等方法。根外追肥要掌握好 5 点技术要求:浓度小,否则会造成"烧苗"。如尿素 0.1%~0.2%,过磷酸钙 1%~2%,磷酸二氢钾 0.2%~0.3%,硫酸铜 0.1%~0.5%,硫酸锌 0.01%~0.1%,硼酸 0.1%~0.15%,硫酸铵 0.2%~0.3%;喷雾量少,叶片上不能形成水珠,否则干燥后易灼伤苗木;喷于叶片的正面和背面,增大吸收面积;间隔约 1 周,连续使用 2~3 次,因每次的施肥量很少,只施一次难以取得明显效果;掌握天气变化,保证施肥后至少一天不下雨。

⑤注意事项。不施生肥,不施浓肥,不施热肥(即不在夏季中午前后施肥),新栽的花木不施肥,开花期不施肥,徒长枝不施肥,阴雨期不施肥,休眠期不施肥。

(5)间、补苗。为调整苗木疏密,为幼苗生长提供良好的通风、透光条件,保证每株苗木需要的营养面积,需要及时间苗、补苗。

①间苗。掌握"间小留大、去劣留优、间密留稀、全苗等距"原则。间苗的时间和次数,应以苗木的生长速度和抵抗能力的强弱而定,最好在雨后或土壤比较湿润时进行。大部分阔叶树种,如槐树、君迁子、刺槐、榆树、白蜡、臭椿等,幼苗生长快,抵抗力强,可在幼苗出齐后,长出两片真叶时一次间完;大部分针叶树种,如落叶松、侧柏、水杉等,幼苗生长缓慢,易遭干旱和病虫危害,可结合除草分 2~3 次间苗;第一次间苗宜早,可在幼苗出土后 10~20 d 进行,第二次在第一次间苗后的 10 d 左右,最后一次为定苗,定苗留苗数应比计划产苗数量高 5%~10%。间苗应避免伤苗,并及时管护。

②补苗。幼苗疏密不均或缺苗时应补苗,应结合间苗进行,要带土铲苗,植于稀疏空缺处,按实,浇水,并根据需要采取遮阴措施。

(6)截根。用利器在适宜的深度将幼苗的主根截断,主要适用于主根发达而侧须根不发达的树种。截根能促进幼苗多生侧根和须根,限制幼苗主根生长,提高幼苗质量。一年生苗可在速生期来之前进行,使苗木截根后有较长的生长期,以利侧根生长;两年生苗可在第一年的秋季,高生长停止以后,土壤尚未冻结以前进行。截根深度可根据截根时苗木主根长度决定,一般为 8~15 cm。有些树种在催芽后就可截去部分胚根,然后播种。

(7)幼苗移植。

①适用性。适用于种子稀少的珍贵树种育苗,种子极细小、幼苗生长很快的树种育苗,以及穴盘育苗、组培育苗等幼苗的移栽。

②时间。大部分园林植物播种后长出 1～3 片真叶，幼苗 5 cm 高时移植，不同园林植物可据具体生长情况确定，如针叶树种以芽苗移栽成活率最高，阔叶树种在幼苗生出 1～2 片真叶时移栽为宜。用浅木箱或瓦盆进行容器播种育苗，由于播种较密，在幼苗生长拥挤之前必须进行移植。

③技术。应在灌溉后的 1～2 d 的阴天进行，注意不要伤根，尽量带土，株行距一致，根系伸展，及时灌水，做好保湿和遮阴。实际生产中，常常需要多次移植，直至苗木出售或定植。在温室等设施内播种培育出的幼苗，如果要移植至露地栽植，应先进行 7～10 d 的"炼苗"过程，提高其适应性。

(8)病虫害防治。掌握"防重于治，治早治小"的原则。认真做好种子、土壤、肥料、工具和覆盖物的消毒，加强苗木田间养护管理，清除杂草、杂物，认真观察幼苗生长，一旦发现病虫害，应立即治疗，以防蔓延。在幼苗全部出齐后每周应喷洒一次波尔多液，整个生长期用药 5～7 次，浓度 0.5%～1%，做到由稀到浓。如发现地老虎等地下害虫，应及时用 50% 的马拉硫磷乳油 800 倍液在植株间浇灌，或饵料诱杀结合人工捕捉方法防治虫害。有病虫害的苗木或盆栽应及时隔离。

(9)苗木防寒。苗木防寒应从两方面入手，一是提高苗木的抗寒能力，二是采取保护性防寒措施。

①提高苗木抗寒能力可通过处理种子，对种子进行抗寒锻炼。适时早播，延长生长期，生长后期多施磷、钾肥，及时停止施氮肥和灌溉，使幼苗在寒冬到来之前充分木质化，增强抗寒能力。对某些停止生长较晚的树种，如榆、桑、刺槐等树种，在 8 月份可剪去嫩梢或截根，以促进木质化。

②保护性防寒措施。采取覆土、覆草、防风障、塑料拱棚、熏烟、涂白、窖藏等方法防寒。

3. 生长后期管理。

生长后期指速生期结束到休眠期落叶时止。这一时期的主要育苗任务是促使幼苗木质化，形成健壮的顶芽，确保幼苗安全越冬。主要技术措施是控水控肥、控制幼苗徒长，提高苗木木质化程度，根据不同地区和植物，采取合适的防寒越冬保护措施。

4.3 案例分析

案例 4-1　主要园林植物种实识别实例

1. 任务目标。

通过对主要园林植物种实外形和剖面特征的观察，识别本地区主要园林植物种实，为园林植物种子经营和种子品质检查工作打下基础。

2. 材料器具。

本地区有代表性的主要园林种实 30 种；工具：笔、纸张、种子标本。

3. 工作内容。

以小组为单位，2 个同学一小组，一个同学负责直接观察种子外部形态，结构，种皮颜色等，一个同学负责记载。

4. 识别要点。

（1）种实大小：可分为大，中，小，极小。

（2）种实形状：按各种树种种实外形差异可分为球形，扁平行，卵形，卵圆形，椭圆形，针形等。

（3）其他特征：种实表皮上是否有绒毛，各种翅，蜡质，种孔，斑点等。

5. 种实形态记录表（每组完成 30 种）。

园林植物种实形态记录表

编号	树种	果实种类	种子外部形态				备注
			大小	形状	颜色	其他	
1	酸枣	肉质果	大	椭圆	褐色		核孔 5～6 个
2	苦楝	肉质果	中	椭圆	淡黄色		有角有棱状沟
3	木荷	干果	小	片状	褐色		肾形
4	木麻黄	干果	小	棱形	褐色		一端有种需絮
5	喜树	干果	大	三棱柱	黄褐色		有丝条纹
6	银合欢	干果	小	水滴扁平	深褐色		一头尖一头圆
7	刺葵	肉质果	大	椭球	灰褐色		带有针孔
8	梓树	干果	小	椭圆	灰色		两端有种絮
9	川楝	肉质果	大	椭球	黄褐		有棱状沟
10	悬铃木	干果	小	棒锤	灰褐		带有种絮
11	枫香	干果	极小	棱状	红褐		
12	乌桕	干果	中	椭圆	白色		一端有芽
13	黄山栾树	干果	中	圆球	黑褐		
14	桉树	干果	极小	柱状	黑色		
15	铅笔柏	球果	中	卵形	黄褐		
16	摇钱树	肉质果	中	球形	黑褐		两头尖
17	彩色玉米	肉质果	中	圆锥形	红、黄		一头稍尖
18	五彩石竹	干果	小	扁	黑色		
19	盆栽番茄	肉质	小	尖锥形	黄褐		
20	勿忘我	干果	小	棱形	黑褐		
21	羽叶茑萝	干果	小	棱形	黑褐		一头尖
22	千日红	干果	小	棱形	棕色		一头有种絮
23	贝壳花	干果	大	贝壳形	棕色		形如碟子
24	天竺葵	干果	小	棱形	褐色		一端有条状物
25	重瓣向日葵	干果	小	棱形	黑色		一头稍尖
26	荷兰菊	干果	小	条形	灰色		两头尖
27	美女樱	干果	小	圆柱形	黑褐		
28	紫薇	干果	中	扁圆形	黑褐		
29	紫茉莉	干果	中	椭圆形	黑褐		有核沟
30	牵牛花	干果	小	半圆形	黑褐		

案例 4-2　主要园林植物种子采收、处理、贮藏方案实例

1. 任务概述。

(1)任务目标。通过实习,会制定本地区主要园林植物种子采收、处理、贮藏方案,并会实施方案,掌握本地区主要园林植物种实采集、处理、贮藏方法及各类采种工具的使用方法。

(2)器具材料。梯子、竹竿、袋子。

(3)工作流程。去学校各处采摘各类成熟种子,收集完成后将种子脱粒、晒干、贮藏。

(4)工作内容要点。根据种子的成熟时间不同,分段采集,确定种子的成熟期,根据不同种类种子用不同的方法脱粒、晒干和储藏。

2. 主要园林植物种子采收、处理、贮藏方案。

(1)桂花种子采收、处理、贮藏方案。当桂花果实果皮由绿色逐渐转变为紫蓝色时即可采收。桂花树干较高,可以摇落或用竹竿敲落;也可以借用梯子采摘或地面采收。采收后,应及时进行果实调制处理和贮藏,桂花果实是肉质果,果肉易软化,采用浸泡、搓烂或捣碎、漂洗、晾干即可;贮藏可用混沙贮藏,桂花种子有后熟作用,至少要有半年的沙藏时间,贮藏至当年 10 月份进行秋播或翌年春播。

(2)池杉种子采收、处理、贮藏方案。当池杉球果由黄绿色变为黄褐色,种皮由黄褐色变为深褐色时,种子逐渐成熟,即可采收。因池杉树干高大,种子大而不易被风吹远,可以采用地面收集,还可以用振动树干的方法促使种子脱落;采收后可将池杉球果摊于室内阴干,当球果开裂后,轻轻敲击脱出种子,阴干或晒干;种子可混沙湿藏,也可带果鳞干藏。

(3)紫薇种子的采收、处理、贮藏方案。紫薇树植株不高,可在树上直接采种,应在果实开裂种子飞散前及时采收;采收后可晒干或阴干处理果实,可用在麻袋内揉搓或在筛内戴上手套揉搓的手工去翅法或用风车或簸箕风选净种,净种后适当干燥种子,并放入容器干藏。

(4)鸡冠花种子采收、处理、贮藏方案。成熟后在植株上直接采收,因种子细小,采收时会带有花絮或其他夹杂物,可采用风选、筛选净种,净种后晒干,并装入纱布缝制的袋内挂在室内阴凉通风处,保持室温在 5 ℃～10 ℃贮藏。

(5)一串红种子采收、处理、贮藏方案。一串红果实为小坚果,椭圆形,内含黑色种子,当花谢后,苞片颜色开始变浅的时候,连同枝条一起剪下,让它自己干燥,使种子完成后熟,再在塑料袋里用手搓脱出种子,并用风选净种,适当干燥种子,装袋干藏。或采用硅胶干燥法超干处理一串红种子,这样可以使一串红种子保持较高的活力,是一种较为理想的种子贮藏方法。

案例 4-3　种子品质检验实例

1. 任务概述。

(1)任务目标。学会测定计算种子净度的方法;学会测定计算种子千粒重的方法;了解测定种子生活力的基本原理,学会测定方法,并进一步了解种子净度对种批质量的影响和相关关系。

(2)器具材料。刺槐种子、电子天平、直尺、毛刷、胶匙、镊子、盛种容器等。

(3)工作流程。收集相关资料,组织学习讨论;做好实训的工具材料准备;进行种子净度、重量、生活力等播种品质指标测定;对各项指标测定进行误差检查。

(4)工作内容要点。刺槐种子净度测定、重量测定、生活力测定、优良度测定等。

2. 种子品质检验。

(1)种子净度测定。

①测定样品提取。称取刺槐种子100 g,用四分法将种子倒在种子检验板上混拌均匀摆

成方形,用分样板沿对角线把种子分成四个三角形,将对顶的两个三角形的种子取出作为测定样品,这两个净度测定样品分别约为 50 g。称重精度如表 2-4-5 所示。

②测定样品分析。分成两组,三人合作分出纯净种子、废弃种子、夹杂物,一组分析 50 g 测定样品。

③称重记录。用天平分别称取纯净种子、废种子、夹杂物的重量,并填进净度分析记录表。称重精度如表 2-4-5 所示。

④检查误差。

A. 检查测定样品重量误差。

原测定样品重为 100.09 g,减去纯净种子、废种子及夹杂物三种成分的总重量为 99.93 g,其差距为 0.16 g,小于表 2-4-5 中 0.20 g 的最大容许误差,因此重量误差符合要求。

B. 检查两份净度容许误差。

$$净度(\%)=\frac{纯净种子}{纯净种子+废种子+夹杂物}\times100\%=\frac{46.35}{46.35+2.46+1.58}\times100\%=92\%$$

$$净度(\%)=\frac{纯净种子}{纯净种子+废种子+夹杂物}\times100\%=\frac{44.73}{44.73+2.67+2.14}\times100\%=90.3\%$$

检查两次测定精度值的容许误差:计算两次测定的平均数(92%+90.3%)/2=91.15%,两次测定百分数的差数为 92%-90.3%=1.7%,通过查表不超过表 2-4-6 规定的 1.9%,所以两次测定结果是符合的。

⑤计算平均净度。

$$净度(\%)=\frac{纯净种子}{纯净种子+废种子+夹杂物}\times100\%=\frac{46.35}{46.35+2.46+1.58}\times100\%=92\%$$

$$净度(\%)=\frac{纯净种子}{纯净种子+废种子+夹杂物}\times100\%=\frac{44.73}{44.73+2.67+2.14}\times100\%=90.3\%$$

取两个重复的平均值并取整,则(92%+90.3%)/2≈91%。将上述数据填入净度分析记录表。

净度分析记录表

编号＿＿＿1＿＿＿

树种＿＿刺槐＿＿　样品号＿＿1＿＿　样品情况＿＿正常＿＿

测试地点＿＿＿园林栽培实训室＿＿＿　环境条件:室内温度＿＿28＿＿℃　湿度＿＿60＿＿%

测试仪器:名称＿＿电子天平＿＿　编号＿＿3 号＿＿

方法 (重复)	试样重/ g	纯净种子重/ g	废弃种子/ g	夹杂物重/ g	总重/ g	各重复净度/ %	平均净度/ %	备注
四分法	50.46	46.35	2.46	1.58	50.39	92		
四分法	49.63	44.73	2.67	2.14	49.54	90.3	91	
实　际 差　距		1.7%		容　许 差　距	1.9%			

本次测定:有效　　√　　　　测定人＿＿阮品亮＿＿

　　　　　无效　　□　　　　校核人＿＿赖彩萍＿＿

　　　　　　　　　　　　　　测定日期＿＿2012＿＿年＿3＿月＿8＿日

(2)种子重量测定(百粒法)。

①测定样品提取。将一定厚度的刺槐纯净种子铺在种子检验板上,用四分法(8 个重复)分到所剩种子略大于所需量。

②称量记载。样品中不加选择地点数种子。点数时,将种子每5粒放成一堆,两个小堆合并成10粒的一堆,取10个小堆合并成100粒,组成一组。共取8组,分别称各组的重量,记入到种子重量测定记录表中,各重复称量精度同净度测定时的精度。

③检查误差[计算各重复平均重量($\bar{x}$)、标准差(S)、变异系数(C),应列出计算公式、计算过程、结果、误差分析]。

$$\bar{x} = \frac{\sum\limits_{i=1}^{n} x}{n} = \frac{1.76+1.71+1.71+1.75+1.78+1.73+1.71+1.77}{8} = 1.738$$

$$S = \sqrt{\frac{\sum\limits_{i=1}^{n} x_i^2 - n\bar{x}^2}{n-1}}$$

$$= \sqrt{\frac{1.76^2+1.71^2+1.71^2+1.75^2+1.78^2+1.73^2+1.71^2+1.77^2-8\times 1.738^2}{8-1}}$$

$$= 0.03047$$

$$C(\%) = \frac{S}{\bar{x}} \times 100\% = \frac{0.03047}{1.738} \times 100\% = 1.75\%$$

检误结果:变异系数是1.75%,不超过4%,所以实验误差在允许范围内。

④计算千粒重。

平均重量乘以10为种子重量:$P = 10 \times 1.738 = 17.38(g)$

种子重量测定记录表

编号___2___

树种___刺槐___ 样品号_2_ 样品情况___正常___ 测试地点___园林栽培实训室___

环境条件:温度_28_℃ 湿度_60_% 测试仪器:名称___电子天平___ 编号_6号_

测定方法___百粒法___

重复号	1	2	3	4	5	6	7	8	9	10	11	12	13	14	15	16
x(g)	1.76	1.71	1.71	1.75	1.78	1.73	1.71	1.77								
标准差(S)	0.03047															
平均数($\bar{x}$)	1.738															
变异系数(%)	1.75%															
千粒重(g)	17.38															

第___组数据超过了容许误差,本次测定根据第四组计算。

本次测定:有效　　✓　　测定人___阮品亮___

　　　　　无效　　□　　校核人___赖彩萍___

　　　　　　　　　　　测定结束日期___2012___年_3_月_13_日

(3)种子生活力测定(红墨水法)。

①原理。红墨水能透过种子胚死细胞组织而染上颜色,根据胚染色部位和比例判断种子生活力。红墨水用蒸馏水配成浓度为5%的溶液,最好随配随用。

②样品提取。将净度测定后的纯净种子铺在光滑的桌子上,充分混合后用四分法分为四份,每份中随机抽取12粒,再在对顶的两份中分别抽取1粒组成50粒,做4个重复。

③种子预处理。将四组样品浸于温水中2 d。

④取胚。剥种胚可全部剥皮,取出种仁,勿使胚损伤,挑出空粒、腐坏和有病虫害的种粒,并计入种子生活力测定记录表中。剥出的胚(4 个重复)分别放入四个器皿中,全部剥完后再加红墨水溶液,使溶液淹没种胚,上浮者要压沉。

⑤染色。染色时间因温度、树种而异,此次实验染色时间为 30 min 左右。

⑥观察记录。将红墨水溶液倒出后,根据染色部位和比例大小来判断每一种胚有无生活能力。并记录到种子生活力测定记录表中。有生活能力者:胚全部未染色;胚根尖端少量染色,但染色部位未成环状;子叶少许斑点染色;无生活能力者:胚全部被染色;胚根全长 1/3 或超过 1/3 部分染色;胚基部分包括分生组织在内的种胚全长的 1/3 的部分染色;子叶染色。

⑦检查误差(计算各重复平均生活力、查表 2-4-6 检查容许误差;应列出计算公式、计算过程、结果、误差分析)。

$$各重复平均生活力=\frac{4\ 个重复的生活力(\%)}{4}=\frac{72\%+72\%+74\%+76\%}{4}=73.5\%$$

容许误差:76%−72%=4%,通过查找表 2-4-6 检查容许误差为 14%,所以实验在容许误差内。

⑧计算生活力。按照公式计算各个重复的生活力,并将相关数据填入种子生活力测定记录表。

$$生活力(\%)=\frac{有生活力种子数}{供检种子数}\times100\%,各重复计算式如下:$$

A. $\frac{36}{50}\times100\%=72\%$　　B. $\frac{36}{50}\times100\%=72\%$　　C. $\frac{37}{50}\times100\%=74\%$

D. $\frac{38}{50}\times100\%=76\%$

平均生活力(%)=(72%+72%+74%+76%)/4=74%

种子生活力测定记录表

编号___3___

树种___刺槐___　样品号___3___　样品情况___正常___
染色剂___红墨水溶液___　浓度___5%___
测试地点___园林栽培实训室___
环境条件:温度_____℃　湿度_____%
测试仪器:名称_____　编号_____

重复	测定种子粒数	种子解剖结果				进行染色粒数	染　色　结　果					平均生活力(%)	备注
		腐烂粒	涩粒	病虫害粒	空粒		无生活力		有生活力			
							粒数	%	粒数	%		
1	50	8				42	6		36	72%		
2	50	7			2	41	5		36	72%		
3	50	6				44	7		37	74%	74%	
4	50	6				44	6		38	76%		
平均												

测定方法

实际差距___4%___　　容许差距___17%___

本次测定:有效　✓　　　测定人___阮品亮___
　　　　　无效　□　　　校核人___赖彩萍___
　　　　　　　　　　　测定日期___2012___年___3___月___13___日

案例 4-4　常见园林植物播种育苗方案实例

1. 主要园林植物露地播种育苗方案。

(1)任务概述。

①任务目标:掌握园林植物播种地准备、种子处理及露地播种技术。

②器具材料:刺槐、樟树种子,土壤消毒和种子消毒药剂,种子催芽药剂,浸种器具,喷壶,铁锹(或锄头),镇压板和覆盖材料等。

③工作流程:播种地准备、种子准备、播种技术。

(2)主要园林植物露地播种育苗技术方案。本组计划完成刺槐、樟树播种苗各 420 株,具体方案如下。

①刺槐露地播种育苗技术方案。

A. 圃地选择。选排水良好、深厚湿润平坦的壤土。

B. 整地施肥。整地深翻,细耙整平做 3 m 长、1.2 m 宽的高床,用 $FeSO_4$ 进行土壤消毒,施适量基肥。

C. 种子处理。变温浸种催芽先用 80 ℃～85 ℃水浸一个晚上,第二天用 60 ℃水浸一天再换 40 ℃水浸一天。

D. 播种方法。高床撒播,即在刚整好的苗床还湿润时,将已膨胀的种子均匀撒于床面,覆土 1.5 cm 左右,播后用地膜覆盖,以不见光可见光为度。

E. 播种程序。播种:先将种子按床的用量进行等量分开,用手工进行播种,做到播种均匀、不重不漏;覆土:播后及时覆土,覆土厚度为种子直径的 1～3 倍;镇压:镇压应在土壤疏松,上层较干时进行,土壤黏重时不宜镇压,以免影响种子发芽。覆盖:播种后,用薄膜、遮阳网等覆盖,起到保持土壤湿度,防止雨淋及调节温度等作用,但幼苗出土后覆盖物应及时撤除。

F. 苗期管理。撤除覆盖物在苗木有 70%出芽时在阴天或晴天的下午阳光微弱时揭去地膜。土壤干旱时要补水;幼苗病虫防治:刺槐小苗的病虫害有地蛆、象鼻虫、蚜虫、立枯病等,发现虫害可用 40%氧化乐果乳剂 1500 倍液喷雾防治,对于立枯病,在发病初,用 50%的代森铵 300～400 倍液喷洒,灭菌保苗;间苗、定苗和移苗:在灌水后进行,在苗高 3～5 cm 时进行第一次间苗,间去病弱小苗,以后再进行一、二次间苗,最后一次间苗可在苗高 10～15 cm 时结合定苗、移苗进行,移栽后及时进行灌水;除杂草:人工扯草,防除杂草危害;排水:在雨季时要及时排水;追肥:苗期追肥 3 次,在 6 月上旬至 7 月中旬进行,每半月进行一次,用复合肥或尿素,叶面喷洒,无雨干施要一次浇透水。7 月下旬停止追肥和浇水,防止苗木徒长,影响苗木木质化;割梢打叶:抑制大苗,辅助小苗生长。在夏季幼苗生长旺盛时进行,一般从苗高 60～70 cm 开始,以后每隔 20 d 进行一次,8 月中旬结束。大苗多割,中等苗少割,小苗不割。割后苗高不矮于 50 cm。苗木不太密,苗木分化不严重,可以不打叶。

G. 苗木规格。壮苗应苗干匀称,充分木质化,根系发达,根长不小于 25 cm,根幅不小于 20 cm,无病虫害及机械损伤。

②樟树露地播种育苗技术方案。

A. 圃地选择。选择排水良好、深厚湿润平坦的壤土。

B. 整地施肥。整地深翻,细耙整平作 3 m 长、1.2 m 宽的苗床。用 $FeSO_4$ 进行土壤消毒,施适量基肥。

C. 种子处理。催芽:用 50 ℃温水浸种,当水冷却后再换 50 ℃水重复浸种 3～4 次。

D. 播种方法。条播行距 20 cm 左右,播后覆土盖稻草或地膜,保持苗床表土湿润,以利种子发芽。

E. 播种程序。播种:先将种子按床的用量进行等量分开,用手工进行播种。条播时,要先在苗床上按一定的行距拉线或划行,将种子均匀地撒或按一定株距摆在沟内;覆土:播后及时覆土,覆土厚度为种子直径的 1～3 倍;镇压:镇压应在土壤疏松,上层较干时进行,土壤黏重时不宜镇压,以免影响种子发芽;覆盖:用薄膜、遮阳网等覆盖,起到保持土壤湿度,防止雨淋及调节温度等作用,但幼苗出土后覆盖物应及时撤除。

F. 抚育管理。幼苗出土后应及时揭去稻草或地膜,待幼苗长出数片真叶就可以开始间苗,苗高 10 cm 左右就可进行定苗。7 月份以后,要加强水肥管理,经常松土除草,秋末停止追肥、灌溉。追肥一般 2～3 次。前两次可用尿素,最后一次用尿素、磷肥。

G. 移栽。3 月中下旬至 4 月上中旬较为适宜,随起随移,移栽后离地 10 cm 左右截杆,当芽长到 10 cm 左右可定主杆,剪去多余枝芽,留一个比较粗壮的枝。

H. 主要病虫害防治。白粉病用波美度 0.3%～0.5%的石硫合剂,每 10 d 喷射一次,连续3～4 次。

2. 主要园林植物容器播种育苗方案。

(1)任务概述。

①任务目标。掌握园林植物容器播种基质准备、基质装填、容器播种的技术。

②器具材料。一串红、鸡冠花种子,药品播种基质,浸种容器,播种容器(瓦盆或穴盘等),喷壶(或浸盆用水池),玻璃,盖板,农用塑料薄膜,遮阳网等。

③工作流程种子准备、播种基质准备、播种。

(2)主要园林植物容器播种育苗技术方案。本组计划培育一串红 420 盆,具体方案如下。

①种子处理。在播种前可将种子在 25 ℃～30 ℃的温水中浸泡 6～8 h,然后装在纱布中搓洗去表面的黏液,之后可直接进行播种,6～7 d 即可发芽出苗;也可先催芽后播种,即洗净后包在湿布里,放于 20 ℃～25 ℃的环境中催芽,每天用温水冲洗 2～3 遍,5～6 d 后种子萌动即可播种。

②播种方法。穴盘育苗:在每立方米介质中加入甲基托布津粉剂 150～200 g,搅拌 2～3次,使药物与介质充分混合,然后边喷水边搅拌,调至介质以手握成团,松而不散为宜。堆放8～10 h 后装于穴盘内,堆放时要用薄膜覆盖。每穴放一粒种子,播后轻轻用手挤压使种子与介质黏合,然后用喷雾器喷透水再盖上报纸或塑料薄膜。要长期保持报纸湿润,待种子发芽后将报纸翻开。

③苗期管理。子叶长出后可用 3000 倍液尿素喷施,苗期容易发生猝倒病,可喷敌克松、甲基托布津、多菌灵等 800～1000 倍液,每隔 7 d 喷一次。可适当控制水分,促进根系生长,以防倒伏。

④移植上盆。应在有 2～3 对真叶时移植上盆,上盆后须马上浇足水,避免直射阳光,穴盘苗不用遮阳网遮盖,因为穴盘苗根系带土壤基质。

⑤摘心整形。定植后及时摘心,以促进分枝,防止茎节间徒长,茎秆变细,控制植株高

度,增加开花数及种子数量。一般在幼苗具 4～5 片真叶时进行第一次摘心,如要留作扦插苗繁殖用,可在 8～10 片真叶时摘心,第二次摘心则待芽长至 3～4 片真叶时可把顶芽摘掉,每次摘心仅在原来基础上留 2～3 节为宜,以促使植株矮壮、丰满、花密。一串红在生长期间能多次开花。一般在气温 20 ℃～25 ℃和短日照条件下,将开残的花蕾摘掉,新梢经15～20 d 生长又可开花。因此,在一串红开花后要及时剪除残花,以减少养分的消耗,促使再次开花。

⑥水肥管理。应控制浇水,不干不浇水,否则易发生黄叶落叶现象,造成枝大而稀疏、开花较少的情况。生长期间对磷、钾肥的需求较高,必须及时增加施肥量,以施鸡粪便肥为主,少施氮肥,以满足其生长需要,可每隔 10 d 喷施 1 次 0.2%的磷酸二氢钾溶液。尤其在每次除蕾后要浇足水,经一周后施淡肥水,之后勤施肥水,并适当增施磷、钾肥,以促生新梢,使开花繁盛。

⑦光照调节。一串红为阳性植物,生长、开花均需要阳光充足,光照充足还有利于防止植株徒长,但在光线较强地区,要避免阳光直射,晴天要适当遮阴降温。

⑧温度控制。上盆后温度可降至 18 ℃,开花前后可适当再降低温度,这样能形成良好的株型,一般来讲,植株在 5 ℃以上就不会受冻害,10 ℃～30 ℃均可良好生长。夏季如出现 35 ℃以上的高温,除非是极短时间或偶尔有之,否则,大多数的品种都难以承受。

⑨病虫害防治。病害主要病害有猝倒病、叶斑病、霜霉病和花叶病。猝倒病可用杀毒矾800～1000 倍液防治;叶斑病用 0.2%代森锌可湿性粉剂喷洒;花叶病,又叫一串红病毒病,其表现症状为叶片发黄、变皱、变小,整株萎缩不长、直至死亡,由于此病多为蚜虫传播引起,在防治中应采用杀蚜防病的方法,叶片严重发黄时可用维果,即乙二胺四乙酸合铁2000～3000 倍液喷 1～2 次,每周一次效果较好,转绿较快。常见的虫害有白粉虱、蚜虫、红蜘蛛,应合理防治。

4.4　知识拓展

一、观赏植物种子采收新方法

激素采收法为近年来应用于观赏植物等植物种子采收的新方法。在采前喷洒乙烯利、891 植物促长素、脱落酸等外源植物激素,以催熟达到形态成熟的种子。银杏被喷洒激素5～12 d 后,轻摇树体,银杏种子即从树上掉落,不仅采收期提前,还可节省大量采收劳动力,而不同激素的采用还将影响采后脱皮及贮藏保鲜。冯彤等(2005)研究了不同采前激素催熟处理方法对银杏种子采后脱皮及贮藏保鲜的影响,发现经过乙烯利 500 mg/L 处理,银杏种子的浮水率、失水率、硬化率都较低,还原糖、蛋白质、脂肪、淀粉、蛋白质含量保持较高水平,适宜于以食用为目的的贮藏;经过 891 植物促长素 500 mg/L 处理后,银杏种子发芽率高,淀粉酶、过氧化氢酶(CAT)、脂肪酶、多聚半乳糖醛酸酶(PG)、果胶甲酯酶(PE)活性较高,适宜于以留种为目的的贮藏。

二、种子包衣

种子包衣是种子处理新技术,根据所用材料性质(固体或液体)的不同,分为种子丸化技术和种子包膜技术。

（一）种子包衣类型

1. 种子丸粒化。种子丸粒化技术是用特制的丸化材料通过机械处理包裹在种子表面，并加工成外表光滑，颗粒增大，形状似"药丸"的丸（粒）化种子（或称种子丸）。丸粒化种子可分为以下几种。

（1）重型丸粒化种子，用于小粒、形状不规则的种子，如烟草、芹菜等。

（2）速生丸粒化种子，在播种前处理加工进行催芽，这种丸粒种子能提前出苗和保证一次全苗。

（3）扁平丸粒化种子，用于飞机播种的牧草、林木种子，即把细小的种子制成较大较重的扁平丸粒片，避免播种时被风吹刮，从而提高飞播时的准确性和落地的稳定性，保证播种质量。

（4）快裂丸粒化种子，播种后丸粒经过一段时间能自行裂开，有利种子出芽、生长。

2. 种子包膜。种子包膜技术是将种子与特制的种衣剂按一定"药种比"充分搅拌混合，使每粒种子表面涂上一层均匀的药膜（不增加体积），形成包衣种子（或称包膜种子）。

（二）种子包衣优点

确保苗全、苗齐、苗壮；省种省药，降低生产成本；利于保护环境；利于种子市场管理，可提高种子"三率"（统供率、包衣率、精选率）。

（三）种子包膜技术

1. 种衣剂。种衣剂是用成膜剂等配套助剂制成的乳糊状新剂型。种衣剂借助成膜剂粘着在种子上，很快固化成均匀的薄膜，不易脱落。国际上种衣剂有四大类：物理型、化学型、生物型和特异型，国外多为单一剂型。目前我国已研制了复合种衣剂、生物型种衣剂20多个剂型，可应用于玉米、小麦、棉花、花生、水稻、大豆等多种作物，有9个剂型已大量投产。种衣剂的主要成分包括：活性组合（农药、肥料、激素）、胶体分散剂、成膜剂、渗透剂、悬浮剂、稳定剂、防腐剂、填料、警戒色等。

2. 种子包膜的加工工艺。种子包膜的关键是用种子包衣机进行作业。包膜工艺并不复杂，种子经过精选分级后，在包衣机内种衣剂通过喷嘴或甩盘，形成雾状后喷洒在种子上，再用搅拌轴或滚筒进行搅拌，使种子外表敷有一层均匀的药膜，包膜后的种子外表形状变化不大。包膜时，种子与种衣剂必须要保持一定的比例，如玉米的药种比为1∶50，而大豆则以1∶80效果较好。

（四）包衣种子的包装要求

实现种子包衣，必须改进种子的包装方式。实验证明，包衣种子成膜时间一般为10～20 min，若将包衣种子装入麻袋，麻袋纤维粘连种子，效果不好。聚乙烯袋包装，透气性差，对种子不利。最好用塑料编织袋包装，即透气又不会粘连种子。

三、种子超低温贮藏

种子超低温保存即在液氮（－196 ℃）低温条件下的种子保存。种子一旦冷却到液态氮温度（－196 ℃），其新陈代谢活动基本停止，处于"生机停顿"状态。利用液氮保存种子，不需空调设备及其他管理措施，所需费用低于低温种质库，还可免去定期检测种子生活力和繁殖更新的程序,从而大大地节约了人力物力。而且,其贮藏时间长、稳定性好,可以极大地延长保存材料的寿命,减少了由于频繁的种子繁殖带来的污染危险及原始基因库中遗传成分的改变等,为植物种质资源的保存,特别是为某些稀有种质资源的安全保存提供了有效方法,并且对植物品种改良和分子遗传学研究也提供了前提和基础。种子超低温保存的方法如下。

(一)干冻法

通过控制脱水速度与脱水程度,对植物进行干燥预处理能增强其抗冻性。如橡胶树的新鲜切除胚轴含水量为 55%,不经处理存活率为 100%,但不能耐受液氮冷冻。经过 3 h 干燥处理后,含水量降至 16%,存活率降至 87%,但其冻后存活率达到了 67%。石刁柏的腋芽经硅胶干燥后,投入液氮,冻后存活率为 71%。干冻法不需要昂贵的仪器设备,操作简便,因此不失为一种可行的超低温保存方法。

(二)冰箱预处理驯化法

通过低温冰箱预处理,然后再放入液氮中超低温保存植物材料的方法。Sakai 等在保存脐橙珠心细胞时,将材料预处理后置于 -30 ℃冰箱中 20~30 min,然后直接投入液氮,冻后细胞存活率达 90%,并通过胚胎发生再生了植株。

(三)冰冻法

随着国内外对超低温保存研究的进一步深入,出现了多种冰冻方法来保存植物材料。根据冰冻速度的快慢,又分为快速冰冻法、慢速冰冻法、两步冰冻法和逐级冰冻法。其中快速冰冻法要求将材料从 0 ℃或者其他预处理温度直接投入液氮内,其降温速度在 1000 ℃/min 以上,此法利用了植物细胞内水分无晶核形成的玻璃化过程。它适合于高度脱水的植物材料,如种子、花粉等。慢速冰冻法采用逐步降温的方法,以 1~2 ℃/min 的速度从 0 ℃降到 -100 ℃左右,再立即浸入液氮。逐步的降温过程,可以使细胞内水分有充分的时间不断流到细胞外结冰,从而使细胞内水分含量减少到最低限度,达到良好的脱水效果,避免细胞内结冰。慢速冰冻方法比较适合于液泡化程度较高的植物材料。两步冰冻法综合了以上两种方法的特点,即首先用慢速冰冻方法从 0 ℃降到一定的预冷温度,使细胞进行适当的保护性脱水,再立即浸入液氮迅速冰冻。目前常采用 0.5 ℃~4 ℃/min 降温速度降到 -40 ℃,再立即浸入液氮。逐级冰冻法将植物材料经过冰冻保护剂 0 ℃预处理后,逐级通过 -10 ℃、-15 ℃、-23 ℃、-35 ℃、-40 ℃等,每级温度停留 5 min 左右,然后浸入液氮。

(四)玻璃化法

植物材料经高浓度玻璃化保护剂处理后,快速投入液氮保存,使保护剂和细胞内水分来不及形成冰,或冰晶没有充分的时间生长,从而进入一种人工的完全玻璃化状态。在"玻璃态"时,水分子没有发生重排,不产生结构和体积的变化,因而不会造成组织和细胞的伤害,保证化冻后细胞仍有活力。此状态下没有冰晶对细胞的损伤,因而植物材料的存活率大大提高了。玻璃化超低温保存方法具有设备简单、程序简化和冻存效果好等优点,尤其对常规冷冻方法极其敏感的植物材料,可用玻璃化冻法来保存器官和组织结构的完整性。如石刁柏离体多生芽簇和甜薯茎尖只有用玻璃化法冻存才能存活。

(五)包埋脱水干燥法

植物材料由褐藻酸盐包埋成珠状物,在含高浓度蔗糖的液体培养基中预培养几小时或几天,再经无菌空气或硅胶部分脱水后,进行慢速或快速冷冻的方法。Dereudd re 和 Plessis 等采用藻酸钠包埋技术将材料在包埋丸中缓慢脱水至适宜含水量,从而来提高超低温保存后材料的存活率。包埋干燥法既省去了传统慢速降温法对昂贵降温仪器的依赖,又避免了玻璃化法中高浓度保护剂对茎尖的毒害作用,因而保存过程对茎尖的损伤更小,化冻后大部分茎尖仍能保持绿色,并很快长出嫩叶。

随着社会的不断发展,种质资源保存的重要性越来越受到人们的重视。传统的植物种质资源保存方法是进行样地栽培,一方面占用大面积土地,另一方面管理中易发生自然变异,影响种质资源的遗传品质。超低温保存技术与组织培养技术相结合可以将种质以芽、茎尖分生组织、组织培养物、胚轴等形式储存在液氮中,这种保存形式克服了土地、人力等条件限制,节约了成本,还可以避免种质保存过程中的自然变异,保证了种质的遗传稳定性,且取材方便、效率高。

种子超干燥贮藏技术在种质资源保存上具有巨大的应用潜力,至少目前,在油类种子或小粒种子上具有可行性。

四、种子超干燥贮藏

进行超干种子耐贮性机理研究的目的,就是想弄清楚种子质变的机理,尽可能简化存贮条件,降低存贮成本。让种子在简单处理后能存放得更久。国际植物遗传资源研究所曾推荐 5%～6% 的含水量和低温作为各国长期保存种子的理想条件,我国汪晓峰课题组的研究表明,将种子含水量降低到传统下限以下,即采取超低含水量种子密闭贮藏在常温条件下的方法,能达到降低种质库贮藏费用的效果。目前已从超干种子生活力和活力、生理生化特征、细胞超微结构、染色体变异、膜结构和功能等方面证实:种子在超干状态室温下贮藏,不仅种子种质得以很好保存,而且耐贮性大大提高。

(一)超干贮藏种子的细胞结构的变化

首先,超干处理可阻止或延缓种子活力的下降,细胞膜结构损伤、细胞器和遗传物质畸变与解体、大量贮藏物质外渗、各种酶活性下降等,使种子活力保持较高水平。超干处理有利于保持种子细胞膜结构和功能的稳定,防止贮藏物质的外渗,其种子浸出液电导率显著低于未超干种子。其次,超干处理使细胞膜的流动性膜相得以保持,使其功能正常发挥,细胞内部生命活动能够正常进行。这可能是超干处理保持了细胞膜上磷脂双层中碳氢链分子的随意转动,从而保持了分子排列的固有特性,阻止膜脂转变成凝胶相。此外,超干处理可以使细胞内酶活性保持较高水平。H^+-ATP 酶在种子萌发时的能量转化中起着十分重要的作用,与种子活力密切相关,高活力种子具有较高的 H^+-ATP 酶活力。试验表明超干贮藏的种子较未超干种子 H^+-ATP 酶的含量和活性高。由于超干处理使膜结构和功能、细胞器结构以及遗传物质保持完好,这从细胞学上解释了超干种子耐藏性提高的原因。

(二)超干贮藏种子中自由基含量和脂质过氧化作用的变化

目前,自由基引起的脂质过氧化作用被公认为种子劣变的根本原因。首先,红花、洋葱种子超干处理后,种子活力显著高于未超干种子,其细胞内自由基的产生速度和数量低于未超干种子。其次,超干种子活力保持与自由基清除系统完好有关。尽管种子在超干状态下增加了自由基与作用区域的接触机会,但自由基清除系统的活性,如 SOD、POD、CAT,显著高于未超干种子,抑制了脂质过氧化作用,丙二醛(MDA)等挥发性代谢物的释放量也低于未超干种子。研究表明,当种子含水量降至一定程度时,细胞内的水分进入一种玻璃化状态,种子的呼吸代谢降至最低水平,脂质过氧化被部分抑制,而自由基清除系统保持完好;当种子吸水萌发时,种子内的自由基清除系统迅速恢复活性,使在贮藏期间积累的有毒物质及时清除,减轻自由基毒害,从而减轻或阻止了脂质过氧化作用,保证了种子的高活力水平,提高了种子的耐藏性。

(三)种子超干贮藏的最适含水量

种子寿命随含水量下降而延长,当种子含水量低于某一临界值时,种子寿命将不再延长,甚至会出现种子活力下降的现象,此临界含水量为种子超干最适含水量。现研究结果表明,种子超干的最适含水量取决于种子的耐脱水性,它是种子在发育过程中获得的一种综合特性,与种子内蛋白质、脂肪、碳水化合物的积累与新物质的合成密切相关。种子超干最适含水量受多种因素影响,对于不同种子超干贮藏的最适含水量是目前分歧比较大的问题,有必要进一步深入研究,从而避免种子在超低含水量下活力受损。

(四)超干贮藏的种子材料

研究结果表明,除了顽拗型种子,许多种子均能通过超干处理提高其耐藏性。但因种子内在特性不同,种子超干处理的效果差别很大。一般高油种子具有较高的耐干性,小粒种子较大粒种子易于干燥和保存。淀粉类和蛋白质类种子较油性种子耐干性差。

(五)超干处理种子的干燥方法

超干处理种子所用的干燥方法以及干燥限度都有可能影响种子活力,并且不同种子的耐干性不同,因此,应根据种子的内在特性选择适宜的干燥方法。超干种子的获得主要通过干燥剂干燥、真空冷冻干燥、加温干燥等方法。

五、种子检验的几个概念

(一)种批

种批是指同一树种,产地的立地条件、母树性状等大体一致,可以作为一个单位接受同一次检验、调运、贮藏的一批种子。通常根据种粒大小划分种批限额,特大粒种子如核桃、板栗、麻栎、油桐等为 10000 kg;大粒种子如油茶、苦楝等为 5000 kg;中粒种子如红松、华山松、樟树、沙枣等为 3500 kg;小粒种子如油松、落叶松、杉木、刺槐等为 1000 kg;特小粒种子如桉、桑、泡桐、木麻黄等为 250 kg。重量超过规定 5% 时须另划种批。但在园林生产上,种批的概念要小的多,一般从不同颜色、不同高度、不同花期的同种植株上专门收集种子,都可作为不同的种批进行检验、调制、贮藏。

(二)初次样品

从种批的一个抽样点上取出的少量样品。

(三)混合样品

从一个种批中抽取的全部大体等量的初次样品合并混合而成的样品。混合样品一般不少于送检样品的 10 倍;若批量小,混合样品至少等于送检样品。

（四）送检样品

按照 GB 2772-1999 中规定的方法和要求的重量,从混合样品中分取一部分供作检验用的种子。净度送检样品的重量至少应为净度测定样品重量的 2～3 倍;含水量测定的送检样品,最低重量为 50 g,需要切片的种类为 100 g。

（五）测定样品

从送检样品中分取,供作某项品质测定用的样品。

六、苗木年生长发育规律

播种苗从播种开始到当年休眠为止,经历各不同的生长时期,对环境的要求也不相同。尤其园林树木表现更为明显。

（一）出苗期

出苗期是指种子播种后到幼苗出土前的时期,此时期种子萌发需要充足的水分、适宜的温度、一定的氧气,一般情况下,种实萌发的温度要比生长适温高 3 ℃～5 ℃。所以播种基质要求疏松、湿润且温度适宜。

这一时期的持续时间因植物种类、播种季节、催芽方法及当地条件不同而不同。通常草本类植物及夏播的树种一般需要 1～2 周的时间,春播的树种则需要 3～5 周乃至更长的时间。

（二）生长初期

生长初期是幼苗出土后到苗木生长旺盛期。一般为 3～8 周。影响这一时期生长的主要环境因子是水分,其次是光照、温度和氧气。对土壤磷、氮的要求较为敏感。这一时期主要的育苗任务是提高幼苗保存率,促进根系生长。主要技术措施是要进行适当的灌溉、间苗、松土除草、适量施肥,且应该在保证苗木成活的基础上进行蹲苗,促进根系生长。

（三）速生期

速生期是指从幼苗加速生长开始到生长下降时为止,一般为 10～15 周。影响这一时期生长的主要环境因子是土壤水分、养分和气温。在这一时期,苗木的根、茎、叶生长都非常旺盛,其主要育苗任务是采取各种措施满足苗木的生长,提高苗木质量。主要技术措施应进行施肥、灌水、松土除草;但在速生后期,也应节制肥水,使苗木安全越冬。

（四）生长后期

生长后期是指速生期结束到休眠落叶时止。这一时期的主要育苗任务促使幼苗木质化,形成健壮的顶芽,使之安全越冬。主要技术措施是停止施肥灌水,控制幼苗生长,北方应采取各种防寒措施保护幼苗。

七、平衡根系容器育苗

平衡根系容器育苗是采用特制容器,使用平衡根系容器育苗专用箱,采用平衡根系育苗技术进行育苗。此育苗技术克服了普通容器育苗窝根、偏根、稀根、弱根等问题。

（一）平衡根系轻基质无纺布容器育苗技术组成

1. 育苗容器成型机、专用育苗箱、育苗苗架及工厂化育苗设施。LKY 型育苗容器成型机具有体积小、自动化程度高等优点,生产过程采用程序控制,实现了容器成型、基质填充、定长度切割一次完成。

无纺布容器上无顶、下无底,在容器箱中也是被每个窝桶中的 4 个小支点托着,与周围箱壁基本不接触。每个放置容器的窝桶四壁,还留有 4 根导根肋,以帮助伸出的根向下生长。

2. 无纺布容器育苗适宜基质。针对不同造林绿化树种研制出了不同类型的轻型基质,解决了有机废弃物基质腐化技术要点。选用基质为秸秆等农林废弃物,成本低,营养丰富,可提高土壤肥力,起到改良土壤的作用。

3. 育苗容器无纺布包装材料。选择了通透性好,利于透水、通气和苗木根系伸展,可降解的包装材料无纺布。

(二)平衡根系轻基质无纺布容器育苗技术的特点

通常造林后苗木会出现一段时间的"休克"现象,而无纺布容器苗一旦入地就会爆发性生根,同时出现地上部分直接猛长。这是迄今其他类型的容器所无法做到的。其原因固然是多方面的,伸出容器壁并经空气切根后形成的一些粗壮愈伤组织是关键因素。这些愈伤组织本来都是要长成根的,只是在育苗过程中有一个阶段断水,使其外露部分干枯,而内部又不断供应营养,从而形成了蓄势待发的状态。在新的育苗理念中,这种愈伤组织是求之不得的,它比实际形成的更多根系更为有利。平衡根系轻基质无纺布容器育苗技术具有以下优点:

1. 空气修根、根系发育好。根系自然生长,形成平衡根系,根系能与轻型基质紧密交织为一体,形成富有弹性的根团。

2. 提高造林成活率与生长量。经过空气修根,促进多级侧根生长,根系数量多,表面积大,吸收水肥能力强,苗木抗逆性强;移栽时不用脱掉容器,根系可完全穿透,水平生长,极大地提高造林成活率;苗木造林后无缓苗期,初期生长量显著提高。

3. 重量轻,包装运输方便。无土轻基质无纺布容器苗单株重量仅为塑料袋苗的 20%,运输和造林搬运过程中不散团,大大减少装运损耗和运输费用,降低造林劳动强度,提高工效。

4. 移植季节不受限制。具有良好的保水性,不浇水的苗木成活期可比塑料袋苗延长 10～15 d,可实现反季节造林,打破了季节的限制。

5. 改良土壤,绿色环保。无土轻型基质可增加土壤腐殖质含量,提高土壤肥力,增强苗木抗逆性。无纺布材料入土后离散成纤维丝状不阻碍根系生长,对环境不产生污染。

6. 管理方便。基质配方内含有缓释肥,可以满足苗木 3 个月的使用,所以此项技术还为无土栽培、节能低碳创造了一个新的机会。

7. 适用范围广。既可用于扦插育苗、组培苗、播种育苗及裸根苗移栽,也可用于花卉、绿化苗木和果树、蔬菜培育。

8. 市场前景广,经济效益高。轻基质无纺布苗木市场畅销,培育成本低,经济效益显著。

(三)平衡根系轻基质无纺布容器育苗技术应用情况

平衡根系轻基质无纺布容器育苗技术适用范围广,既可用于扦插育苗、组培苗、播种育苗及裸根苗移栽,也可用于花卉、绿化苗木和果树、蔬菜培育。目前已在山东、广东、福建、广西、上海、新疆、浙江、湖北等 21 个省市推广应用。在山东省内,应用该项技术培育黑松、侧柏、黄栌、山杏等荒山绿化容器苗木 1000 余万株,荒山造林成活率 96% 以上。在其他省市繁育桉树、杉木、石楠、枣树、油茶等苗木 6000 余万株,创造了较好的经济、社会和生态效益。

八、城市园林苗圃育苗技术规程(节选)

城市园林苗圃育苗技术规程(节选)

(中华人民共和国城镇建设行业标准 CJ/T 23-1999)

3　整地、施肥和轮作

3.1　整地

3.1.1　种植前应先整地,并达到以下标准:

a. 深翻土壤。翻耕深度繁殖区宜为 25～30 cm,栽培区为 30 cm 以上。为耕作层较浅,应逐年加深。

b. 修筑排灌沟。沟渠应按小区设计,结合畦床的设置进行修筑。

c. 作畦。根据生产和操作需要,设置方形或长方形畦床,整平畦面。

d. 土壤消毒。应定期进行土壤药物消毒。

3.1.2　生荒地和其他用地如用于育苗,应先浅耕灭茬,然后再翻耕;如有条件,可先种植一茬绿肥以提高地力。

3.2　施肥

3.2.1　苗圃应常年积肥,以积有机肥为主,广开肥源。

3.2.2　施肥以基肥为主,追肥为辅,有机肥应腐熟后施用。要逐步推广复合肥料。

3.2.3　基肥于翻地前施入,撒布均匀。追肥于苗木生长期施用,一般在生长初期以氮、磷为主,中期以氮为主,后期以磷、钾为主。应注意微量元素和根外施肥的应用。

3.2.4　施肥要与改良土壤的理化性状相结合。带土球苗木出圃后应及时补回栽培土和有机肥。

3.3　轮作和休闲

3.3.1　为保持和提高土壤肥力,减少病虫害的发生,育苗地应实行轮作和休闲制。

3.3.2　除互为病虫害寄主的种类外,其余苗木品种均可轮作。

3.3.3　土地瘠薄或有严重病虫害时,应深翻休闲。休闲地应种植绿肥;休闲期不得超过一年。

4　苗木繁殖

4.1　繁殖准备

4.1.1　作好繁殖床。选择保水、排水和通气性能良好的材料为基质,搞好繁殖场地的消毒。

4.1.2　常年进行繁殖要建造温室,推广容器育苗。尽量采用技术先进的温室和配套装置,逐步实现工厂化育苗。

4.1.3　种子采集的亲本必须选择生长健壮、适应性强和无病虫害的壮龄母树,并根据育苗目的和要求,分别选用不同性状和功能的优良品系。

4.1.4 做好种源调查,适时采种。采集时严禁混杂,并详细记载采集地点、时间和种名。

4.2 播种繁殖

4.2.1 为了获得数量多、抗性强和易于驯化的苗木,宜采用播种繁殖。

4.2.2 种子采后应立即选种。选种标准为外观正常,粒大充实,内含物新鲜,无病虫,纯度95%和含水量适度。

4.2.3 种子要及时处理,不随采随播的种子应妥善贮藏。

4.2.4 播种前应进行种子消毒,测定发芽率,合理确定播种量。不易发芽的种子必须进行物理或药物催芽处理。

4.2.5 播种时间应根据种子生理特性决定。一般为春播,休眠期长或带硬壳的种子宜秋播,易丧失发芽力的种子宜随采随播。

4.2.6 播种方式有条播、撒播和点播等。一般树种采用条播,少粒种子宜撒播,大粒或名贵种子应采用点播,有条件者可采用容器育苗。

4.2.7 播种要均匀适度,播后立即覆土,覆土厚度应根据种子大小和土壤、气候条件而定。播种后要保持苗床湿润,防止板结。

5 幼苗抚育

5.1 幼苗出土后,在傍晚或阴天陆续揭除覆盖物,对易受日灼的树种和软枝插条应及时搭棚遮阴。

5.2 幼苗抚育区应设喷灌,扦插床应设喷雾装置。喷水量和喷雾量根据苗木生长情况而定。

5.3 应清除床面、步道和沟渠中的杂草。一般宜采用化学除草。雨后和灌水后表土微干时应进行中耕。

5.4 播种苗出齐后应间苗2~3次,定苗疏密均匀,过稀处应予补栽。

5.5 扦插、压条、埋条及嫁接繁殖苗应及时剥芽去蘖,已木质化者则用枝剪剪除。

5.6 应十分注意防治幼苗病虫害,一经发现病虫,应及时喷药,防止蔓延。

5.7 根据幼苗生长发育情况及时追肥,生长旺季每10~15 d施肥一次,还可酌情进行根外施肥。

5.8 幼苗须注意防寒。根据其抗寒能力的强弱,分别采用灌封冻水、设风障、覆盖、搭棚等措施,长根而未出土的秋播苗应覆土越冬。

任务5 常见园林植物扦插育苗

5.1 任务书

园林植物扦插育苗是无性繁殖中应用最广泛的方法,它有保持母本优良性状,缩短育苗周期,促使苗木提前开花,技术设备简单易行,繁殖系数高、成本低等优点。根据使用扦插材料可分为枝插、叶插、根插等,其中枝插应用最广泛。

任务书 5　常见园林植物扦插育苗

任务名称	常见园林植物扦插育苗	任务编号	5	学时	6 学时
实训地点	植物栽培实训室、学院花圃		日期		年　月　日
任务描述	常见园林植物扦插育苗是苗木生产的重要能力。常见园林植物扦插育苗包括:①常见园林植物扦插育苗方案制定及实施;②园林植物扦插育苗生产程序和技术;③扦插设施、扦插床和基质、穗条准备;④扦插时间确定;⑤扦插密度确定;⑥扦插方法选择,实施具体扦插育苗;⑦扦插苗养护管理。				
任务目标	理解影响扦插成活因素,熟悉常用扦插生根剂使用方法;熟悉扦插繁殖的知识要点和整个工作流程;会制定常见园林植物扦插育苗技术方案;具备正确选择扦插方法,实施扦插和插后管理的基本技能;增强自主学习能力、组织协调和团队协作能力、表达沟通能力、独立分析和解决实际问题能力、创新能力、吃苦耐劳能力。				
相关知识	园林植物扦插育苗生产程序和技术;园林苗木生产的国家、行业、企业技术标准;常见草本和木本园林植物扦插育苗技术;熟悉常用扦插生根剂使用方法。				
实训设备与材料	多媒体教学设备与教学课件;园林苗圃实训基地,育苗大棚、各类育苗工具;互联网;各类育苗材料、肥料、药品等;报纸、专业书籍;教学案例等。				
任务组织实施	1. **任务组织**:本学习任务教学以调研法、小组讨论法、小组实操法为主,以 5～6 人为一组按照任务书的要求完成工作任务。 2. **任务实施**: (1)收集影响扦插成活因素,常用扦插生根剂使用方法,扦插繁殖的知识要点和整个工作流程,园林植物扦插育苗技术方案和常见园林植物扦插育苗案例等信息材料,组织小组讨论学习,做好学习记录,准备好相关问题资料; (2)制定常见草本园林植物扦插育苗技术方案并实施; (3)制定常见木本园林植物扦插育苗技术方案并实施; (4)制作工作页 5(1)、(2)、(3):常见园林植物扦插育苗; (5)制作任务评价页 5:常见园林植物扦插育苗; (6)相关材料归档。				
工作成果	1. 工作页 5(1)、(2)、(3):常见园林植物扦插育苗; 2. 任务评价页 5:常见园林植物扦插育苗。				
注意事项	1. 按城市园林苗圃育苗技术规程(CJ/T 23-1999)等制定常见草本和木本园林植物扦插育苗技术方案,确保方案的可实施性; 2. 正确选择处理插穗,正确调控扦插环境条件,为扦插苗生长提供有利条件,提高成活率; 3. 正确选择使用生根剂。				

5.2　知识准备

扦插繁殖是利用植物营养器官的再生能力,切取根、茎、叶、芽等植物营养器官的一部分,插入不同的生根基质(土、砂、水、气)中,使之生根发芽而长成独立新植株的方法。可分为枝插、叶插、根插、壤插、水插、气插等几类。用扦插的方法繁殖出的苗木（新植株）叫扦插苗。

一、扦插繁殖生根原理和生根类型

（一）原理

扦插成活的关键取决于插穗能否生根，其生根原理是植物细胞的全能性。

（二）扦插繁殖生根类型

中国林业科学院王涛研究员在《植物扦插繁殖技术》中，根据枝插时不定根生成的部位，将植物插穗生根类型分为皮部生根型、潜伏不定根原始体生根型、侧芽（或潜伏芽）基部分生组织生根型及愈伤组织生根型四种。

二、影响插穗生根的因素

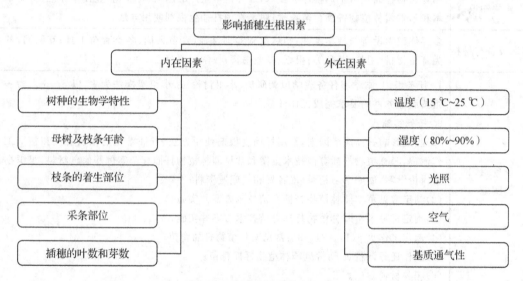

图 2-5-1　影响插穗生根因素

（一）影响插穗生根的内因

1. 树种的生物学特性。不同树种的生物学特性不同，因而它们的枝条生根能力也不一样。根据插条生根的难易程度可将树木分为四种。

（1）易生根的树种。如柳树、水杉、池杉、杉木、柳杉、连翘、小叶黄杨、月季、迎春、常春藤、南天竹、无花果、石榴、刺桐等。

（2）较易生根的树种。如侧柏、扁柏、花柏、罗汉松、槐树、茶、茶花、樱桃、野蔷薇、杜鹃、珍珠梅、夹竹桃、柑橘、女贞、猕猴桃等。

（3）较难生根的树种。如金钱松、圆柏、龙柏、日本五针松、雪松、米兰、秋海棠、枣树、梧桐、苦楝、臭椿等。

（4）极难生根的树种。如黑松、马尾松、樟树、板栗、核桃、栎树、鹅掌楸、柿树、南洋杉等。

不同树种生根难易只是相对而言的，随着科学研究的不断深入，难生根树种也能取得较高的成活率,并在生产中加以推广应用。如桉树以往扦插很难成活,20 世纪 80 年代末改用组织培养苗作采穗母株,并使用生根促进剂处理,如今许多桉树种扦插已不成问题。另外,同一树种的不同品种生根能力也不一样,如月季、杨树、茶花等。

2. 母树及枝条的年龄。采枝条母树的年龄和枝条(插穗)本身的年龄对扦插成活均有显著的影响,对较难生根和难生根树种而言,这种影响更大。

(1)母树年龄。年龄较大的母树阶段发育老,细胞分生能力低,而且随着树龄的增加,枝条内所含的激素和养分发生变化,尤其是抑制物质的含量随着树龄的增长而增加,使得插穗的生根能力随着母树年龄的增长而降低,生长也较弱。因此,在选插穗时,应采自年幼的母树,最好选用 1～2 年生实生苗上的枝条。如湖北省潜江林业研究所对水杉扦插试验表明,1年生母树上采集的插穗生根率为 92%,2 年生母树上采集的插穗生根率为 66%,3 年生母树上采集的插穗生根率为 61%,4 年生母树上采集的插穗生根率为 42%,5 年生母树上采集的插穗生根率为 34%。随着母树年龄增大,插穗生根率降低。

(2)枝条年龄。插穗生根的能力也随其本身年龄增加而降低,一般以 1 年生枝的再生能力最强,但具体年龄也因树种而异。例如,杨树类 1 年生枝条成活率高,2 年生枝条成活率低,即使成活,苗木的生长也较差;水杉和柳杉 1 年生的枝条较好,基部也可稍带一段 2 年生枝段;而罗汉松带 2～3 年生的枝段生根率高。一般而言,慢生树种的插穗以带一部分 2～3年生枝段成活率较高。较难生根的树种和难生根树种以半年生或年龄更小的枝条扦插成活率较高。另外,枝条粗细不同,贮藏营养物质的数量不同,粗插穗所含的营养物质多,对生根有利。故硬枝插穗的枝条,必须发育充实、粗壮、充分木质化、无病虫害。

3. 枝条的着生部位。树冠上的枝条生根率低,而树根和干基部萌发枝的生根率高,毛白杨不同采条部位与插穗生根和生长情况如表 2-5-1 所示。因为母树根茎部位的 1 年生萌蘖条发育阶段最年幼,再生能力强,又因萌蘖条生长的部位靠近根系,得到了较多的营养物质,具有较高的可塑性,扦插后易于成活。干基萌发枝生根率虽高,但来源少。所以,从采穗圃采集插穗比较理想,如无采穗圃,可用插条苗、留根苗和插根苗的苗干。

表 2-5-1　毛白杨不同采条部位与插穗生根和生长情况

采条部位	枝条年龄	平均生根数	平均苗高/cm	扦插日期
树干茎部萌生枝	1	21	90	11 月下旬
树冠部分枝条	1	6	50	11 月下旬
树干茎部萌生枝	1	25	133.2	3 月下旬
树冠部分枝条	1	9	82.1	3 月下旬

另外,母树主干上的枝条生根力强,侧枝尤其是多次分枝的侧枝生根力弱。若从树冠上采条,则从树冠下部光照较弱的部位采条较好。在生产实践中,有些树种带一部分 2 年生枝,即采用"踵状扦插法"或"带马蹄扦插法"常可以提高成活率。

硬枝插穗的枝条,必须发育充实、粗壮、充分木质化、无病虫害。粗插穗所含的营养物质多,对生根有利。插穗的适宜粗细因树种而异,多数针叶树种为 0.3～1 cm,阔叶树种为 0.5～2 cm。

4. 采条部位。同一枝条的不同部位根原基数量和贮存营养物质的数量不同,其插穗生根率、成活率和苗木生长量都有明显的差异。一般来说,常绿树种枝条中上部较好。这主要是枝条中上部生长健壮,代谢旺盛,营养充足,且中上部新生枝光合作用也强,对生根有利。落叶树种硬枝扦插枝条中下部较好。因枝条中下部发育充实,贮藏养分多,为生根提供了有利因素。若落叶树种嫩枝扦插,则中上部枝条较好。由于幼嫩的枝条的中上部内源生长素含量最高,而且细胞分生能力旺盛,对生根有利,如池杉硬枝扦插基段部插穗最好(见表 2-5-2)。

表 2-5-2 池杉枝条不同部位扦插生根率

扦插材料	基段/%	中段/%	梢段/%
嫩枝扦插	80	86	89
硬枝扦插	91.3	84	69.2

5. 插穗的叶数和芽数。插穗上的芽是形成茎、干的基础。芽和叶能供给插穗生根所必需的营养物质和生长激素、维生素等,对生根有利。芽和叶对嫩枝扦插及针叶树种、常绿树种的扦插更为重要。插穗留叶多少要根据具体情况而定,从 1 片到数百片不等。若有喷雾装置,随时喷雾保湿,可多留叶片。

(二)影响插穗生根的外因

影响插穗生根的外因有温度、湿度、光照和基质通气性等,各因子之间相互影响、相互制约,必须满足这些环境条件,以提高扦插成活率。

1. 温度。插穗生根的适宜温度因树种而异。多数树种生根的最适温度为 15 ℃～25 ℃,以 20 ℃最适宜。处于不同气候带的植物,其扦插的最适宜温度不同。美国的 Malisch. H 认为温带植物在 20 ℃左右合适,热带植物在 23 ℃左右合适。苏联学者则认为温带植物为 20 ℃～25 ℃;热带植物在 25 ℃～30 ℃。

土温和气温适当的温差利于插穗生根。一般土温高于气温 3 ℃～5 ℃时,对生根极为有利。在生产上可用马粪或电热线等材料增加地温,还可利用太阳光的热能进行倒插催根,提高插穗成活率。

温度对嫩枝扦插更为重要,30 ℃以下有利于枝条内部生根促进物质的利用,因此对生根有利。但温度高于 30 ℃,会导致扦插失败。一般可采取喷雾或遮阴的方法降低温度。插穗活动的最佳时期,也是腐败菌猖獗的时期,所以在扦插时应特别注意采取防腐措施。

2. 湿度。在插穗生根过程中,空气的相对湿度、基质湿度以及插穗本身的含水量是扦插成活的关键,尤其是嫩枝扦插,应特别注意保持合适的湿度。

(1)空气的相对湿度。空气的相对湿度与扦插成活有密切的关系,尤其对难生根的针、阔叶树种影响更大。插穗所需的空气相对湿度一般为 90%左右,硬枝扦插可稍低一些,但嫩枝扦插空气的相对湿度一定要控制在 90%以上,使枝条蒸腾强度最低。生产上可采用喷水、间隔控制喷雾、盖膜等方法提高空气的相对湿度,提高插穗生根率。

(2)基质湿度。插穗容易失去水分平衡,因此要求基质有适宜的水分。基质湿度取决于扦插基质、扦插材料及管理技术水平等。据毛白杨扦插试验,基质中的含水量一般以 20%～25%为宜。毛白杨基质含水量为 23.1%时,成活率较含水量 10.7%的基质提高 34%。含水量低于 20%时,插条生根和成活都受到影响。有报道表明,插穗从扦插到愈伤组织产生和生根,各阶段对基质含水量要求不同,通常以前者为高,后两者依次降低。尤其是在完全生根后,应逐步减少水分的供应,以抑制插条地上部分的旺盛生长,增加新生枝的木质化程度,更好地适应移植后的田间环境。水分过多往往容易造成下切口腐烂,导致扦插失败,应引起重视。

3. 基质通气性。插穗生根时需要氧气,通气情况良好的基质能满足插穗生根对氧气的需要,有利于生根成活。通气性差的基质或基质中水分过多,氧气供给不足,易造成插穗下切口腐烂,不利于生根成活(见表 2-5-3)。故扦插基质要求疏松透气。

表 2-5-3　插床含氧量与插穗生根率

含氧量/%	插穗数/根	生根率/%	根系平均干重/mg	平均根数/条	平均根长/cm
10	8	87.5	5.4	2.5	8.2
5	8	50	3.1	0.8	2.8
2	8	25	0.4	0.4	0.7
0	8	—	—	—	—

4. 光照。光照能促进插穗生根,对常绿树及嫩枝扦插是不可缺少的。但扦插过程中,强烈的光照又会使插穗干燥或灼伤,降低成活率。在实际生产中,可采取喷水或适当遮阴、盖膜等措施来维持插穗水分平衡。夏季扦插时,最好的方法是应用全光照自动间歇喷雾法,既保证了供水又不影响光照。

三、扦插育苗技术

在植物扦插繁殖中,根据使用繁殖的材料不同,可分为枝插、根插、叶插等。在苗木的培育中,最常用的是枝插,这里重点介绍枝插。根据枝条的成熟度,枝插又可分为硬枝扦插与嫩枝扦插。扦插育苗工作流程如图 2-5-2 所示。

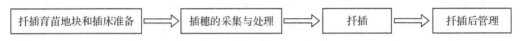

图 2-5-2　扦插育苗工作流程图

(一)扦插育苗地块和插床准备

1. 扦插育苗地块准备。硬枝扦插可用地插,易生根和较易生根树种进行大批量扦插时也以大田土壤直接扦插为主。选择育苗地并进行精耕细作,方法可参照播种育苗土壤整地。地插苗床有高床和低床,南方多雨地区一般用高床,高床规格详见播种育苗土壤准备部分。木本植物扦插的苗床可以苗床土壤和黄心土为主,适当掺河沙、蛭石、珍珠岩、石英砂、炉灰渣、泥炭土、苔藓、泡沫塑料等基质改良其通气情况。土壤均应消毒备用,消毒方法详见播种育苗地消毒方法。

2. 扦插苗床准备。

(1)扦插基质准备。扦插最好使用本身不含或少含养分、透气、保水、没有病虫害的基质。选择通气良好的基质是扦插成活的重要保证,不论使用什么样的基质,只要能满足插穗对基质水分和通气条件的要求,都有利于生根。目前所用的扦插基质有固态、液态、气态三种,生产上以固态基质最常用,有河沙、蛭石、珍珠岩、石英砂、炉灰渣、泥炭土、苔藓、泡沫塑料等,这些基质的通气、排水性能良好,是良好的扦插基质,生产上可根据不同植物选择合适的配方进行基质配制。

(2)扦插苗床建立。

①架空苗床。选地势平坦、排水良好、光照充足的立地,地面铺用 1~2 层的砖铺平,上面砌 3~4 层砖垛,砖垛之间距离根据育苗盘尺寸确定,砖垛顶部水平,砌好后上面放育苗

盘,再将育苗容器放在育苗托盘里。

②普通沙床。用砖或水泥砌高为 40 cm 左右的床框床底部铺砖,留多处排水孔,床内下层铺精石砾,中层铺粗沙或煤渣,上层铺纯净的粗河沙和细沙,宽度 1 m 左右,长度据地形定,一般不超过 20 m。

(3)扦插床整理和消毒。平整插床,清除大的枯枝落叶、杂物及大的石砾;用清水清洗苗床内的河沙等基质;用 1‰~2‰的高锰酸钾溶液 50 g/m² 或 2‰~3‰的硫酸亚铁溶液、稀释 800 倍的多菌灵溶液等喷淋处理消毒,并用塑料薄膜覆盖。

(二)插穗的采集与处理

1. 插穗的采集与剪截

(1)硬枝扦插。硬枝扦插是利用已经完全木质化的枝条作插穗进行扦插,通常分为长穗插和单芽插两种。长穗插是用带两个以上芽的插穗进行扦插,单芽插是用仅带一个芽的插穗进行扦插。常用于易生根树种和较易生根树种。

①硬枝插穗的选择。一般应选优良的幼龄母树上发育充实、已充分木质化的 1~2 年生枝条作插穗。容易生根树种,采穗母树年龄可大些。常绿树种随采随插。落叶树种在秋季落叶后尽快采集,采条后如不立即扦插,应将枝条剪成插穗后贮藏,如低温贮藏处理、窖藏处理、沙藏处理等。在园林实践中,还可结合整形修剪时切除的枝条选优贮藏待用。

②硬枝插穗的剪截(见图 2-5-3)。一般长穗插条 15~20 cm 长,保证插穗上有 2~3 个发育充实的芽。单芽插穗长 3~5 cm。剪切时上切口距顶芽 1 cm 左右,下切口在节下 1 cm 左右。下切口有几种切法:平切、斜切、双面切、踵状切等。一般平切口生根呈环状均匀分布,便于机械化截条,对于皮部生根型及生根较快的树种应采用平切口。斜切口与插穗基质的接触面积大,可形成面积较大的愈伤组织,利于吸收水分和养分,提高成活率;但根多生于斜口的一端,易形成偏根,同时剪穗也较费工。双面切与基质的接触面积更大,在生根较难的植物上应用较多。踵状切即在插穗下端带 2~3 年生枝段,常用于针叶树。

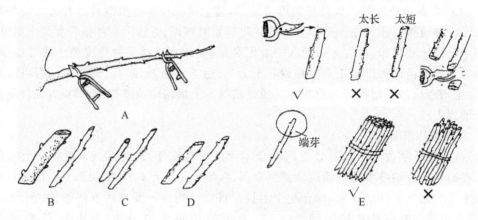

1. 枝条中下部分作插穗最好;B.粗枝稍短,细梢稍长;C.易生根植物稍短;
D.黏土地稍短,砂土地稍长;E.保护好上端芽
图 2-5-3 插穗剪截示意图

(2)嫩枝扦插。嫩枝扦插是在生长季节,用半木质化的枝条作插穗进行扦插。嫩枝扦插多用全光照自动间歇喷雾或荫棚内塑料小棚扦插等,以保持适当的温度和湿度。扦插基质

主要为疏松透气的蛭石、河沙等。嫩枝扦插多用于较难生根树种和难生根树种,也可用于易生根树种和较易生根树种。

①嫩枝插穗的选择。采集插穗应在阴天无风或清晨有露水、16:30 以后光照不很强烈的时间进行。针叶树如松、柏等,扦插以夏末剪取中上部半木质化的枝条较好。实践证明,采用中上部的枝条进行扦插,其生根情况大多数好于下部的枝条;阔叶树一般在高生长最旺盛期剪取幼嫩的枝条进行扦插;大叶植物,当叶未展开成大叶时采条为宜;草本植物的插穗应选择枝梢部分,硬度适中的茎条。

难生根的树种和较难生根的树种应从幼年母树或苗木上采半木质化的一级侧枝或基部萌芽枝作插穗。难生根的植物可以进行黄化处理或环剥、捆扎等处理。嫩枝插穗采条后应及时喷水或放入水中,保持插穗的水分。

②嫩枝插穗的剪截。枝条采回后,在阴凉背风处进行剪截。插穗一般长 10～15 cm,带 2～3 个芽,保留叶片的数量可根据植物种类与扦插方法而定,叶片较小时保留顶端 2～4 片叶,叶片较大时应留 1～2 片半叶,其余的叶片应摘去。插穗剪截时要特别注意,剪口要平滑,防止撕裂;保护好芽,尤其是上芽。

2. 插穗催根处理。催根处理是提高扦插成活率的有效手段,对较难生根的树种和极难生根的树种尤显重要。易生根的树种和较易生根的树种可不催根,但插穗经催根处理育苗效果会更好。

(1)生长素及生根促进剂处理。

①生长素处理。常用的生长素有萘乙酸(NAA)、吲哚乙酸(IAA)、吲哚丁酸(IBA)、2,4-D 等。使用方法,一是先将少量酒精溶解生长素,然后配置成不同浓度的药液浸泡插穗下端,深约 2 cm。低浓度(如 50～200 mg/L)溶液浸泡 6～24 h,高浓度(如 500～1000 mg/L)可进行快速处理(几秒钟到数分钟)。二是将溶解的生长素与滑石粉或木炭粉混合均匀,阴干后制成粉剂,用湿插穗下端蘸粉扦插;或将粉剂加水稀释调为糊剂,用插穗下端蘸糊;或做成泥状,包裹插穗下端。处理时间与溶液的浓度随树种和插条种类的不同而异。一般生根较难的浓度要高些,生根较易的浓度要低些。硬枝浓度高些,嫩枝浓度低些。市场上出售的植物生长素一般都不溶于水,使用前需要先用少量的酒精或 70 ℃热水溶解,然后兑水酿成处理溶液。应用生长素处理插穗的方法有溶液浸泡和粉剂处理两种。常用植物生长素的主要用途如表 2-5-4 所示。

表 2-5-4　常用植物生长素的主要用途

名称	英文缩写	用途
ABT 生根粉	ABT1 号	主要用于难生根树种,促进插穗生根。如银杏、松树、柏树、落叶松、榆树、枣、梨、杏、山楂、苹果等
	ABT2 号	主要用于扦插生根不太困难的树种。如香椿、花椒、刺槐、白蜡、紫穗槐、杨、柳等
	ABT3 号	主要用于苗木移栽时,苗木伤根后的愈合,提高移栽成活率;用于播种育苗,能提早生长、出全苗,而且有效地促进难发芽种子的萌发
	ABT6 号	广泛用于扦插育苗、播种育苗、造林等,在农业上广泛用于农作物、蔬菜、牧草及经济作物等
	ABT7 号	主要用于扦插育苗、造林及农作物和经济作物的块根、块茎植物

续表

名称	英文缩写	用途
萘乙酸	NAA	刺激插穗生根,种子萌发,幼苗移植提高成活率等。用于嫁接时,用 50 mg/L 的药液速蘸切削面较好
2,4-D	2,4-D	用于插穗和幼苗生根
吲哚乙酸	IAA	促进细胞扩大,增强新陈代谢和光合作用;用于硬枝扦插,用 1000～1500 mg/L溶液速浸(10～15s)
吲哚丁酸	IBA	主要用于形成层细胞分裂和促进生根;用于硬枝扦插时,用 1000～1500 mg/L 溶液速浸(10～15s)

②生根促进剂处理。目前使用较为广泛的有中国林业科学研究院林业研究所王涛研制的 ABT 生根粉系列;华中农业大学林学系研制的广谱性植物生根剂 HL-43;昆明市园林所等研制的 3A 系列促根粉;等等。它们均能提高多种树木如银杏、桂花、板栗、红枫、樱花、梅、落叶松等的生根率,其生根率可达 90%以上,且根系发达,吸收根数量增多。

(2)洗脱处理。洗脱处理一般有温水处理、流水处理、酒精处理等。洗脱处理不仅能降低枝条内抑制物质的含量,同时还能增加枝条内水分的含量。

①温水洗脱处理。将插穗下端放入 30 ℃～35 ℃的温水中浸泡几小时或更长时间,具体时间因树种而异。某些针叶树,如松树、落叶松、云杉等浸泡 2 h,起脱脂作用,有利于切口愈合与生根。

②流水洗脱处理。将插条放入流动的水中,浸泡数小时,具体时间也因树种不同而异。多数在 24 h 以内,也有的可达 72 h,甚至有的更长。

③酒精洗脱处理。用酒精处理也可有效地降低插穗中的抑制物质,大大提高生根率。一般使用浓度为 1%～3%,或者用 1%的酒精和 1%的乙醚混合液,浸泡时间 6 h 左右,如杜鹃类。

(3)营养处理。用维生素、糖类及其他氮素处理插条,也是促进生根的措施之一。如用 5%～10%的蔗糖溶液处理雪松、龙柏、水杉等树种的插穗 12～24 h,对促进生根效果很显著。若糖类与植物生长素并用,则效果更佳。在嫩枝扦插时,在其叶片上喷洒尿素,也是营养处理的一种。

(4)化学药剂处理。有些化学药剂也能有效地促进插条生根,如醋酸、磷酸、高锰酸钾、硫酸锰、硫酸镁等。如生产中用 0.1%的醋酸水溶液浸泡卫矛、丁香等插条,能显著地促进生根。再如用高锰酸钾 0.05%～0.1%的溶液浸泡插穗 12 h,除能促进生根外,还能抑制细菌发育,起消毒作用。插穗化学药剂处理方法如表 2-5-5 所示。

表 2-5-5　插穗化学药剂处理方法

处理药剂名称	浓度/%	处理时间/h
流水	清水	24～72
温水	30 ℃～35 ℃	2～24
酒精	1～3	6
酒精＋乙醚	1＋1	2～6
高锰酸钾	0.05～0.1	12～24
硝酸银	0.05～0.1	12～24
消石灰(熟石灰)	2～5	12～24

（5）低温贮藏处理。将硬枝放入 0 ℃～5 ℃的低温条件下冷藏一定时期（至少 40 d），使枝条内的抑制物质转化，有利生根。

（6）增温处理。春天由于气温高于地温，在露地扦插时，往往先抽芽展叶，以致降低扦插成活率。为此，可采用在插床内铺设电热线或在插床内放入生马粪等措施来提高地温，促进生根。

（7）黄化处理。在生长前用黑色的塑料袋将要作插穗的枝条罩住，使其处在黑暗的条件下生长，形成较幼嫩的组织，待其枝叶长到一定程度后，剪下进行扦插，能为生根创造较有利的条件。

（8）机械处理。在树木生长季节，将枝条基部环剥、刻伤或用铁丝、麻绳或尼龙绳等捆扎，阻止枝条上部的碳水化合物和生长素向下运输，使枝条内贮存丰富的养分。休眠期再将枝条剪下扦插，能显著地促进生根。另外，刻伤插穗基部的皮层也能促进生根。

（三）扦插

1. 常规扦插技术。硬枝扦插指利用充分木质化的插穗进行扦插的育苗方法，此法技术简便、成活率高、适用范围广，特别适用于落叶木本园林植物的扦插。嫩枝扦插（见图 2-5-4）指在生长期中应用半木质化或未木质化的插穗进行扦插育苗的方法，应用于硬枝扦插不易成活的植物、常绿植物、草本植物和一些半常绿的木本观花植物。根据扦插容器的不同，嫩枝扦插可分为塑料棚扦插、大盆密插和暗瓶水插等几种，如图 2-5-5 所示。

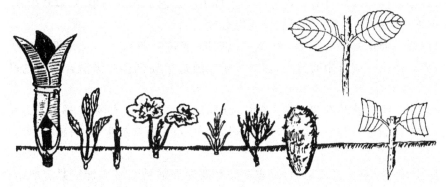

图 2-5-4　嫩枝扦插

硬枝扦插春、秋两季均可，以春季扦插为主。春季扦插宜早，宜在树木萌芽前进行。秋季扦插应在秋梢停长后再进行扦插。落叶树待落叶后进行扦插。嫩枝扦插在生长季节进行，又以夏初最适宜。

扦插前要整理好插床。露地扦插要细致整地，施足基肥，使土壤疏松，水分充足。扦插密度可根据树种生长快慢、苗木规格、土壤情况和使用的机具等确定。一般株距 10～50 cm，行距 20～30 cm。在温棚和繁殖室，一般先密集扦插，插穗生根发芽后再进行移植。插穗扦插的角度有直插和斜插两种，一般情况下多采用直插。斜插的扦插角度不应超过45°。插入深度应根据树种和环境而定，根插将根全插入地下；落叶树种插穗全插入地下，露出一个芽；常绿树种插入地下深度为插穗长度的 1/3～1/2。扦插时，根据扦插基质、插穗状态和催根情况等，分别采用直接插入法、开缝插入法、锥孔插入法或开沟浅插封垄法将插穗插入基质中。

蔓生植物枝条长,在扦插中可以将插穗平放或略弯成船底形进行扦插。仙人掌与多肉多浆植物,剪取后应放在通风处晾干数日再扦插,否则易引起腐烂。

扦插后,为了防止嫩枝萎蔫,插后注意通风、遮阴、保持较高的空气相对湿度,以利生根成活。

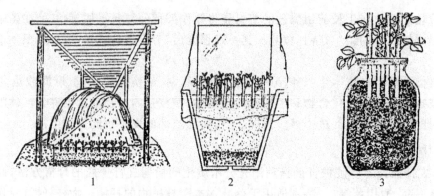

1. 塑料棚扦插　2. 大盆密插　3. 暗瓶水插

图 2-5-5　嫩枝扦插法

2. 特殊方式扦插。有些植物普通扦插不易生根,可采取一些特殊措施,提高生根成活率。

(1)带踵插。插穗基部带有一部分 2 年生枝条。插穗下部养分集中,容易生根。但每个枝条只能剪取一个插穗。适合松、柏、桂花等难成活树种。

(2)槌形插。插穗基部所带 2 年生老枝呈槌形,长度一般为 2~4 cm,两端斜削。

(3)割插。插条下端自中间劈开,加以石子。通过增加创伤刺激愈合组织的产生,促进生根。

(4)土球插。将插穗基部包裹在土球中,连同泥球一起插入土壤中,适合常绿树扦插。

(5)长竿插。插穗长 50 cm,有的也可达到 1~2 m。适合易生根的植物类型,可快速获得大苗。

不管用哪种方法进行扦插育苗,最重要的是要保证插穗与基质能够紧密地结合。插后应及时压实,灌水,保持苗床的湿润。北方地区,扦插后可覆盖黑色塑料薄膜,以提高地温、保水及控制杂草生长。

(四)扦插后的管理

抓好扦插后管理是保证扦插成活的又一关键,嫩枝扦插尤其要细致管理。扦插后,首先应保持基质和空气中有较高的湿度(嫩枝扦插要求空气湿度更高),以调节插穗体内的水分平衡;其次应保持基质中良好的通气效果。

1. 浇水。大田扦插的植物多具备易生根、插穗营养物质充足这两个条件,多为硬枝扦插或根插,气候变化符合扦插成活要求。通常在扦插后立即灌足第一次水,使插穗与土壤紧密接触,做好保墒与松土。未生根之前地上部展叶,应摘去部分叶片,减少养分消耗,保证生根的营养供给。为促进生根,可以采取地膜覆盖、灌水、遮阴、喷雾、覆土等措施保持基质和空气的湿度。嫩枝扦插和叶插由于插穗幼嫩,失水快,应加强管理。嫩枝露地扦插用塑料棚保湿时,可减少浇水次数,每周 1~2 次即可,但要注意棚内的温度和湿度;要搭荫棚遮阴降温。最好采取喷雾装置,保持叶片水分处于饱和状态,使插穗处于最适宜的水分条件下。

2. 移植。多数扦插基质本身所含养分较少,扦插初期密度较大,所以扦插成活后,为保证幼苗正常生长,应及时起苗移栽。尤其嫩枝扦插、叶插的植株。移植时最好要带土,移植后的最初几天,要注意遮阴、保湿。草本扦插苗生根后及时移植,叶插苗生根后等苗长到一定大小时再移植,嫩枝扦插一般在扦插苗不定根已长出密集根群时移植,硬枝扦插可根据实际情况确定移植时间。

3. 除萌或摘心。培育主干的园林植物苗木,当新萌芽苗高长到 15～30 cm 时,应选留一个生长健壮、直立的新梢,其余萌芽条除掉,即除萌,以达到培育优质壮苗的目的。对于培育无主干的植物苗木,应选留 3～5 个萌芽条,除掉多余的萌芽条;如果萌芽条较少,在苗高 30 cm 左右时,应采取摘心的措施,来增加苗木枝条量,以达到不同的育苗要求。

4. 温度管理。园林植物的最适生根温度一般为 15 ℃～25 ℃,要求基质温度比气温高 3 ℃～5 ℃。早春地温较低,一般达不到温度要求,需要通过覆盖塑料薄膜或铺设地热线等措施增温催根。夏秋季节地温高,气温更高,需要通过喷水、遮阴等措施进行降温。在大棚内喷雾可降温 5 ℃～7 ℃,在露天扦插床喷雾可降温 8 ℃～10 ℃。采用遮阴降温时,一般要求遮蔽物的透光率在 50%～60%。

5. 日常田间管理。扦插苗生根发芽成活后,应及时供应肥水,满足苗木生长对水分和矿物质营养的需求,插后每隔 1～2 周喷洒 0.1%～0.3% 的氮磷钾复合肥,硬枝扦插可将速效肥稀释后随浇水施入苗床。还应进行松土除草,减少杂草与苗木对养分和水分的竞争,疏松土壤,为苗木根系生长创造适宜的环境条件。加强病虫害防治,消除病虫危害对苗木生长的影响,提高苗木生长的质量。冬季寒冷地区还要采取越冬防寒措施。

5.3　案例分析

案例 5-1　悬铃木硬枝扦插

扦插地块准备。选择圃地时应选择灌排方便、土壤肥沃、土质疏松的地块,土壤的酸碱度范围宜在 pH 值 7.0～8.0。扦插前要对圃地进行精耕细作,并做高床,按要求做好土壤消毒工作。

扦插的采集和剪截。剪穗时间宜在 12 月初左右,选择生长旺盛、芽眼饱满、无病虫害 1 年生苗或 1 年生萌条作种条;制穗长度在 20 cm 左右,在剪穗段芽眼顶端保留 2 cm 左右营养段,并注意剪口平滑。

插穗贮藏。时间应在 2 个月左右。方法是将剪好的种条按上下、粗细的顺序过数均匀打捆,采用挖窖沙藏法贮藏,挖窖深度 50～70 cm。贮藏时应颠倒种条极性,使之根基部朝上,以便达到种条基部形成不定根,控制发芽的目的。

扦插。直接进行扦插。扦插后,灌水,首次水一定要灌足,再根据湿度状况(圃地能踏进人)进行地膜覆盖。

扦插后管理。在芽顶土后先捅破薄膜,待芽形成叶后,再破膜露苗。应及时灌水,始终保持圃地湿润。树苗成活后,初期宜采用叶面追肥,并注意防治病虫害。中、后期去掉薄膜进行中耕松土,清除杂草及追加肥料。

案例 5-2 桧柏嫩枝扦插育苗

扦插苗床的准备。苗床要选择背风向阳、排水良好、供水供电方便的位置,架设较抗风的遮阳棚。苗床宽 1.2 m,长 8～10 m,深 20～25 cm。将经过曝晒的河沙过筛,铺 20～25 cm厚。每立方米沙子用高锰酸钾 50 g 或 50%的多菌灵 50 g,兑水 50 kg,进行消毒。床之间距离 80～100 cm,设低于床面的步行道兼排水沟。床内设一根 2 cm 的塑料管,悬挂在拱架上。塑料管上每 40 cm 安一个喷头,每个管子都要设阀门。

插穗采集。采用健壮、无病虫害、生长旺盛、半木质化带一小段 2 年生枝条的插穗。最好早晨或上午采集,随采随喷水,不能失水,最好当天采当天用完。

插穗剪取与处理。插穗长 10～15 cm,去掉下部小枝 3～5 cm,剪成马蹄形,保持下切口平滑不裂,剪后蘸 500～1000 mg/L 的萘乙酸溶液 24 h,稍晾扦插即可。

扦插。桧柏全年都可以扦插,但以 6～7 月扦插最好。扦插密度 7 cm×7 cm(或 5 cm×5 cm),用竹签划出 3 cm 深的小沟扦插,插后按实,喷水,盖膜,塑料布的一边用土封死,另一边用砖压紧。

管理。温度控制在 18 ℃～28 ℃,湿度控制在 80%～90%,采用遮光 80%左右的遮阳网。扦插后每天喷水 2～3 次,每次 1～2 min,棚内湿度不能高于 90%。每隔 7～10 d 消毒一次,用 50%多菌灵 600～800 倍液消毒杀菌。30～45 d 开始生根,生根后加强管理。

10 月下旬至 11 月上旬,入冬前去掉遮阳网,浇水。

移栽。翌春 4 月移栽前 10～15 d 开始掀膜炼苗,待扦插苗适应大田气候再移栽。移栽田要细整,进行土壤消毒和防治地下害虫。栽植时间以清明节后气温开始升高、小苗开始萌动时为宜。栽植按 40 cm×40 cm 株行距,栽后浇水 2～3 次,中耕、除草,增加地温和土壤的透气性,促使生根,尽早缓苗。栽植后加强病虫害防治,特别是地下害虫。生长 2 年后,隔株间苗,3 年后隔行隔株间苗。

5.4 知识拓展

一、扦插繁殖生根类型

1. 皮部生根型。这是一种易生根的类型。即以皮部生根为主,从插条周身皮部的皮孔、节等处发出很多不定根(见图 2-5-6)。皮部生根数占总根量的 70%以上,而愈伤组织生根较少,甚至没有,如红瑞木、金银花、柳树、杨树、紫穗槐等。属于此种类型的插条都存在根原始体或根原基,位于髓射线的最宽处与形成层的交叉点上。这是由于形成层进行细胞分裂,向外分化成钝圆锥形的根原始体、侵入韧皮部,通向皮孔,在根原始体向外发育过程中,与其相连髓射线也逐渐增粗,穿过木质部通向髓部,从髓细胞中取得营养物质,一般扦插成活容易,生根较快的树种,大多是从皮孔和芽的周围生根。

2. 潜伏不定根原始体生根型。这是一种最易生根的类型,也可以说是枝条再生能力最强的一种类型。属于这种类型植物的枝条,在脱离母体之前,形成层区域的细胞即分化成为排列对称、向外伸展的分生组织(群集细胞团),其先端接近表皮时停止生长、进行休眠,这种分生组织就是潜伏不定根原始体。潜伏不定根原始体在脱离母体前已经形成,只要给予适宜生根的条件,根原始体就可萌发生成不定根。如榕树、柏类、柳属、杨属等植物都有潜伏不定根原始体,凡具有潜伏不定根原始体的植物,绝大多数为易生根类型。在扦插繁殖时,可以充分利用这一特点,促使其潜伏不定根原始体萌发,缩短生根时间,减少插穗自养阶段中地上部分代谢失调,从而提高了插穗的成活率。同时,也可利用某些植物如翠柏、圆柏、沙地柏等具有潜伏不定根原始体的特点,进行 3～4 年生老枝扦插育苗,缩短育苗周期,在短时间内(1 个月)育成相当于 2～3 年实生苗大小的扦插苗。

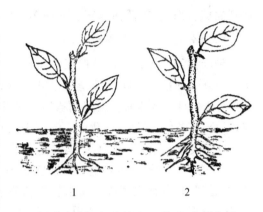

1. 酸橙,愈伤组织生根　2. 佛手,皮部生根

图 2-5-6　插穗的生根位置

　　3. 侧芽(或潜伏芽)基部分生组织生根型。这种生根型普遍存在于各种植物中,不过有的非常明显,如葡萄;有的则差一些。但是插穗侧芽或节上潜伏芽基部的分生组织在一定的条件下,都能产生不定根。如果在剪截插穗时,下剪口能通过侧芽(或潜伏芽)的基部,使侧芽分生组织都集中在切面上,则可与愈伤组织生根同时进行,更有利于形成不定根。

　　4. 愈伤组织生根型。即以愈伤组织生根为主,从基部愈伤组织或从愈伤组织相邻近的茎节上发出不定根(见图 2-5-6)。愈伤组织生根数占总根量的 70% 以上,皮部根较少,甚至没有,如银杏、雪松、黑松、金钱松、水杉、悬铃木、月季、常春藤等。此种生根型的插条,其不定根的形成要通过愈伤组织的分化来完成。首先,在插穗下切口的表面形成半透明的、具有明显细胞核的薄壁细胞群,即为初生的愈伤组织。初生愈伤组织的细胞继续分化,逐渐形成和插穗相应组织发生联系的木质部、韧皮部和形成层等组织。最后充分愈合,在适宜的温度、湿度条件下,从愈伤组织中分化出根。因为这种生根需要的时间长,生长缓慢,所以凡是扦插成活较难、生根较慢的树种,其生根部位大多是愈伤组织生根。

　　一种植物的生根类型并不限于一种,有的几种生根类型并存于一种植物上。例如黑杨、柳等,四种生根类型全具有,这样的植物就易生根。而只具一种生根类型的植物,尤其如愈伤组织生根型,生根则具有局限性。

二、全光雾插育苗技术

　　全光雾插育苗技术是全光照喷雾嫩枝扦插育苗技术的简称,即在全日照条件下,不加任何遮阴设施,利用半木质化的嫩枝插穗和排水通气良好的插床,并采取自动间歇喷雾的现代技术,进行高效率的规模化扦插育苗的方法。这种方法是当代国内外广泛采用的育苗新技术,它具有能充分利用自然条件、生根迅速、苗木生长快、育苗周期短、材料来源丰富、生产成本低廉和苗木培育接近自然状态,抗逆性强,易适应移栽后的环境等优点。可实现专业化、工厂化和良种化的大规模生产,是今后林业、园林、园艺、中草药等行业育苗现代化的发展方向,是植物大量繁殖行之有效的好办法。

　　(一)全光雾插插穗的生根特性

　　在全光照喷雾条件下,进行带叶扦插育苗,其插穗首先产生不定根,待形成根系后才逐渐发芽长出新的枝和叶。插穗的叶片能进行光合作用,由于植物的极性作用,将光合产物转移到插穗基部,使得插穗基部积累许多生根物质,为插穗生根提供了丰富的物质条件。

(二)全光雾插的设备类型

带叶插穗在生根之前要保证叶面常有一层水膜,使插穗保持正常的生理状态,特别是在炎热的夏天,但过多的水分常会造成基部腐烂,不断地喷雾又会降低扦插基质的温度,这些现象都会影响插穗的生根。根据插穗的生理需要,一些自动间歇喷雾装置,为插穗生根创造了最理想的环境条件。目前,在我国广泛采用的自动喷雾装置有 3 种,包括电子叶喷雾设备、双长悬臂喷雾装置和微喷管道系统,其构造的共同点都是由自动控制器和机械喷雾两部分组成。

1. 电子叶喷雾设备。电子叶喷雾设备,主要包括进水管、贮水槽、自动抽水机、压力水筒、电磁阀、控制继电器以及输水管道和喷水器等。将电子叶安装在插床上,由于喷雾而在电子叶上形成一层水膜,接通电子叶的两个电极,控制继电器的电磁阀关闭,水管上的喷头便自动停止喷雾;由于蒸发而使电子叶上的水膜逐渐消失,一旦水膜断离,电流也被切断,相反由控制继电器支配的电磁阀打开,又继续喷雾。这种随水膜干燥情况而自动调节插床水分的装置,在叶面水分管理上是比较合理的,它最大的优点是根据插穗叶片对水分的需要而自控间歇喷雾,这对插穗生根非常有利。

2. 双长悬臂喷雾装置。1987 年我国自行设计的对称式双长臂自压水式扫描喷雾装置,采用了新颖实用的旋转扫描喷雾方式和低压折射式喷头,正常喷雾不需要高位水压,在 160 m² 喷雾面积内,只需要 0.4 kg/cm² 以上水压即可。对称式双长臂旋转扫描喷雾装置的工作原理是:当自来水、水塔、水泵等水源压力系统 0.5 kg/cm² 的水从喷头喷出时,双长悬臂在水的反冲作用下,绕中心轴顺时针旋转进行扫描喷雾。它的主要构造和技术指标包括水分蒸发控制仪、喷雾系统等。

3. 微喷管道系统。微喷灌是近些年发展起来的一门新技术。采用微喷管道系统进行扦插育苗,具有技术先进、节水、省工、高效、安装使用方便、不受地形影响,喷雾面积可大可小等优点。其主要结构包括:水源、水分控制仪、管网和喷水器等。插床附近最好修建水池,一般水池面积 333.3 m²,水量不低于 6 m³。水压在 4 kg/cm² 以上,出水量在 7000 L/h 左右。

(三)插床

全光雾插育苗有自己的特殊构造的苗床。苗床选在地势平坦,排水良好,四周无遮光物体的地方。选用架空苗床或沙床。

1. 架空苗床。架空苗床的优点是可以对容器底部根系进行空气断根;增加了容器间的透气性;减少基质的含水量;提高了早春苗床温度,便于安装苗床的增温设施。

建造架空苗床的方法是:地面用一层或两层砖铺平,不用水泥以利渗水和环保,在上面砌 3~4 层砖高度的砖垛,砖垛之间的距离根据育苗盘尺寸确定,每个插床砖垛的顶面应在一个水平面内,上面摆放育苗托盘。一般在四个苗床中央修一个共用水池,这是最省工省料的设计方案,如图 2-5-7 所示。

架空苗床上放置育苗托盘,育苗托盘用塑料或其他材料制作,底部有透气孔。育苗容器码放在托盘上面,这样有利空气断根,实现育苗过程机械化运输。

2. 沙床。沙床的优点是能使多余的水分自由排出,但散热快、保温性能差,在早春、晚秋和冬季育苗时,应采用保温性能好的基质或增设加温设备和覆盖物。

图 2-5-7　全光雾插架空苗床

建造沙床的方法是在建床的四周用砖砌高为 40 cm 的砖墙,砖墙底层留多处排水孔,床内最下层铺小石子,中层铺煤渣,上层铺纯净的粗河沙。沙床上安装着自动间歇喷雾装置。每次喷水能使插床基质内变换一次空气,这样新鲜空气在沙床内频繁地流动与交换,使基质内始终保持着充足的氧气,如图 2-5-8 所示。

图 2-5-8　沙床示意图

（四）基质

全光雾插的育苗基质主要有河沙、蛭石、珍珠岩、炉渣、锯末、炭化稻壳、草炭等。

（五）全光雾插的育苗技术

1. 采插穗。在植物生长季节里,从采穗圃经幼化管理的树上或从生长势健壮的枝条上剪取当年萌发的带数枚叶片的嫩枝作插穗。

2. 扦插。扦插在沙床或用无土轻型基质制作的网袋容器里,并将它摆放在露天自然全光照的架空育苗床上。育苗床安装"全光自

图 2-5-9　轻质网袋容器育苗生根与根系生长情况

动喷雾扦插育苗设备"。在喷雾水中添加必要的药剂,全光育苗生根过程中一直保持叶片不萎蔫、不腐烂,基质不过湿,在这种条件下很多难生根的植物都可以生根。扦插技术同嫩枝扦插。

中国林科院林业研究所工厂化育苗研究开发中心许传森研究创造了轻质网袋容器育苗技术。轻质网袋容器育苗,即使植株生长在装有轻型基质、肥料的纤维网袋容器内,通过人为控制,调节水分、养分、光照等条件,植株连同基质、容器一起移栽的新式育苗技术。如图2-5-9所示为轻质网袋容器育苗的生根与根系生长情况。

轻质网袋容器扦插育苗的核心技术是架空苗床、空气修根。其技术要点主要有:采用架空苗床改进普通苗床为架空苗床,架空苗床建造的技术如图2-5-7所示。

应用可分解纤维网袋配套使用其专门研制并生产纤维网袋。纤维网袋材料的主要成分为可分解的纤维物质,透水、透气性能良好。植物根系可以自由穿透网袋壁,生长不受影响、移栽时无须脱去网袋,网袋在土壤中自行分解。网袋有幅宽 150 mm 和幅宽 170 mm 两种规格,能满足育苗需求。

容器灌装与切割。纤维网袋内装灌无污染的绿色环保轻型基质.

扦插或播种。将灌装并按要求切割后的网袋放在托盘上,进行扦插或播种育苗。方法与嫩枝扦插、播种育苗的技术相同。

空气修根。在全光喷雾条件下,插床空气湿度大,根系容易从容器侧壁伸出。当大部分插穗根系伸出时要停止喷雾,这时干燥空气从容器空隙间流过时,容器侧壁伸出的根系萎蔫干枯,促进了侧根的生长。经过 1~2 次空气断根处理,容器基质里面的根系和基质交织在一起形成富有弹性的根团,大大提高了移植成活率。

三、基质电热温床技术

基质电热温床技术是利用电热线增加苗床温度,创造植物愈伤组织及生根的最佳温度,促进插穗生根。在温室内选择一块高燥的地块,砖砌一宽为 1.5 m 的苗床,底层铺沙子或珍珠岩。在床的两端和中间,各放置一块约 7 cm 的木条,其上每隔 6 cm 钉一铁钉,电热线在铁钉间回绕,两端引出床外,接入控制器中。然后在电热线上铺湿沙或珍珠岩,插入插穗。苗床中一般插入温度传感探头,用以测定苗床温度。通电后,电热线升温,当达到一定温度时,控制器开始工作,保持苗床恒温。

四、采穗母本的管理

植物体内营养物质积累的多少对插穗成活至关重要,尤其是含碳化合物与含氮化合物的含量及两者之间的比例直接影响插穗的成活。插穗内养分积累多,有利于成活;含碳化合物的含量高,含氮化合物的含量相对较低(即 C/N 高),对插穗生根有利。因此,生产上常采用一定措施来促进采穗母本的营养物质积累,主要措施有如下三个方面。

(一)加强土肥水管理,提高母本的整体营养水平

对于已确定的采穗圃,应在采穗前加强土肥水管理,提高植株整体营养水平。在生长季要注意中耕除草,消除与植物生长有竞争作用的其他植物种类,使采穗母本能充分利用有限的土壤养分和空间光能,为其生长创造适宜的环境条件;要多施肥,尤其是多施磷、钾肥。

（二）采取修剪措施，提高局部养分积累

在植物生长季节，将准备采集的枝条环剥、环割、刻伤或用铁丝、麻绳、尼龙绳等捆扎，阻止枝条上部光合作用制造的碳素营养和生长素向下运输。该措施能提高处理部位以上枝条的养分积累，局部改善插穗养分供应水平。到生长后期再将其剪下进行扦插，能显著促进生根。

当预采集种条生长到一定长度时，可以采取摘心、去除花蕾、除萌等措施来减少营养物质的消耗，增加养分的积累。

（三）黄化处理

在已确定采穗枝条时，在采集插穗前的生长季用黑色的塑料袋或其他遮光效果好的材料将预备作插穗的枝条罩住，使其处在黑暗的条件下生长，待其枝叶长到一定程度后，剪下进行扦插。黄化处理对一些难生根的植物效果很好。由于枝叶在黑暗的条件下，受到无光的刺激，激发了激素的活性，加速了代谢活动，并使组织幼嫩。因而，创造了较有利生根条件。

五、城市园林苗圃育苗技术规程（节选）

城市园林苗圃育苗技术规程（节选）
（中华人民共和国城镇建设行业标准 CJ/T 23-1999）

4.3　营养繁殖

4.3.1　为了保持母本原有性状，获得早开花结实的苗木，宜采用营养繁殖。营养繁殖可分为扦插、压条、埋条、分株、嫁接等方式。

4.3.2　扦插繁殖。适时采集发育良好的枝、叶或根作插穗，易生根的树种可在大田扦插，较难生根的树种可在保护地扦插，并用生根素处理。要注意防止倒插。

a. 硬枝扦插。落叶树于落叶后选取 1～2 年生壮枝，分级贮存于冷凉湿润处，到次年春季扦插。常绿树于春、秋季和雨季随采随插。

b. 嫩枝扦插。选取当年生半木质化枝条为插穗，随采随插。

c. 根插。宜在春、秋季进行，根穗顶部与土面平齐。

任务6　常见园林植物嫁接育苗

6.1　任务书

嫁接繁殖是无性繁殖的重要方法，它具有保持母本优良性状，提高植物观赏价值，增加苗木抗逆性和适应性、扩大繁殖系数、改变树形、恢复树势、更新品种等优点，是果树和园林植物培育的重要方法。

任务书6　常见园林植物嫁接育苗

任务名称	常见园林植物嫁接育苗	任务编号	06	学时	4 学时
实训地点	植物栽培实训室、学院花圃	日期		年　　月　　日	
任务描述	常见园林植物嫁接育苗是苗木生产的重要能力。常见园林植物嫁接育苗包括：①常见园林植物嫁接育苗方案制定及实施；②园林植物嫁接育苗生产程序和技术；③嫁接砧木和穗条准备；④嫁接时间确定；⑤嫁接方法选择；⑥实施具体嫁接育苗；⑦嫁接苗养护管理。				
任务目标	理解影响嫁接成活因素；熟悉嫁接繁殖的知识要点和整个工作流程；会制定常见园林植物嫁接育苗技术方案并实施；具备正确选择嫁接方法，实施嫁接和接后管理的基本技能；增强自主学习能力、组织协调和团队协作能力、表达沟通能力、独立分析和解决实际问题能力、创新能力。				
相关知识	园林植物嫁接育苗生产程序和技术；园林苗木生产的国家、行业、企业技术标准；常见草本和木本园林植物嫁接育苗技术。				
实训设备与材料	多媒体教学设备与教学课件；园林苗圃实训基地，育苗大棚、嫁接等各类育苗工具；互联网；砧木、接穗、绑扎材料、肥料、药品等育苗材料；报纸、专业书籍；教学案例等。				
任务组织实施	1. 任务组织：本学习任务教学以咨询法、小组讨论法、小组实操法为主，以 5～6 人为一组按照任务书的要求完成工作任务。 2. 任务实施： (1)收集影响嫁接成活因素，嫁接繁殖的知识要点和整个工作流程，园林植物嫁接育苗技术方案和常见园林植物嫁接育苗案例等信息材料，组织小组讨论学习，做好学习记录，准备好相关问题资料； (2)制定常见园林植物嫁接育苗技术方案并实施； (3)制作工作页 6(1)、(2)、(3)：常见园林植物嫁接育苗； (4)制作任务评价页 6：常见园林植物嫁接育苗； (5)相关材料归档。				
工作成果	1. 工作页 6(1)、(2)、(3)：常见园林植物嫁接育苗； 2. 任务评价页 6：常见园林植物嫁接育苗。				
注意事项	1. 按城市园林苗圃育苗技术规程(CJ/T 23—1999)等制定常见园林植物嫁接育苗技术方案，确保方案的可实施性。 2. 正确选择嫁接时间，正确选择砧木和接穗，正确调控嫁接环境条件，为嫁接苗生长提供有利条件，提高成活率。				

6.2　知识准备

嫁接是将一种植物的枝或芽接到另一种植物的茎(枝)或根上，使之愈合生长在一起，形成一个独立植株的繁殖方法。供嫁接用的枝、芽称接穗或接芽；承受接穗或接芽的植株(根株、根段或枝段)叫砧木。用一段枝条作接穗的称枝接，用芽作接穗的称芽接。通过嫁接繁殖所得的苗木称为嫁接苗。

一般砧木都具有较强和广泛的适应能力，如抗旱、抗寒、抗涝、抗盐碱、抗病虫等，因此能增加嫁接苗的抗性。如用海棠做苹果的砧木,可增加苹果的抗旱和抗涝性,同时也增加对黄叶病的抵抗能力;枫杨做核桃的砧木,能增加核桃的耐涝和耐瘠薄性。有些砧木能控制接穗长成植株的大小,使其乔化或矮化。如山桃、山杏是梅花、碧桃的乔化砧,寿星桃是桃和碧桃的矮化砧。一般乔化砧能推迟嫁接苗的开花、结果期,延长植株的寿命;矮化砧则能促进嫁接苗提前开花、结实,缩短植株的寿命。

一、嫁接成活的原理

树木嫁接能够成活,主要是依靠砧木和接穗结合部位伤口周围的细胞生长、分裂和形成层的再生能力。嫁接后首先是伤口附近的形成层薄壁细胞进行分裂,形成愈伤组织,逐渐填满接口缝隙,使接穗与砧木的新生细胞紧密相接,形成共同的形成层,向外产生韧皮部,向内产生木质部,长在一起。这样,由砧木根系从土壤中吸收水分和无机养分供给接穗,接穗的枝叶制造有机养料输送给砧木,二者结合而形成了一个能够独立生长发育的新个体。由此可见,嫁接成活的关键是接穗和砧木二者形成层的紧密接合,其接合面愈大,愈易成活。

二、影响嫁接成活的因素

影响嫁接成活的主要因素有砧木和接穗的亲和力、生活力、生物学特性、外界条件及嫁接技术等几个方面,常用的砧木及其接穗如表 2-6-1 所示。

表 2-6-1 常用砧木

接穗	砧木	接穗	砧木	接穗	砧木
桂花	小叶女贞	广玉兰	白玉兰	板栗	麻栎
碧桃	毛桃	麦李	山桃		茅栗
紫叶李	山桃	苹果	海棠	核桃	枫杨
樱花	野樱桃		新疆野苹果		核桃楸
羽叶丁香	北京丁香		山荆子		野核桃
枣树	酸枣	梨	杜梨	李	山杏
大叶黄杨	丝棉木		棠梨		山桃
龙爪榆	榆树	梅花	梅	樱桃	山桃
龙爪柳	柳树		山桃		野樱桃
龙爪槐	国槐	牡丹	芍药	山楂	野山楂
金枝槐	国槐		牡丹	木瓜	野木瓜
无刺槐	刺槐	柿树	君迁子	菊花	黄蒿
红花刺槐	刺槐	蟹爪兰	仙人掌		茼蒿
楸树	梓树	龙桑	桑		铁杆蒿
郁李	山桃	黄瓜	黑籽南瓜	山茶	白花油茶
蝴蝶槐	国槐	柿树	君迁子		红山茶

（一）亲和力

亲和力是指砧木和接穗在结构、生理和遗传特性上，彼此相似的程度和互相结合在一起的能力。亲和力高，嫁接成活率也高，反之嫁接成活的可能性小。亲和力的强弱与树木亲缘关系的远近有关。一般规律是亲缘关系越近，亲和力越强。同种和同品种之间嫁接亲和力最强，同属不同树种之间亲和力次之，不同属和不同科树种之间亲和力较弱。

（二）生活力

愈伤组织的形成与植物种类及砧木和接穗的生活力有关。一般来说，砧木和接穗生长健壮，生活力高，体内营养物质丰富，生长旺盛，形成层细胞分裂活跃，嫁接容易成活。

（三）生物学特性

如果砧木萌动比接穗稍早，可及时供应接穗所需的养分和水分，嫁接易成活；如果接穗萌动比砧木早，则可能因得不到砧木供应的水分和养分"饥饿"而死；如果接穗萌动太晚，砧木溢出的液体太多，又可能"淹死"接穗。有些种类，如柿树、核桃富含单宁，切面易形成单宁氧化隔离层，阻碍愈合；松类富含松脂，处理不当也会影响愈合。

此外，如果砧木和接穗的细胞结构、生长发育速度不同，嫁接则会形成"大脚"或"小脚"现象。如在黑松上嫁接五针松，在女贞上嫁接桂花，均会出现"小脚"现象。除影响美观外，生长仍表现正常。因此，在没有更理想的砧木时，在苗木的培育中仍可继续采用上述砧木。

（四）外界条件

在适宜的温度、湿度和良好的通气条件下进行嫁接，有利于愈合成活和苗木的生长发育。

1. 温度。温度对愈伤组织形成的快慢和嫁接成活有很大的关系。在适宜的温度下，愈伤组织形成快且易成活，温度过高或过低，都不适宜愈伤组织的形成。一般来说，植物在25℃左右嫁接最适宜，但不同物候期的植物，对温度的要求也不一样。

2. 湿度。湿度影响嫁接成活。空气湿度接近饱和对嫁接愈合最适宜，生产上用接蜡或塑料薄膜保持接穗水分，空气干燥则会影响愈伤组织的形成和造成接穗失水干枯。土壤湿度、地下水的供给也很重要。嫁接时，如土壤干旱，应先灌水增加土壤湿度。

3. 光照。光照对愈伤组织的形成和生长有明显抑制作用。在黑暗的条件下，有利于愈伤组织的形成，嫁接后遮光有利于成活。接后用土埋，既保湿又遮光。

4. 空气。砧木与接穗嫁接后愈合需要有充足的氧气，因此应保证空气中氧气含量不低于12%。

（五）嫁接技术

在嫁接操作中，要求做到"平、快、准、紧、湿"五个字。"平"指接穗和砧木的削面要平直、光滑，一刀削成。如果削面不平，砧木和接穗之间缝隙大，两者形成的愈伤组织难以接触或不能密切接触，则嫁接难以成活。即使成活，也会生长不良。嫁接刀是否锋利，影响削面的切削质量。"快"指嫁接速度快，避免削面风干或氧化变色，从而提高成活率。"准"指砧木与接穗的形成层对齐，使形成层形成的愈伤组织能很快密切接触。仙人掌类植物嫁接应使接穗与砧木的维管束相接。"紧"指绑扎紧，使砧木与接穗密切接触，减小缝隙。"湿"指保持接口和接穗的湿润,以维持接穗生活力和利于接口形成层产生愈伤组织。

三、嫁接育苗技术

图 2-6-1 嫁接育苗工作流程图

(一)砧木准备

1. 砧木选择。性状优异的砧木是培育优良园林树木的重要环节。选择砧木的条件是:与接穗亲和力强;对接穗的生长和开花有良好的影响,并且生长健壮、丰产、花艳、寿命长;适应栽培地区的环境条件;材料来源丰富,容易繁殖;对病虫害等不良环境抵抗力强。

2. 砧木培育。砧木一般用播种繁殖,播种繁殖困难的采用扦插繁殖。砧木选定后,提前 0.5~3 年播种育苗或扦插育苗。培育过程中,除常规的管理措施外,还应通过摘心等措施,促进砧木苗地径增粗。同时及早摘除嫁接部位的分枝,以便于嫁接操作。嫁接用砧木苗的规格一般为嫁接部位直径 1~2.5 cm,故培育时间因树、因地、因需而定。

(二)接穗准备

选品种优良纯正,生长健壮,观赏价值或经济价值高,无病虫害的成年树作为采穗母树。一般选择树冠外围中、上部生长充实、芽体饱满的新梢或 1 年生粗壮枝条。夏季采集穗,应立即去掉叶片(只保留叶柄)和生长不充实的梢部,并及时用湿布包裹,以减少水分蒸发。取回的接穗不能及时使用的,可将枝条下部浸入水中,放在阴凉处,每天换水 1~2 次,可短期保存 4~5 d。

落叶树春季嫁接,穗条的采集一般结合冬剪进行。采集的枝条包好后吊在井中或放入窖内沙藏,若能用冰箱或冷库在 5 ℃ 左右的低温下贮藏则更好。常绿树春季嫁接,在春季树木萌芽前 1~2 周随采随接。其他时间嫁接随采随接。

(三)嫁接

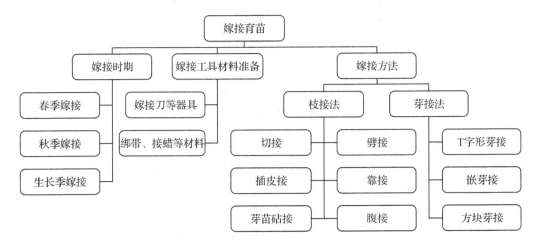

图 2-6-2 嫁接育苗工作内容图

1. 嫁接时期。嫁接时期是影响嫁接成活的重要因素,应根据嫁接方法、树种特性和气候特点灵活掌握。

(1)春季嫁接。2月下旬至4月上旬(雨水至清明)。应掌握于早春砧木树液开始流动,但芽尚未萌发前,适宜枝接。南方春季嫁接宜早、北方春季嫁接宜迟。

(2)夏季嫁接。7月中下旬至9月下旬(大暑至秋分)。掌握砧木皮层易剥开为宜,适宜芽接。

(3)秋季嫁接。9—11月(白露至立冬),南方秋季嫁接宜迟,北方秋季嫁接宜早。

单宁含量高的植物应在植物的单宁含量较低的季节嫁接;伤流多的植物应在植物伤流较少的季节嫁接;仙人掌类5—6月是嫁接的适宜时期。

2. 嫁接工具材料准备。应准备好嫁接刀(或刀片)、枝剪(或手锯)、绑带、接蜡等嫁接用具用品。接蜡用来涂抹嫁接口,以减少接口失水,防止病菌侵入,促进伤口愈合。塑料薄膜绑带绑扎封口,确保砧木和接穗形成层对接,促进愈合。

3. 嫁接方法。嫁接方法按所取材料不同可分为枝接法、芽接法。具体技术如下。

(1)枝接法。用枝条作接穗称为枝接,有切接、劈接、插皮接、靠接、芽苗砧接、腹接等方法;具有苗木生长快,健壮整齐,当年即可成苗等优点,但需要接穗数量大,可供嫁接时间较短。

①切接法。一般用于直径2 cm左右的小砧木,是枝接中最常用的一种方法(见图2-6-3)。

A. 砧木准备。选砧木(选径1～2 cm的健壮幼苗)→剪砧木(距地面5 cm处平剪砧木)→切砧木(在砧木一侧用利刀垂直下切,深达2～3 cm,切面平滑)。

B. 接穗准备。选接穗→削接穗(在接穗下芽背面下方2 cm处削一长斜面2～3 cm,在其反面削一短削面0.8～1 cm)→插接穗[接穗的长削面向里插入砧木切口,应对准形成层,靠紧,接穗削面上端露出0.2～0.3 cm为宜(俗称"露白")]→绑缚→培土(或套袋、涂接蜡)。

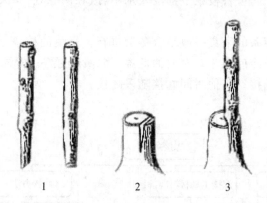

1 削接穗   2. 稍带木质部纵切砧木   3. 砧穗结合
图 2-6-3 切接法

②劈接法。劈接法通常是在砧木较粗、接穗较小时使用的一种嫁接方法(见图2-6-4)。根接、高接换头和芽苗砧嫁接均可使用该方法。劈接法的具体步骤如下。

A. 砧木准备。选砧木(径较粗壮结实的幼苗)→剪或锯截砧木(距地面5～10 cm处平截砧木)→切砧木(横断面中心直向下劈,切口深约3 cm,切面平滑)。

B. 接穗准备。选接穗→削接穗(接穗削成楔形,削面长约3 cm,接穗要削成一侧薄一侧稍厚)→插接穗(把砧木劈口撬开,将接穗厚的一侧向砧木外侧,窄的一侧向砧木里侧插入劈口中,使两者的形成层对齐,接穗削面的上端高出砧木切口 0.2～0.3 cm,接穗较小时可插 2 个接穗)→绑缚→培土(或套袋、涂接蜡)。

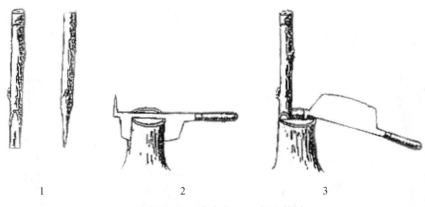

1. 削接穗　2. 劈砧木　3. 插入接穗

图 2-6-4　劈接

③插皮接。插皮接是枝接中最易掌握,成活率最高,应用也较广泛的一种方法(见图 2-6-5)。适宜砧木较粗、容易剥皮的情况下采用,有高接和低接之分。如龙爪槐的嫁接和花果类树木的高接换种等,如果砧木较粗可同时接上 3～4 个接穗,均匀分布,成活后即可作为新植株的骨架。

一般在距地面 5～8 cm 处或树冠大枝的适当部位断砧,削平断面,选平滑处,将砧木皮层划一纵切口,深达木质部,长度为接穗长度的 1/2～2/3,顺手用刀尖向左右挑开皮层。

接穗削成长 2～3 cm 的单斜面,削面要平直并超过髓心,背面末端削成 0.5～0.8 cm 的一小斜面或在背面的两侧再各微微削一刀。

嫁接时把接穗从砧木切口沿木质部与韧皮部中间插入,长削面朝向木质部,并使接穗背面对准砧木切口正中,接穗上端注意"露白"。如果砧木较粗或皮层韧性较好,可直接将削好的接穗插入皮层。插入后用塑料条由下向上捆扎紧密,使形成层密接和接口保湿。嫁接后同样可采用套袋、封土、涂接蜡,或用绑带包扎接穗等措施促进愈合。

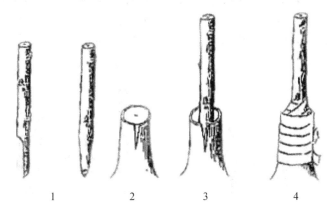

1. 削接穗　2. 切砧木　3. 插入接穗　4. 绑扎

图 2-6-5　插皮接

④舌接。舌接是当砧木和接穗1~2 cm粗,且大小粗细差不多时使用的一种嫁接方法(见图2-6-6)。舌接法砧木与接穗间接触面积大,结合牢固,成活率高,在苗木生产上用此法高接和低接的都有。

将砧木上端由下向上削成3 cm长的削面,再在削面由上往下1/3处,顺砧干往下切1 cm左右的纵切口,成舌状。

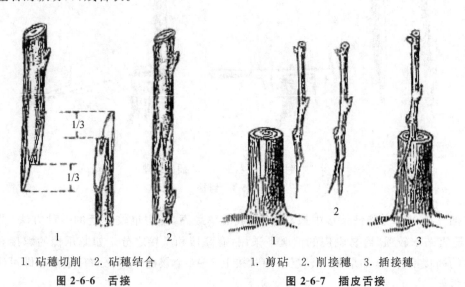

1. 砧穗切削　2. 砧穗结合　　　　1. 剪砧　2. 削接穗　3. 插接穗

图 2-6-6　舌接　　　　　　　　图 2-6-7　插皮舌接

在接穗下端平滑处由上向下削成3 cm长的斜削面,再在斜面由下往上1/3处同样切1 cm左右的纵切口,和砧木斜面部位纵切口相应。

将接穗的内舌(短舌)插入砧木的纵切口内,使彼此的舌部交叉起来,互相插紧,然后绑扎。

⑤插皮舌接。多用于树液流动、容易剥皮而又不适于劈接的树种的嫁接(见图2-6-7)。

将砧木在离地面5~10 cm处锯断,选砧木平直部位,削去粗老皮,露出嫩皮(韧皮)。

将接穗削成5~7 cm长的单面马耳形,捏开削面皮层。

将接穗的木质部轻轻插于砧木的木质部与韧皮部之间,插至微露接穗削面,然后绑扎。

⑥腹接。腹接法又分普通腹接(见图2-6-8)及皮下腹接(见图2-6-9)两种,是在砧木腹部进行的枝接。常用于针叶树的繁殖上,砧木不去头,或仅剪去顶梢,待成活后再剪去接口以上的砧木枝干。

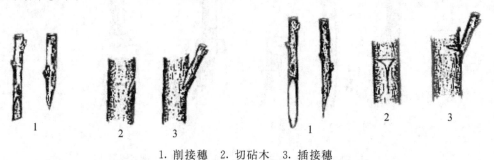

1. 削接穗　2. 切砧木　3. 插接穗

图 2-6-8　普通腹接　　　　　　　图 2-6-9　皮下腹接

普通腹接按以下步骤进行。

A. 接穗削成偏楔形，长削面长 3 cm 左右，削面要平而渐斜，背面削成长 2.5 cm 左右的短削面。

B. 砧木在适当的高度，选择平滑的一面，自上而下斜切一口，切口深入木质部，但切口下端不宜超过髓心，切口长度与接穗长削面相当。将接穗长削面朝里插入切口，注意形成层对齐，接后绑扎保湿。

皮下腹接的步骤如下：

皮下腹接即砧木切口不伤及木质部，将砧木横切一刀，再竖切一刀，呈 T 字形切口。

接穗长削面平直斜削，在背面下部的两侧向尖端各削一刀，以露白为度。

撬开皮层插入接穗，绑扎。

（2）芽接。芽接是用生长充实的当年生发育枝上的饱满芽做接芽，于春、夏、秋皮层容易剥离时嫁接，其中初夏是主要时期。芽接的优点是节省接穗、对砧木粗度要求不高、易掌握、成活率高。根据取芽的形状和结合方式不同，芽接的具体方法有嵌芽接、丁字形芽接、方块芽接、环状芽接等。

①嵌芽接。又叫带木质部芽接。此法不受树木离皮与否的季节限制，且嫁接后接合牢固，利于成活，已在生产实践中广泛应用。嵌芽接适用于大面积育苗。其具体方法如图 2-6-10 所示。

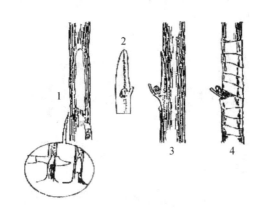

1. 取芽片　2. 芽片形状　3. 插入芽片　4. 绑扎
图 2-6-10　嵌芽接

切削芽片时，自上而下切取，在芽的上部 1～1.5 cm 处稍带木质部往下斜切一刀，再在芽的下部 1.5 cm 处横向斜切一刀，即可取下芽片，一般芽片长 2～3 cm，宽度依接穗粗度而定。

砧木切削方法与切削芽片相同。在选好的部位自上向下稍带木质部削一个长宽与芽片相等的切面，并将此树皮的上部切去，下部留 0.5 cm 左右。将芽片插入砧木切口，使两者形成层对齐，用塑料带绑扎好。

②丁字形芽接。又叫盾状芽接、T 字形芽接。是育苗中芽接最常用的方法（见图 2-6-11）。砧木一般选用 1～2 年生的小苗。砧木过大，不仅皮层过厚不便于操作，而且接后不易成活。

削芽片时先从芽上方 1 cm 左右横切一刀，切断皮层，再从芽片下方 1.5 cm 左右连同木质部向上斜削到横切口处取下芽片，芽片一般不带木质部。

砧木的切法是距地面 5 cm 左右,选光滑无疤部位横切一刀,切断皮层,然后从横切口中央向下竖切一刀,使切口呈一 T 字形。

用刀从 T 字形切口交叉处挑开,把芽片往下插入,使芽片上边与 T 字形切口的横切口对齐。

芽片插入后用塑料带从下向上一圈压一圈地把切口包严,注意将芽和叶柄留在外面,以便检查成活。

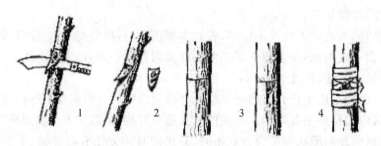

1. 削取芽片　2. 芽片形状　3. 切砧木　4. 插入芽片与包扎

图 2-6-11　丁字形芽接

③方块芽接。又叫块状芽接。此法芽片与砧木形成层接触面大,成活率高。

具体方法是取长方形芽片,再按芽片大小在砧木上切割剥皮或切成工字形剥开,嵌入芽片,然后绑扎紧(见图 2-6-12)。

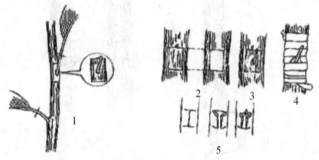

1. 接穗去叶及削芽　2. 砧木切削　3. 芽片嵌入　4. 绑扎　5. 工字形砧木切削及芽片插入

图 2-6-12　方块芽接

④环状芽接。又称套芽接。其接触面大,成活率高。主要用于皮部易剥离的树种,在春季树液流动后进行。

具体方法是先从接穗芽上方 1 cm 处断枝,再从下方 1 cm 处环切割断皮层,然后用手轻轻扭动使树皮与木质部脱离,或纵切一刀后剥离,抽出管状芽套。

选粗细与接穗相同或稍粗的砧木,用相同的方法剥掉树皮,或条状剥离。

将芽套套在木质部上,再将砧木上的皮层向上包合,盖住砧木与接穗的接合部,绑扎紧(见图 2-6-13)。

(四)嫁接后管理

1. 检查成活。枝接和根接一般在接后 1 个月,可进行成活率的检查。成活后接穗上的芽新鲜、饱满,甚至已经萌发生长;未成活则接穗干枯或变黑腐烂。芽接一般半个月可

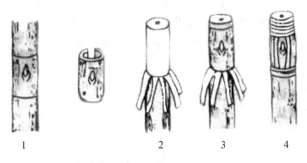

1. 套状芽片　2. 削砧木树皮　3. 接合　4. 绑扎

图 2-6-13　套芽接

进行成活率的检查,成活者的叶柄一触即落,芽体与芽片呈新鲜状态;未成活则芽片干枯变黑。

2. 解除绑缚物。在检查时如发现绑缚物太紧,要松绑,以免影响接穗的发育和生长。当新芽长至 2~3 cm 时,可全部解除绑缚物。但生长快的树种,枝接最好在新梢长到 20~30 cm 长时解绑。过早解绑,接口仍有被风吹干,造成死亡的可能。

3. 补接。嫁接未成活应及时进行补接。适宜枝接的枝接,适宜芽接的芽接,视季节、树种特性而定。

4. 剪砧。嫁接前没有剪去砧木的,嫁接成活后要及时在接口上方断砧,以促进接穗的生长。一般树种大多可采用一次剪砧,即在嫁接成活后将砧木从接口上方 1 cm 处剪去,剪口要平,以利愈合。

5. 抹芽、除萌。嫁接成活后,砧木常萌发许多萌芽或根蘖,为集中养分供给接穗新梢的生长,要及时抹掉砧木上的萌芽和根蘖。如接穗新梢生长较慢,可将部分萌芽枝留几片叶摘心,以促进新梢生长,待新梢长到一定高度再除掉萌芽条。抹芽和除蘖一般要反复进行多次,才能将萌蘖清除干净。

6. 立支柱。嫁接苗长出新梢时,遇到大风接口易脱落,从而影响成活,故在风大的地方,新梢长到 5~8 cm 时,应紧贴砧木立一支柱,将新梢绑于支柱上。在生产上,此项工作较为费工,通常采用如降低接口、在新梢基部培土、嫁接于砧木的主风方向等其他措施来防止或减轻风折。也可采取二次断砧法,先留一段砧木绑扎新梢,无风害后再在适合的位置断砧。

嫁接成活后,应加强水肥管理,进行松土除草和防治病虫害,促进苗木生长。

6.3　案例分析

案例 6-1　碧桃劈接繁殖

采集接穗。结合冬季整形修剪采集健壮无病虫害的发育枝,采用湿沙贮藏或低温冷藏。

嫁接。翌年碧桃萌芽前进行嫁接;在 1 年生毛桃砧木离地 10~15 cm 无节处剪去地上部,再在横截面中中央用嫁接刀劈开,切口长 2~3 cm,接穗保留 3~4 个完整饱满的芽,长

5～10 cm,切口为 2～3 cm,下端呈楔形。接着将接穗的插入砧木切口,使彼此形成层对准密接,接穗插入的深度以接穗削面上端露出 0.2～0.3 cm 为宜。

绑扎。最后用塑料绑带由上向下捆扎紧密,使形成层密切接触,为了保持接口的湿度,可以采用地膜进行全密封包扎。

嫁接后管理。嫁接后 15 d 至 1 个月可检查成活率,并对嫁接不成活的进行补接;嫁接成活后,砧木常萌发许多萌芽和根蘖,要及时抹除砧木上萌芽和根蘖,当新梢生长 20～30 cm时解绑;并进行肥水管理和病虫害防治。

案例 6-2　碧桃 T 形芽接方法

取接穗。在健壮的成年碧桃树上采集已经木质化的发育枝,剪去叶片,留住叶柄,并及时用湿布把接穗包裹好,以免失水。

嫁接。接穗枝条自下而上切取,首先在芽的下部 1～1.5 cm 处带木质部往上斜切一刀至芽上方 1 cm 左右,再在芽的上部 1 cm 处横切一刀到木质部,取下芽片,不带木质部。其次在砧木距地面 5～10 cm 处选择平滑的部位横切一刀至木质部,再次从横切口中央向下竖切一刀 1 cm 左右,使切口呈 T 字形。接着在 T 字形切口交叉处挑开,将芽片插入砧木切口,使芽片上端与 T 字形切口横切对齐。最后用塑料绑带自下而上把砧穗绑扎紧密,注意留出芽眼。

嫁接后管理。嫁接后 2 周可检查成活率,嫁接不成活的应及时补接;嫁接成活后要及时在接口上方剪砧,在接口上方 1 cm 处剪去砧木,剪口要平;砧木常萌发许多萌芽和根蘖,要及时抹除砧木上萌芽和根蘖。抹芽和除萌一般要进行多次,才能将萌蘖清除干净;当新梢生长2～3 cm 时,可以解除绑缚物。嫁接成活后,应加强肥水管理、中耕锄草、病虫害防治等。

6.4　知识拓展

一、接蜡制作方法

固体接蜡配方为:松香 4 份、黄蜡 2 份、动物油(或植物油)1 份。调制时先把油放入锅中,加温水,再放入黄蜡和松香,不断搅拌使全部融化,冷却即成。使用时加温融化,用刷子涂抹接口和穗端。液体接蜡使用更为方便,用刷子涂抹接口和穗端,干燥后形成蜡膜。做法是取松香 8 份、凡士林(或油脂)1 份一同加热溶解,稍微冷却后放入酒精,数量以起泡沫但泡沫不过高,发出“滋滋”声为宜。接着注入 1 份松节油和 2～3 份酒精,边注边搅拌,拌匀即可。

二、多用途育苗嫁接机

(一)机器特点

这种 2 合 1 的嫁接器包含一个剪和嫁接压型座,可以快速轻松地完成专业品质的嫁接。先准备需要嫁接的果树,并剪去多余的枝条,然后利用这个特殊的嫁接压型台,可以将枝条切成一个完美的 U 型形状,使接穗和砧木紧密地贴合,提高嫁接成活率,实现完美嫁接！

传统的用小刀削斜面,2个枝条要削成同样的斜面,就比较费力。用这种机器,很方便压出吻合的接口,效率极高。

其特点是:

1. 茶、果树、甘蔗、稻类、棉花、豆类、麦类、薯类、玉米、油菜、蔬菜、木材、树木很容易将砧木和接穗剪成吻合的U形,愈合迅速。

2. 使用方便和迅速。比传统嫁接方法节省400%的时间和精力,直径5～12 mm的砧木均适用。

（二）优点

1. 提高嫁接速度,操作简单,切枝速度快,它能够极大地提高嫁接速度。

2. 成活率高,速度快,切削面光滑、平整,接穗和砧木的接口更紧密,理论上没有缝隙,从而使伤口更易于愈合,提高成活率。

3. 降低生产成本,由于嫁接速度快,成活率高,成园速度快,使用嫁接机可以有效地降低生产成本,提高产品的竞争力。

三、城市园林苗圃育苗技术规程（节选）

城市园林苗圃育苗技术规程（节选）

（中华人民共和国城镇建设行业标准CJ/T 23-1999）

4.3.6　嫁接繁殖。根据繁殖要求,选择接穗与砧木之间亲和力强、生长健壮、无病虫害的树种进行嫁接。切口要平滑,各项操作要衔接迅速,保持形成层接触面的吻合。接后应加强管理,采取遮阴、保湿、培土、去砧等措施,提高成活率。

a. 枝接。一般在春季发芽前随采随接。如秋季采穗,应蜡封低温贮藏至次年春季使用。

b. 芽接。一般在夏末秋初砧木易离皮时进行。接芽不宜贮藏。

任务7　常见园林植物组织培养育苗

7.1　任务书

组织培养育苗是无性繁殖的新技术,具有可实现人为控制培养条件,无菌培养,生长周期短,繁殖率高,管理方便、便于工厂化生产和自动化控制等优点,是园林植物育苗的重要方法。通过本任务实施,让学生学会制定常见园林植物组织培养育苗方案;具备在园林生产实践中正确进行本地区常见草本和木本园林植物组织培养育苗的基本技能。

任务书 7　常见园林植物组织培养育苗

任务名称	常见园林植物组织培养育苗	任务编号	07	学时	6 学时
实训地点	植物栽培、植物组织培养实训室	日期		年　　月　　日	
任务描述	园林植物组织培养育苗是苗木生产的重要能力。常见园林植物组织培养育苗包括：①常见园林植物组织培养育苗方案制定及实施；②园林植物组织培养育苗生产程序和技术；③器皿、接种室清洗和消毒；④组织培养外植体的选择、清洗与消毒；⑤培养基制备；⑥接种；⑦诱导培养、继代培养、生根培养；⑧炼苗。				
任务目标	理解植物组织培养条件；熟悉植物植物组织培养的知识要点和整个工作流程；会制定常见园林植物组织培养育苗技术方案；具备实施植物组织培养育苗操作技能；增强自主学习能力、组织协调和团队协作能力、表达沟通能力、独立分析和解决实际问题能力、创新能力。				
相关知识	园林植物组织培养育苗生产程序和技术；园林苗木生产的国家、行业、企业技术标准；常见草本和木本园林植物组织培养育苗技术。				
实训设备与材料	多媒体教学设备与教学课件；植物栽培实训室、植物组培实训室；组织培养育苗各类器具材料、设备等；外植体、培养基、各类药品等材料；互联网；报纸、专业书籍；教学案例等。				
任务组织实施	1. 任务组织：本学习任务教学以咨询法、小组讨论法、小组实操法为主，以 5～6 人为一组按照任务书的要求完成工作任务。 2. 任务实施： (1)收集植物组织培养条件、植物组织培养的知识要点和整个工作流程、植物组织培养育苗技术方案、植物组织培养育苗案例等信息材料，组织小组讨论学习，做好学习记录，准备好相关问题资料； (2)制定常见园林植物组织培养育苗技术方案并实施； (3)制作工作页 7(1)、(2)、(3)：常见园林植物组织培养育苗； (4)制作任务评价页 7：常见园林植物组织培养育苗； (5)相关材料归档。				
工作成果	1. 工作页 7(1)、(2)、(3)：常见园林植物组织培养育苗； 2. 任务评价页 7：常见园林植物组织培养育苗。				
注意事项	1. 正确选择、采集、处理、保存外植体、做好外植体的灭菌消毒； 2. 根据不同的植物材料和不同的培养阶段选择合适的培养基配方； 3. 调控好光照、温度、湿度等培养条件； 4. 做好接种器具、材料、人员、环境消毒，保证整个工作程序在无菌条件下进行。				

7.2　知识准备

植物组织培养即植物无菌培养技术，是根据植物细胞全能性的原理，利用植物体离体的器官、组织、细胞及原生质体，如根、茎、叶、花、果实、种子、胚、胚珠、子房、花药、花粉以及贮藏器官的薄壁组织、维管束组织和去壁原生质体等，在无菌和适宜的人工培养基及光照、温度等条件下,诱导出愈伤组织、不定芽、不定根,最后形成完整植株的过程,如图 2-7-1 所示。

图 2-7-1　组织培养育苗工作流程

一、设施器具准备

(一)组培室的建立

组织培养需要建立专门的组培室。一般组培室应包括准备室、灭菌室、无菌操作室、培养室、细胞学实验室、摄影室等,另加驯化室、温室或大棚。在规模小、条件差的情况下,全部工序也可在一间室内完成。商业性组培室或组培工厂,一般要求有 2~3 间实验用房,其总面积不应少于 60 m²,划分为准备室、缓冲室、无菌操作室、培养室。必要时加一定面积的试管苗驯化室、温室大棚。

1. 准备室。一般面积为 20 m² 左右。要求明亮、通风。准备室可分为两间,一间用作器具的洗涤、干燥、存放,蒸馏水的制备,培养基的配制、分装、包扎、高压灭菌等,同时兼顾试管苗的出瓶、洗涤与整理工作;另一间用于药品的存放、天平的放置及各种药品的配制。

2. 缓冲室。无菌操作室与准备室之间设缓冲室,一般面积为 3~5 m²。在进入无菌室前须在该室换上经过灭菌的服装,戴上口罩。缓冲室最好安装一盏紫外灯,用以灭菌;还应安装一个配电板及其保险盒、闸刀开关、插座以及石英电力时控器等,用于自动控制每天的光照时数。

3. 无菌操作室。也称为接种室,一般面积为 10~20 m²。要求干爽、清洁、明亮,墙壁光滑平整不易积染灰尘,地面平坦无缝便于清洁和灭菌,使室内保持良好的无菌或低密度有菌状态。门窗要紧闭,一般用移动门窗。使室内温度保持在 25 ℃ 左右。该室主要用作培养材料的表面灭菌、外植体的接种、无菌材料的续代转苗、生根培养等。

4. 培养室。是培养试管苗的场所。要求室内清洁、干燥。一般配置空调机控制室内温度使培养室保持恒温条件,在培养架上安装普通白色荧光灯作为光源。培养架的数量多少视生产规模而定,年产 4~10 万株苗需培养架 4~6 个;年产苗 10~20 万株需 8~10 个。培养架的高度可以根据培养室的高度来定,以充分利用空间。一般每个架设 6 层,总高度 2 m,最上面一层距离地面 1.7 m,每 0.3 m 为一层,最下一层距离地面 0.2 m。架宽 0.6 m,架长 1.26 m。每层架安装 2 盏 40 W 日光灯,最好每盏灯安装一个开关,每个架子安装一个总开关,以便调节光照强度,而每天光照时间的长短则由缓冲室的石英电力时控器来控制。

5. 温室或大棚。为了保证试管苗周年生产,必须配有足够面积的温室与之配套。温室内应配有调温、调湿装置,通风装置、喷雾装置、光照调节装置,杀菌、杀虫工具。

(二)组培室的仪器设备和器皿用具

1. 仪器设备。

(1)超静工作台。超静工作台是组织培养中最通用的无菌操作装置,由鼓风机、过滤板、操作台、紫外线灯和照明灯等组成。它占地小,效果好,操作方便。超静工作台的空气通过细菌过滤装置,以固定不变的速率从工作台面上流出,在操作人员与操作台之间形成风幕。在工作状态下,它可过滤掉空气中大于 0.3 μm 的尘埃、真菌和细菌孢子,保持工作环境干净无菌。

(2)空调机。接种室的温度控制，培养室的控温培养，均需要用空调机。培养室温度一般要求常年保持 25 ℃±2 ℃，空调机可以保证室内温度均匀、恒定。空调机应安置在室内较高的位置，如门窗的上框等，以使室温均匀。若将空调机安在窗下，室内的上层温度则始终难以下降。

(3)除湿机。培养室湿度是否需要保持恒定，不能一概而论。培养需要一定通气的植物种类时，空气湿度要求恒定，一般保持 70%～80%。湿度过高易滋生杂菌，湿度过低培养器皿内的培养基会失水变干，从而影响外植体的正常生长。当湿度过低时，可采用喷水来增湿。

(4)恒温箱。又称培养箱。多用于外植体分化培养和试管苗生长，亦可用于植物原生质体和酶制剂的保温，也用于组织培养材料的保存。恒温箱内装上日光灯，可进行温度和光照实验。

(5)烘箱。可以用 80 ℃～100 ℃的温度，进行 1～3 h 的高温干燥灭菌。还可用 80 ℃的温度烘干组织培养植物材料，以测定干物质。

(6)高压灭菌器。是一种密闭良好又可承受高压的金属锅，其上有显示灭菌器内压力和温度的仪表。灭菌器上还有排气孔和安全阀。一般需配 2～3 个高压灭菌锅。

(7)冰箱。配 100～200 L 电冰箱 1 台。用于在常温下易变性或失效的试剂和母液的储藏，细胞组织和试验材料的冷冻保藏，以及某些材料的预处理。

(8)天平。包括药物天平、扭力天平、分析天平和电子天平等。大量元素、糖、琼脂等的称量可采用精度为 0.1 g 的药物天平；微量元素、维生素、激素等的称量则应采用精度为 0.001 g 的分析天平。有条件的，最好配用精度为 0.0001 g 的电子天平。

(9)显微镜。包括双目实体显微镜(解剖镜)、倒置显微镜和电子显微镜。显微镜上要求能安装或带有照相装置，以便对所需材料进行摄影记录。

(10)水浴锅。水浴锅可用于溶解难溶药品和熔化琼脂。

(11)摇床与转床。在液体培养中，为了改善浸于液体培养基中的培养材料的通气状况，可用摇床(振荡培养机)来振动培养容器。植物组织培养可用振动速率为 100 次/min 左右，冲程为 3 cm 左右的摇床。冲程过大或转速过高，会使细胞震破。

转床(旋转培养机)同样用于液体培养。由于旋转培养使植物材料交替地处于培养液和空气中，因此氧气的供应和对应营养的利用更好。通常植物组织培养用 1 r/min 的慢速转床，悬浮培养需用 80～100 r/min 的快速转床。

(12)蒸馏水发生器。实验室应购置一套蒸馏水发生器。仅用于生产时，也可用纯水发生器将自来水制成纯净的实验室用水。

(13)酸度计。用于校正培养基和酶制剂的 pH 值。半导体小型酸度测定仪，既可在配制培养基时使用，又可在培养过程中测定 pH 值的变化。仅用于生产时，也可用精密的 pH 试纸代替。

(14)离心机。用于分离培养基中的细胞及解离细胞壁后的原生质体。一般用 3000～4000 r/min 的离心机即可。

2.各类器皿。

(1)培养器皿：用于装培养基和培养材料，要求透光度好，能耐高压灭菌。

试管：特别适合于使用少量培养基及试验各种不同配方时选用，在茎尖培养及花药和单子叶植物分化长苗时更显方便。

三角瓶：是植物组织培养中常用的培养器皿。常用的有 50 mL、100 mL、150 mL 和

300 mL 的三角瓶。其优点是：采光好、瓶口较小，不易失水和污染。

L 形管和 T 形管：为专用的旋转式液体培养试管。

培养皿：适于单细胞的固体平板培养、胚和花药培养及无菌发芽。常用的有直径为 40 mm、60 mm、90 mm、120 mm 的培养皿。

角形培养瓶和圆形培养瓶：适于液体培养。

果酱瓶：常用于试管苗的大量繁殖，一般用 200～500 mL 的规格。

（2）分注器。分注器可以把配置好的培养基按一定量注入培养器皿中。一般由 4～6 cm 的大型滴管、漏斗、橡皮管及铁夹组成。还有量筒式的分注器，上有刻度，便于控制。微量分注还可采用注射器。

（3）离心管。离心管用于离心，将培养的细胞或制备的原生质体从培养基中分离出来，并进行收集。

（4）刻度移液管。在配制培养基时，生长调节物质和微量元素等溶液，用量很少，只有用相应刻度的移液管材能准确量取。不同种类的生长调节物质，不能混淆，要求专管专用。常用的移液管容量有 0.1 mL、0.2 mL、0.5 mL、2 mL、5 mL、10 mL 等。

（5）实验器皿。主要有量筒（25 mL、50 mL、100 mL、500 mL 和 1000 mL）、量杯、烧杯（100 mL、250 mL、500 mL 和 1000 mL）、吸管、滴管、容量瓶（100 mL、250 mL、500 mL 和 1000 mL）、称量瓶、试剂瓶、玻璃瓶、塑料瓶、酒精灯等各种化学实验器皿，用于配制培养基、储藏母液、材料灭菌等。

3. 接种工具。组织培养接种所需要的器械用具，可选用医疗器械和微生物实验所用的器具。包括镊子、剪刀、解剖刀、接种针、接种钩及接种铲，酒精灯，双目实体解剖镜，钻孔器。钻孔器一般做成 T 形，口径有各种规格，在取肉质茎、块茎、肉质根内部的组织时使用。常用的解剖刀，有长柄和短柄两种。对大型材料如块茎、块根等就需用大型解剖刀。

4. 林木组织培养工厂化育苗生产的技术装备。包括优化采光、适温的主体组培室，过渡温室大棚、网室，洗瓶机，培养基灌装机、输送机，消毒釜，超净接种台，装土移苗生产线，自动喷淋机，立体育苗架，大棚和过渡温室环境因子调控装置等。

（三）器皿的清洗

植物组织培养除了要对培养的实验材料和接种用具进行严格灭菌外，各种培养器皿也要求洗涤清洁，以防止带入有毒的或影响培养效果的化学物质和微生物等。清洗玻璃器皿用的洗涤剂主要有肥皂、洗洁精、洗衣粉和铬酸洗涤液（由重铬酸钾和浓硫酸混合而成）。新购置的器皿，先用稀盐酸浸泡，再用肥皂水洗净，清水冲洗，最后用蒸馏水淋洗一遍。用过的器皿，先要除去其残渣，清水冲洗后，用热肥皂水（或洗涤剂）洗净，清水冲洗，最后用蒸馏水冲洗一遍。清洗过的器皿晾干或烘干后备用。

控制污染是林木组织培养及工厂化育苗生产中一个重要的技术环节。利用适当浓度的 $HgCl_2$、$NaClO$ 进行严格地消毒，能很好地控制因外植体自身带菌所致的污染；继代培养阶段无菌系已经建立，良好的无菌环境和严格的操作是控制污染的最佳途径；利用适当的药剂处理及无糖技术可对细菌、真菌的污染进行控制。

（四）接种室消毒

接种室的地面及墙壁，在接种后均要用 1∶50 的新洁尔敏湿性消毒，每次接种前还要用紫外线灯照射消毒 30~60 min,并用 70%的酒精,在室内喷雾,以净化空气,最后是超净台台面消毒,可用新洁尔敏擦抹及 70%酒精消毒。

二、培养基的制备

(一)培养基的种类及成分

1. 培养基的种类。

(1)根据其态相不同,培养基分为固体培养基和液体培养基两类。固体培养基是指加凝固剂(多为琼脂)的培养基;液体培养基是指不加凝固剂的培养基。

(2)根据培养物的培养过程,培养基分为初代培养基和继代培养基。初代培养基是指用来第一次接种外植体的培养基。继代培养基是指用来接种初代培养之后的培养物的培养基。

(3)根据其作用不同,培养基分为诱导培养基、增殖培养基和生根培养基。

(4)根据其营养水平不同,培养基分为基本培养基和完全培养基。基本培养基(就是通常所称的培养基),主要有 MS、White、N6、B5、改良 MS、Heller、Nitsh、Miller、SH 等;完全培养基就是在基本培养基的基础上,根据试验的不同需要,附加一些物质,如植物生长调节物质和其他复杂有机附加物等。

2. 培养基的成分。培养基的成分主要包括无机营养元素(即无机盐类)、有机附加成分、碳素、植物生长调节物质、琼脂和水等。

(1)无机营养元素。无机营养元素包括大量元素和微量元素。大量元素包括氮、磷、钾、钙、镁、硫等。它们是植物细胞中构成核酸、蛋白质、酶系、叶绿素以及生物膜所必不可少的营养元素。微量元素包括铁、硼、锰、锌、铜、钼、氯等。它们在植物细胞生命活动过程中,以酶系中的辅基形式起着重要作用。

(2)有机附加成分。包括维生素、肌醇、氨基酸等。维生素以辅酶的形式参与酶系的活动,对细胞中的蛋白质、脂肪、糖代谢等活动起重要的作用,主要有硫铵素、吡哆素、烟酸、生物素等。肌醇本身没有促进生长的作用,但有助于活性物质发挥作用并参与糖代谢,能促进培养物快速生长。氨基酸主要有甘氨酸、丙氨酸、丝氨酸、谷氨酰胺、酪氨酸或水解酪蛋白等。它们能促进不定芽、胚状体的分化。

(3)糖类。糖在植物组织培养中是不可缺少的重要物质,它不但作为离体组织赖以生长的碳源,而且还能使培养基维持一定的渗透压。其中最好的是蔗糖,其浓度为 1%~5%,其次是葡萄糖和果糖。愈伤组织与不定芽诱导最适的蔗糖浓度为 3%。

(4)琼脂。在固体培养基中琼脂是使用最方便、最好的凝固剂和支持物。它具有无毒、无味、化学性质稳定、遇热液化、冷却后固形化,可使各种可溶性物质均匀地扩散分布等特性。一般用量为 6~10 g/L。培养基偏酸时用量可酌量增加。加热时间过长,环境温度过高均会影响固化。琼脂本身并不提供任何营养,它是一种高分子的碳水化合物,溶解于热水中成为溶胶,冷却后(40 ℃以下)即凝固为固体状的凝胶。琼脂的凝固能力除与原料、厂家的加工方式等有关外,还与高压灭菌时的温度、时间、pH 值等因素有关。存放时间过久,琼脂变褐,也会逐渐失去凝固能力。

(5)植物生长调节剂。植物生长调节物质对愈伤组织的诱导、器官分化及植株再生具有重要的作用,是培养基中的关键物质。常用的主要有三类:一是细胞分裂素,包括激动素(KT)、6-苄基嘌呤(6-BAP)、玉米素(ZT)等。其作用强弱依次为 ZT>BA>KT。它们都具有促进细胞分裂、延缓组织衰老、诱导不定芽分化等作用。二是生长素类,包括有吲哚乙酸(IAA)、吲哚丁酸(IBA)、萘乙酸(NAA)、2,4-D 等。其作用强弱依次为 2,4-D＞NAA＞IBA＞IAA。它们能促进不定根分化。低浓度 2,4-D 有利于胚状体的分化。三是赤霉素类,通常采用的是从赤霉菌发酵液中提取的赤霉酸(GA3),它不利于不定芽、不定根的分化,但能促进以分化芽的伸长生长。

(6)水。水是生命所必不可少的,也是细胞的主要组成成分之一。水使细胞质呈胶体状态、活化状态,是细胞中各种生理、生化反应的介质,并为植物体提供氢、氧元素。在研究工作中宜选用蒸馏水或饮用纯净水。工厂化大量生产时,可考虑用来源方便的水源,但要水质较软、清洁、无毒害,配制培养基不会产生沉淀。

(二)培养基的配制

培养基是组织培养的重要基质。选择合适的培养基是组织培养成败的关键。目前国际上流行的培养基有多种,以 MS 培养基最常用。MS 培养基的配制如下。

1. 母液的配制。在组织培养工作中,为了减少各种物质的称量次数,一般先配一些浓溶液,用时再稀释,这种浓溶液叫母液。母液包括大量元素母液、微量元素母液、维生素母液、肌醇母液、其他有机物母液、铁盐母液等。母液按种类和性质分别配制,单独保存或几种混合保存。也可配制单种维生素、植物生长素母液。母液一般比使用液浓度高 10～100 倍。MS 培养基母液的配制方法如表 2-7-1 所示。

表 2-7-1　MS 培养基母液配制方法

母液编号	成分	称量/g	配制方法	每配 1 L 培养基的取量
I 大量元素母液	KNO_3 $MgSO_4 \cdot 7H_2O$ NH_4NO_3 KH_2PO_4 $CaCl_2 \cdot 2H_2O$	19 3.7 16.5 1.7 4.4	将 $CaCl_2 \cdot 2H_2O$ 溶于 300 mL水中; 将其中 4 种盐都溶于 500 mL水中; 混合上述两种溶液,定溶至 1000 mL	100 mL
II 微量元素母液	$MnSO_4 \cdot 4H_2O$ $ZnSO_4 \cdot 7H_2O$ H_4BO_3 KI $Na_2MoO_4 \cdot 2H_2O$ $CuSO_4 \cdot 5H_2O$ $CoCl_2 \cdot 6H_2O$	22.3 8.6 6.2 0.83 0.25 0.025 0.025	将 7 种微量元素先溶于 800 mL水中,然后定溶至 1000 mL	1 mL
III 维生素母液	硫胺素 吡哆醇(醛) 烟酸 甘氨酸	0.05 0.05 0.05 0.2	4 种物质先溶于 80 mL 水中,再定溶至 100 mL	1 mL
IV　肌醇母液	肌醇	1.0	溶解并定溶于 100 mL	10 mL
V 铁盐母液	Na_2-EDTA $FeSO_4 \cdot 7H_2O$	3.73 2.78	两种物质分别溶解在 200 mL水中,分别加热煮沸。冷却后定溶至 500 mL	5 mL

将基本培养基按表配制成母液,放在冰箱中保存备用,用时按需要稀释。配母液应采用蒸馏水或去离子水。配母液称重时,克以下的重量宜用感量 0.01 g 的天平,0.1 g 以下的重量最好用感量 0.001 g 的天平称量。蔗糖、琼脂可用感量 0.1 g 的粗天平。

为了方便配制不同培养基,以培养不同的组培苗,或进行组培试验,氨基酸和维生素单独配制存放为宜。母液一般浓缩 200 倍,配制培养基时取 5 mL。

植物生长调节物质也单独配制成母液,储存于冰箱。母液一般浓度 200 倍,配制培养基时取 5 mL。IAA、NAA、IBA、2,4-D 之类生长调节剂,可先用少量 0.1 mol 的 NaOH 或 95% 的酒精溶解,然后再定溶至所需体积(1 mg/mL)。KT 和 BA 等细胞分裂素母液的配制方法大致相同,不同之处是用 0.1~1 mol 的 HCL 加热溶解,然后加水定容。

2. 培养基配制及消毒。先按量称取琼脂,加水后加热,不断搅拌使溶解,然后从冰箱里拿出配制好的母液,根据培养基配方中各种物质的具体需要量,用量筒或移液管从各种母液中逐项按量吸取加入,再加蔗糖,最后用蒸馏水定溶,再用 1 mol KOH 或 NaOH 将培养基的 pH 调到 5.6~5.8。用分装器或漏斗将配好的培养基分装在培养用的三角瓶中,包扎瓶口并做好标记。液体培养基的配制方法,除不加琼脂外,其他与固体培养基相同。

培养基的消毒灭菌一般采用高温高压消毒和过滤消毒两种方法。

(1)高温高压消毒。常用消毒锅消毒。一般是将包扎好的装有培养基的三角瓶放入高压锅灭菌 15~40 min,若灭菌时间过长,会使培养基中的某些成分变性失效。灭菌后放在 4 ℃~5 ℃ 的无菌操作室内待用。

(2)过滤消毒。一些易受高温破坏的培养基成分,如吲哚乙酸(IAA)、吲哚丁酸(IBA)、玉米素(ZT)等,不宜用高温高压法消毒,则可过滤消毒后加入高温高压消毒的培养基中。过滤消毒一般用细菌过滤消毒器,其中的 0.4 μm 孔径的滤膜将直径较大的细菌等滤去,过滤消毒应在无菌室或超净工作台上进行,以免造成培养基污染。

三、外植体准备与接种

(一)组培材料的选用与消毒

1. 组培材料的选用。一般用于组织培养的材料称为外植体,常分为两类。一类是带芽的外植体,如茎尖、侧芽、鳞芽、原球茎等,组织培养过程中可直接诱导丛生芽的产生。其获得再生植株的成功率较高,变异性也较小,易保持材料的优良性状。另一类主要是根、茎、叶等营养器官和花药、花瓣、花轴、花萼、胚珠、果实等生殖器官。这一类外植体需要一个脱分化过程,经过愈伤组织阶段,再分化出芽或产生胚状体,然后形成再生植株。

外植体的取用与组织部位、植株年龄、取材季节以及植株的生理状态、质量,都对培养时器官的分化有一定影响。一般阶段发育年幼的实生苗比发育年龄老的栽培品种容易分化,顶芽比腋芽容易分化,萌动的芽比休眠芽容易分化。在组织培养中,最常用的外植体是茎尖,通常切块在 0.5 cm 左右,太小产生愈伤组织的能力差,太大则在培养瓶中占据空间太多。培养脱毒种苗,常用茎尖分生组织部位,长度为 0.1 mm 以下。应选取无病虫害、粗壮的枝条,放在纸袋里,外面再套塑料袋冷藏(温度为 2 ℃~3 ℃)。接种前切取茎尖和茎段并对外植体进行表面消毒。

2. 外植体的消毒。植物组培能否取得成功的重要因素之一,就是保证培养物在无菌条件下安全生长。由于培养的植物材料大都采集于田间栽培植株,材料上常附有各种微生物,一旦被带入培养基,即会迅速繁殖滋长,造成污染,使培养失败。所以培养前必须对外植体进行严格的消毒处理,消毒的尺度为既能全都杀灭外植体上附带的微生物,但又不伤害材料的生活力。因此,必须正确选择消毒剂和使用的浓度、处理时间及程序。目前,常用的消毒剂有次氯酸钙、氯化汞、次氯酸钠、双氧水、酒精(70%)等。具体消毒方法如下:

(1)茎尖、茎、叶片的消毒。消毒前先用清水漂洗干净或用软毛刷将尘埃刷除,茸毛较多的用皂液洗涤,然后再用清水洗去皂液,洗后用吸水纸吸干表面水分,用70%酒精浸数秒钟,取出后及时用10%次氯酸钙饱和上清液浸泡10～20 min;或用2%～10%次氯酸钠溶液浸泡6～15 min。消毒后用无菌水冲洗3次,用无菌纱布或无菌纸吸干接种。

(2)根、块茎、鳞茎的消毒。这类材料大都生长在土中,常带有泥土,挖取时易遭损伤。消毒前必须先用净水清洗干净,在凹凸不平处以及鳞片缝隙处,均用毛笔或软刷将污物清除干净,用吸水纸吸干后,在70%酒精中浸一下,然后用6%～10%次氯酸钠溶液浸5～15 min,或用0.1%～0.2%氯化汞消毒5～10 min,最后用无菌水清洗3～4次,用无菌纱布或无菌纸吸干后接种。

(3)果实、种子的消毒。这类材料有的表皮上具有茸毛或蜡质,消毒前先用70%酒精浸泡几秒钟或2～10 min,然后用饱和漂白粉上清液消毒10～30 min或2%次氯酸钠溶液浸10～20 min,消毒后去除果皮,取出内部组织或种子接种。直接用种子或果实消毒,经消毒后的材料均须用无菌水多次冲洗后接种。

(4)花药、花粉的消毒。植物的花药外面常被花瓣、花萼包裹着,一般处于无菌状态,只需采用表面消毒即可接种。通常先用70%酒精棉球擦拭花蕾或叶鞘,然后将花蕾剥出,在饱和漂白粉上清液中浸泡10～15 min,用无菌水冲洗2～3次,吸干后即可接种。

(二)外植体接种

接种是指把经过表面灭菌后的植物材料切碎或分离出器官、组织、细胞,转放到无菌培养基上的全部操作过程。整个接种过程均须无菌操作。具体操作过程如下:将消毒后的外植体放入经烧灼灭菌的不锈钢或瓷盘内处理,如外植体为茎段的,在无菌条件下用解剖刀切取所需大小的茎段,用灼烧过并放凉的镊子将切割好的外植体逐段(或逐片)接种到已装瓶灭菌的培养基上,包上封口膜,放到培养架上进行培养。培养脱毒苗须在双目解剖镜下剥离切取大小为0.2～0.3 mm的茎尖分生组织。

四、培养

(一)外植体的增殖

接种后的培养容器置放培养室进行培养,培养温度以22 ℃～28 ℃为宜,光照度为1000～3000 Lx,光照时间为8～14 h。对外植体进行分化培养。在新稍形成后,为了扩大繁殖系数,还须进行继代培养,也称增殖培养。把材料分株或切段后转入增殖培养基中,增殖培养1个月左右后,可视情况再进行多次增殖,以增加植株数量。增殖培养基一般在分化培养基上加以改良,以利于增殖率的提高。

(二)生根培养

诱导生根继代培养形成的不定芽和侧芽等一般没有根,要促使试管苗生根,必须转移到生根培养基上,生根培养基一般应用1/2 MS培养基,因为降低无机盐浓度有利于根的分化。切取增殖培养瓶中的无根苗,接种到生根培养基上进行诱根培养。有些易生根的植物在继代培养中通常会产生不定根,可以直接将生根苗移出进行驯化培养;或者将未生根的试管苗长到 3~4 mm 长时切下来,直接栽到以蛭石为基质的苗床中进行瓶外生根,效果也非常好,省时省工,降低成本。

不同植物诱导生根时所需要的生长素的种类和浓度是不同的。一般诱导生根时所需要的生长素常用吲哚乙酸(IAA)、萘乙酸(NAA)和吲哚丁酸(IBA)三种。一般在生根培养基中培养 1 个月左右即可获得健壮根系。

五、炼苗与移植

(一)炼苗

组培苗的移栽生根或形成根原基的试管苗从无菌,温、光、湿度稳定环境中进入到自然环境中,从异养过渡到自养过程,必须经过一个炼苗过程。首先要加强培养室的光照强度和延长光照时间,进行 7~10 d 的光照锻炼,然后打开试管瓶塞放阳光充足处让其锻炼 1~2 d,以适应外界环境条件。

(二)移植

试管苗移植前,要选择好种植介质,并严格消毒,防止菌类大量滋生。然后取出瓶中幼苗用温水将琼脂冲洗掉,移栽到泥炭、珍珠岩、蛭石、砻糠灰等组成的基质中,移植到塑料大棚后,一定要控制好温度和湿度,注意遮阴。

保持较高空气湿度,温度维持在 25 ℃左右,勿使阳光直晒,7~10 d 后要注意通风和补充浇水,以后每隔 7~10 d 追肥 1 次。待 20~40 d 新梢开始生长后,小苗可转入正常管理。

7.3 案例分析

案例 7-1 菊花组织培养育苗方案

1. 方案概述。

(1)任务目标。通过本任务实施使学生熟悉植物组织培养的知识要点和整个工作流程,学会制定菊花组织培养育苗技术方案,具备实施菊花组织培养育苗的操作技能,增强自主学习能力、团队协作能力、独立分析和解决实际问题能力。

(2)设备和器具材料。电炉、培养液、pH 计、高压锅、玻璃器皿、超净工作台、接种用具、消毒药品等。

(3)工作流程(见图 2-7-2)。

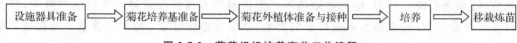

设施器具准备 ➡ 菊花培养基准备 ➡ 菊花外植体准备与接种 ➡ 培养 ➡ 移栽炼苗

图 2-7-2 菊花组织培养育苗工作流程

2. 方案设计。

(1)设施器具准备。先将玻璃器皿浸入加有清洁剂的水中进行刷洗,再用清水内外冲洗,使玻璃器皿光洁透亮。然后,用蒸馏水冲 1~2 次,最后晾干或烘干。

（2）培养基的制备。根据 MS 培养基的成分，准确称取各种试剂配成母液，放在冰箱中保存，用时按需要稀释；生长调节剂母液配制：生长素用少量 95％的酒精或 0.1 mol/L 的 NaOH 溶解，再定溶。细胞分裂素一般用 0.5～1 mol/L 的盐酸或稀 NaOH 溶解，再用蒸馏水定溶至一定体积。

①取烧杯或三角瓶注入一定量的蒸馏水，将各种母液按所需容积分别用移液管吸取并混合在一起，然后按要求加入一定量的激素、蔗糖后定溶至一定体积。

②用 1 mol/L 的 NaOH 或 HCl 调节 pH。

③如制固体培养基，则加入 1％左右的琼脂后加热煮沸，使其溶化。

④分装，可用漏斗将液状培养基注入培养瓶，注入量视培养瓶容量大小而定，通常为容器的 1/5 左右。

⑤封瓶口。

⑥高压蒸汽灭菌。120 ℃，1.5 MPa，消毒 15～20 min。注意压力不能太大，时间也不宜过长，否则蔗糖、有机物特别是维生素类物质会在高温下分解，影响培养基的酸碱度，琼脂也会分解，颜色变深且不易凝固。

⑦灭菌后的培养基可放入接种室内静置，让其降温后凝固，如需斜面可将其斜放。

（3）外植体的选择与消毒。在温室中选取生长健壮、再生能力强、遗传稳定性好的菊花，剪下其茎尖段，放入无菌容器内封口；用清水反复冲洗 4～5 次，将洗净的材料放到 75％的酒精溶液中浸泡 30 s，然后用蒸馏水洗净，再将材料放入 10％的漂白粉滤液消毒 8 min，再用无菌水冲洗 3～5 次，滤纸吸干。再将材料转入 0.1％升汞溶液消毒，不低于 5 min，最后用无菌水冲洗 3～5 次，滤纸吸干。最后将材料放入无菌的三角瓶中封口待用。

（4）接种。

①接种前的准备工作。每次接种或继代繁殖前，应提前 30 min 打开接种室的和超净工作台上的紫外线灯进行照射灭菌 20 min；操作人员进入接种室前，用肥皂和清水将手洗干净，换上经过消毒的工作服和拖鞋，并戴上工作帽和口罩；接种开始前用 70％的酒精棉球仔细擦拭手和超净工作台面；准备一个灭过菌的培养皿或不锈钢盘，内放经过高压灭菌的滤纸；接种前先点燃酒精灯，然后将解剖针、镊子、剪子等在火焰上方灼烧后，晾于架上备用。

②接种操作。在超净工作台上将灭过菌的材料放入无菌培养皿中，用解剖针剥去可见的生长点，周围可见的小叶在解剖镜下只剩下 1～2 个叶原基，取下只有 0.2～0.3 mm 生长点，放入提前做好的培养基中培养。

（5）培养。

①初代培养。将装有材料的培养基放入光照箱中进行培养。要求在黑暗或散射光下培养，温度为 28 ℃。待培养外植体出现愈伤组织后更换培养基。

②继代培养。在光照灯下补充光照，光照强度 1000～4000 Lx，温度 23 ℃～25 ℃。

③生根培养。待出芽后将其转入到另外的生根培养基中促使生根。

④驯化培养。幼苗移栽前先炼苗 2～3 d，即移栽前先把培养基瓶的塞子打开，放在 25 ℃左右的温室中，增加组培苗对外界环境的适应能力。移栽时仔细洗去附着在幼苗上的培养基，然后移植于适宜的基质中，浇足定根水，盖上薄膜保持温度，避免阳光直射，并注意通风换气，温度控制在 18 ℃～20 ℃。1～2 周后揭掉薄膜，每隔 3～5 d 叶面喷施营养液，1 个月即可上盆或定植于田间。

案例 7-2 福建山樱花组织培养育苗方案实例

1. 方案概述。

(1)任务目标。通过本任务实施使学生熟悉植物组织培养的知识要点和整个工作流程,学会制定福建山樱花组织培养育苗技术方案,具备实施福建山樱花组织培养育苗的操作技能,增强自主学习能力、团队协作能力、独立分析和解决实际问题能力。

(2)设备和器具材料。电炉、培养液、pH 计、高压锅、玻璃器皿、超净工作台、接种用具、消毒药品等。

(3)工作流程(见图 2-7-3)。

图 2-7-3 福建山樱花组织培养育苗工作流程

2. 方案设计。

福建山樱花(*Prunus Campanulata*),又名山樱花、钟花樱,蔷薇科李亚科樱属植物,原产我国,为落叶性小乔木或中乔木,2~3 月开花,粉红色,花形钟状,是一种具有较高观赏价值的绿化树种。

(1)设施器具准备。实训前应准备好超净工作台、接种用具、玻璃器皿、镊子、刀、酒精灯、枝剪、盘子、天平、移液管、搪瓷杯、带橡胶管搪瓷杯、电炉、广口瓶、pH 计、高压锅等。其中玻璃器皿应清洗消毒,可浸入加有清洁剂的水中进行刷洗,再用清水内外冲洗,使玻璃器皿光洁透亮,然后,用蒸馏水冲 1~2 次,最后晾干或烘干。

(2)福建山樱花外植体诱导培养基的制作与灭菌。诱导培养基分别以 MS、1/4 MS 和1/2 MS(大量元素 1/4 或 1/2)为基本培养基,附加的激素分别为细胞分裂素 BA1.0~5.0 mg/L,生长素 IBA0.01 mg/L 或 KT1.0~5.0 mg/L,IBA0.01 mg/L。以此配方先配好各类母液;取烧杯或三角瓶注入一定量的蒸馏水,将各种母液按所需容积分别用移液管吸取并混合在一起,然后按要求加入一定量的激素、蔗糖后定溶至一定体积,充分搅拌好后,用pH 计测定并调整 pH 值至 5.8,将培养基分注到培养瓶内,每组 40 瓶盖上瓶盖。全组的组培瓶置高压锅内进行高压灭菌。

(3)福建山樱花茎尖外植体的选择与灭菌。于学院樱花园内采集 1~2 cm 长的福建山樱花嫩枝,用流水冲洗 2 h,放入 70%酒精内消毒 1 min,再用 0.1%氯化汞消毒 7 min,无菌水清洗 4 次,用灭菌滤纸吸干其表面水分。

(4)无菌接种操作。将自己的手指甲剪净,用肥皂洗净双手;将双手用 70%酒精擦拭消毒;将镊子、解剖刀用 70%酒精擦一遍,再放到酒精火焰上灼烧,晾凉后备用;将已消过毒的外植体种瓶用 70%酒精棉擦拭,再打开瓶盖,瓶口用酒精灯火焰烤一圈,用消毒过的解剖刀切下茎顶端 0.5~1.0 cm 部位用于接种;打开培养瓶,先把瓶口置酒精火焰上烧一圈,再用消毒过的镊子夹起福建山樱花分离的茎段,让其基部插入培养基内,以稳住不倒为宜。一瓶接种 2~4 茎段,再把培养瓶口置火焰上烧一圈,瓶盖也烧一圈,再盖上;将自己接好的组培瓶写上自己的班级及座号。

(5)全班接好的培养瓶集中一起,置黑暗下培养一周。

(6)移栽炼苗。移栽炼苗应注意培养适于移栽的优质瓶苗,正确掌握移栽季节和温湿度,注意选择适于移栽苗生长的培养土,苗期合理的栽培管理措施。

A. 移植苗的选择和锻炼。适于移栽的瓶苗应该是粗壮结实,略木质化,根系发达。在准备移栽前,先将生根瓶苗从培养室取出,经 10～15 d 类似自然环境锻炼以后,试管苗开始老化,可直接打开培养瓶盖,再经 2～3 d 锻炼即可取出移栽。

B. 移栽季节和温湿度控制。福建山樱花瓶苗最佳移栽季节为初春到清明时节。苗木移栽后温度应控制在 30 ℃以下,遮阴率达 75％以上,避免阳光直射。空气湿度应保持在90％以上。

C. 移栽基质。福建山樱花组培苗移栽用基质以透气、保水适中的黄心土为主,如黏性过大,可适量加入河沙(约 1：4),使其适合装袋育苗用。基质中不宜加入肥料。基质装好久放待用时,须用薄膜覆盖好,不让雨水淋湿以防滋生病菌。至移栽前 2～3 d 才进行基质消毒,一般用 0.3‰高锰酸钾溶液淋湿,栽植幼苗无药害。

D. 移栽及管护。将组培苗根部的培养基用清水清洗干净。移栽时,先用小木棍在容器中间扎一个小穴,然后把小苗根系垂直送入穴内,并用小木棍把小穴边泥土压紧使泥土紧贴根系。栽植深度以泥土盖过芽苗的出根部位为宜,随栽随淋水并覆盖遮阳网保湿遮阴。

小苗移栽后的一星期内,必须严格遮阴。如太阳辐射强、苗床气温高时,应每间隔 1～2 h 叶面喷水保湿,防止小苗失水萎蔫,同时可起到降温效果。严禁雨水直接冲刷小苗。

移栽一周后,小苗生长趋于稳定,可逐渐减少喷水次数,至小苗长出新叶,则可正常进行管理。定植一个月后苗木开始抽新梢,这时应逐步增加光照,通常在早晚及阴雨天不必遮阴,以保证苗木生长所需的光照,遮阳网则要按时揭除,使光照充足,苗木生长粗壮。

小苗移栽 3 d 后,即可开始用 70％甲基托布津 1500 倍液或百菌清 800 倍液喷雾一次,以后每 7～10 d 喷一次,以防茎叶腐烂病发生;每 25～30 d 用 50％多菌灵可湿性粉剂 800倍液淋苗一次,以防苗木根系病害。

7.4　知识拓展

一、组培苗的移栽

1. 组培苗的移栽。移栽的方法有常规移栽法、直接移栽法和嫁接移栽法。

(1)常规移栽法。炼苗后将苗木取出,洗去培养基,移栽到无菌的混合土(如沙子：蛭石＝1：1)中,保持一定的温度和水分,长出 2～3 片新叶时移栽到田间或盆钵中。

(2)直接移栽法。直接将组培苗移栽到田间或盆钵中。

(3)嫁接移栽法。选取生长良好的同一植物的实生苗或幼苗做砧木,用组培苗的无菌芽做接穗进行嫁接的方法。王清连等人对棉花的组培苗进行嫁接移栽的有关试验表明,组培苗的嫁接移栽法与常规移栽法相比具有许多优点,主要的有以下几点。

①成活率高。由表 2-7-2 可以看出,采用嫁接移栽法移栽的棉花组培苗成活率较高,一般在 70％以上,在条件好的情况下可接近 100％移栽成活。而采用常规移栽法,健壮的组培苗也仅有 28％能移栽成活,对于弱苗来说则大多数不能移栽成活。

表 2-7-2　嫁接移栽法移栽棉花组培苗的效果

试管苗种类	移栽方法	移栽植株数	成活植株数	成活率/%
壮苗	嫁接移栽法	35	33	94.29
	常规移栽法	50	24	28.00
	直接移栽法	20	0	0.00
弱苗	嫁接移栽法	30	21	70.00
	常规移栽法	27	2	7.41
	直接移栽法	15	0	0.00

②适用范围广。嫁接移栽法不仅适用于壮苗,而且还适用于弱苗。由表 2-7-2 可明显地看出,使用嫁接移栽法棉花弱苗组培苗仍有 70% 的移栽成活率,而常规移栽法移栽仅有 7.41% 的成活率,二者相差近 10 倍。对于部分污染苗,也可嫁接移栽。由于嫁接移栽法是采用嫁接技术进行移栽,故对组培苗的要求较小,一般生长到 2 cm 左右就可嫁接,不仅适用于大苗,而且还适用于小苗的移栽。而常规移栽法则要求组培苗长到 5 cm 左右才容易移栽成活。

③育苗时间短。常规移栽法必须先诱导形成新鲜的不定根,一般从获得再生小植株到移栽成活需要 50 d 左右,而且还有 20~30 d 的缓苗期。而嫁接移栽法可移栽刚出现叶片的小植株,一般从获得再生小植株到移栽成活仅需要 20 d 左右,而且缓苗期一般仅需 10~15 d。这样,从获得组培苗到移栽至田间并获得健康成长的幼苗,嫁接移栽法仅需 30~35 d,常规移栽法则需 70~80 d,嫁接移栽法比常规移栽法缩短了 40~45 d。

2. 提高移栽成活率的途径。影响组培苗移栽成活率的因素有许多种,包括内因与外因。不同的植物和不同的试管苗种类对移栽的具体要求是不同的。但是总的来说,提高试管苗移栽成活率的途径有以下几种。

(1)壮苗移植。试管苗的生理状况是影响移栽成活率的内在因素。同一种植物的试管苗,其壮苗比弱苗移栽后成活率高(见表 2-7-2)。

(2)巧用生长调节物质。一般来说,生长素能促进生根,故能提高试管苗移栽的成活率。但是,不同的植物有其适宜的生长素种类。如在月季的试验中发现,以 NAA 诱导生根和提高移栽成活率效果最好;而 IAA 并不理想,当 IAA 的浓度超过 1 mg/L 时,反而急剧降低移栽成活率。细胞分裂素一般会抑制根的生长,不利于移栽。如在月季的试验中表明,即使在很低的浓度下,BA 或 Zip 对生根和移栽都有抑制效应。

(3)降低无机盐浓度。试验结果表明,降低培养基的无机盐的浓度对植物生根效果较好,有利于移栽成功。

(4)加入活性炭。在生根培养基中加入少许活性炭,对某些月季的嫩茎生根有良好作用,尤其是采用酸、碱和有机溶剂洗过的活性炭,效果更佳。但活性炭对一些月季品种的促根生长无反应。

(5)创造良好环境。环境条件也影响试管苗移栽的效果,关键是控制好移栽后 10 d 的光、温、湿。做好适当遮阳工作,降低温度,避免太阳光直射造成试管苗迅速失水而死亡。加强喷淋,必要时用塑料薄膜覆盖,保持周围环境的相对湿度保持在 85% 以上。

(6)从无菌向有菌逐渐过渡。试管苗出苗要将培养基洗净,以免杂菌滋长。移栽前对基质进行灭菌处理,移植初期定期喷杀菌剂预防病害发生,以提高移栽成活率。

二、无病毒苗木的培育

1. 病毒的危害。

由于大多数园艺作物采用无性繁殖法,病毒在营养体内传染,并逐代积累,危害相当严重。脱毒的效果:首先,通过培育无毒苗木,可以使作物大幅度增产。这在马铃薯、甘薯、草莓、香蕉、兰花、石竹、大丽花等品种上得到验证。其次,可以提高作物品质,如除去葡萄卷叶病病毒,会使葡萄果实含糖量和酿造的葡萄酒的品质得以提高。当然有些病毒危害可以提高观赏价值。

2. 脱毒技术。

(1)热处理法。目前,有一半左右被侵染的园艺作物能用这种方法除去病毒。热处理的方法有两种:①温汤浸渍处理法。将接穗或种质材料在 50 ℃左右的温汤中浸渍 3～15 min 至数小时。②热风处理法。让盆栽植株在 35 ℃～40 ℃高温下生长发育,热处理温度逐渐升高,然后达到所需要温度,同时必须保持一定温度和光照,以后可切取处理后的新长出的枝条做接穗和砧木,或将热处理法与组织培养法结合效果会更好。

(2)茎尖培养脱毒。因为病毒繁殖运输速度与茎尖细胞生长速度不一致,病毒向上运输速度慢,而分生组织细胞繁殖快,这样就使茎尖区域部分细胞没有病毒。据此,可以通过茎尖培养,培育脱病毒苗。由于茎尖培养法的脱毒苗效果好,后代遗传稳定,已在无毒苗培育上得到广泛应用。茎尖大小与脱毒关系很大,太大则脱毒效果差,过小则难成活,但脱毒效果好。一般以 0.1～0.2 mm,带 1～2 个叶原基的茎尖作为培养材料为宜;超过 0.3 mm,脱毒效果差。脱毒培养的基本培养基多数为 White 或 MS 培养基,培养条件与常规茎尖培养相同。若将热处理与茎尖培养结合起来,可以提高脱毒效率,也可以用较大的茎尖。

(3)茎尖微体嫁接脱毒。对茎尖培养难于生根的木本果树,可以进行试管茎尖微体嫁接。应用这种方法在桃、柑橘、苹果等果树上已获得无病毒苗。它是以试管中的幼小植株做砧木,将茎尖分生组织嫁接其上的一种脱毒方法。它比茎尖培养的成苗率高,同时生长速度也较快。

(4)超低温处理脱毒。超低温处理脱毒是一项新的脱毒新技术。原理是:易感病毒的大细胞内因含水量大,在超低温处理的过程中易受冻害而死亡,而不含病毒的小的茎尖存活下来,分化成芽,成长为脱毒苗。

此外,还有花药培养、愈伤组织培养、珠心胚培养等方法。

3. 病毒检测技术。

(1)外部形态观察法。如烟草花叶病。

(2)指示植物法。接种汁液法、嫁接法。

①草莓的指示植物:林丛草莓、深红草莓。

②苹果的指示植物:昆诺藜、新叶烟等。

(3)血清学鉴定法。

(4)电镜检测法。

(5)RT-PCR 法。

任务书8　常见园林植物分生压条育苗

8.1　任务书

常见园林植物分生压条育苗是苗木生产的重要能力。通过本任务实施,让学生学会制定常见园林植物分生压条育苗方案;具备在园林生产实践中正确进行本地区常见草本和木本园林植物分生压条育苗的基本技能。

任务书8　常见园林植物分生压条育苗

任务名称	常见园林植物分生压条育苗	任务编号	08	学时	4 学时
实训地点	植物栽培实训室、学院花圃	日期		年　月　日	
任务描述	常见园林植物分生压条育苗是苗木生产的重要能力。常见园林植物分生压条育苗包括:①常见园林植物分生压条育苗方案制定及实施;②园林植物分生压条育苗生产程序和技术;③栽植床、分生压条苗源准备;④分生压条时间确定;⑤分生压条方法选择;⑥实施具体分生压条育苗;⑦分生压条苗养护管理。				
任务目标	熟悉分生压条繁殖的知识要点和整个工作流程;会制定常见园林植物分生压条育苗技术方案;具备正确选择分生压条方法,实施分生压条育苗及管理的基本技能;增强自主学习、组织协调和团队协作能力,表达沟通能力,独立分析和解决实际问题能力,创新能力,吃苦耐劳能力。				
相关知识	园林植物分生压条繁殖的知识要点和整个工作流程;园林苗木生产的国家、行业、企业技术标准;常见草本和木本园林植物分生压条育苗技术。				
实训设备与材料	多媒体教学设备与教学课件;植物栽培实训室、学院花圃;育苗各类工具材料、育苗大棚等;分生压条苗源、基质、培养土、肥料、盆器等材料;互联网;报纸、专业书籍;教学案例等。				
任务组织实施	1. 任务组织:本学习任务教学以咨询法、小组讨论法、小组实操法为主,以 5～6 人为一组按照任务书的要求完成工作任务。 2. 任务实施: (1)收集分生压条繁殖的知识要点和整个工作流程、园林植物分生压条育苗技术方案、园林植物分生压条育苗案例等信息材料,组织小组讨论学习,做好学习记录,准备好相关问题资料; (2)制定常见园林植物分生压条育苗技术方案并实施; (3)制作工作页 8(1)、(2)、(3):常见园林植物分生压条育苗; (4)制作任务评价页 8:常见园林植物分生压条育苗; (5)相关材料归档。				
工作成果	1. 工作页 8(1)、(2)、(3):常见园林植物分生压条育苗; 2. 任务评价 8:常见园林植物分生压条育苗。				
注意事项	1. 选好分生压条苗源,确保分生苗有较发达的根系和完整的植株; 2. 确定合适的分生压条育苗时间; 3. 注意分生压条苗的苗期管理。				

8.2　知识准备

一、分生育苗

分生育苗是利用植物体的再生能力,将植物体再生的新个体与母株人为地进行分离,另行栽植培育,使之形成新植株的方法。该育苗方法具有简单易行、成活率高、成苗快等优点,在生产中主要用于丛生性强、萌蘖性强和能形成球根的宿根花卉、球根花卉以及部分花灌木。

（一）分株繁殖

利用某些植物种类能萌生根蘖或灌木丛生的特性,把根蘖或丛生枝从母株上分割下来,另行栽植成新植株的方法。

1. 分株繁殖时期。主要在春、秋两季进行。一般春季开花植物宜在秋季落叶后进行,如芍药;夏、秋季开花的植物宜在春季萌芽前进行。

2. 分株繁殖的方法。

(1)侧分法。根据母株的生长特性可分为灌丛分株和根蘖分株两种。

①灌丛分株。在母株的一侧或两侧挖开,将带有一定茎干和根系的萌株带根挖出,另行栽植,如图 2-8-1 所示。此法适合于易形成灌木丛的植株。如牡丹、黄刺玫、玫瑰、腊梅、连翘、贴梗海棠、火炬树、香花槐等。

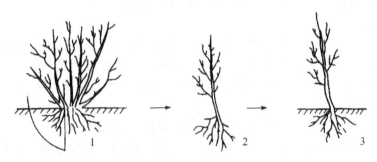

1. 切割　2. 分离　3. 栽植

图 2-8-1　灌丛分株

②根蘖分株。将母株的根蘖挖开,露出根系,用利器将根蘖株带根挖出另行栽植,如图 2-8-2 所示。木本植物多采用此法。如刺槐、臭椿、枣等。

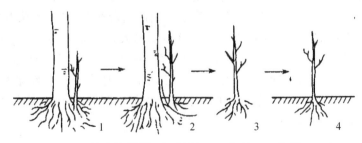

1. 长出的根蘖　2. 切割　3. 分离　4. 栽植

图 2-8-2　根蘖分株

(2)掘起分法。将母株全部带根挖出,用利器将植株根部分成几份。每一份都要有良好的根系,地上部最好要保留 1~3 个茎干,再重新栽植,如图 2-8-3 所示。很多宿根花卉适用此法。如荷兰菊、随意草、宿根福禄考、萱草、菊花、芍药、荷包牡丹等。

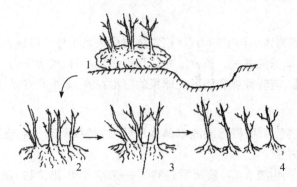

1.2. 挖掘　3. 切割　4. 栽植

图 2-8-3　掘起分株

(二)球根花卉分生育苗

球根花卉植株的地下能形成肥大的变态器官。根据器官的来源不同可分为块根类、根茎类、块茎类、球茎类、鳞茎类等。不同的球根类型,采用的分生方法不同。

1. 球根分生时间。基本是在球根采收后或栽植前进行。

2. 球根分生方法。

(1)块根类分生育苗。块根通常成簇着生于根茎部,不定芽生于块根与茎的交接处,而块根上没有芽,在分生时应从根茎处进行切割,适用于大丽花、花毛茛等。

(2)根茎类分生育苗。用利器将粗壮的根茎分割成数块,每块带有 2~3 个芽,另行栽植培育,适用于美人蕉、鸢尾等。

(3)球茎类分生育苗。鸢尾科的一些花卉,如唐菖蒲、球根鸢尾、小苍兰等,在其母球旁能产生多个更新球和子球,可在茎叶枯黄之后,整株挖起,将新球从母株上分离,并按球茎的大小进行分级,大球种植后当年可开花,中球可栽培一年后第二年开花,小的子球需经过 3 年培育后才能开花。也可将老球茎分割数块,每块上都要有芽,再另行栽植。生产上常用分栽小球的方法繁殖。

(4)鳞茎类分生育苗。鳞茎是由肉质的鳞叶、主芽和侧芽、鳞茎盘等部分组成。母鳞茎发育中期后,侧芽生长发育形成多个新球。通常在植株茎叶枯黄以后将母株挖起,分离母株上的新球。适用于百合、郁金香、风信子、朱顶红、水仙、石蒜葱兰、红花酢浆草等。

(5)块茎类分生育苗。块茎是由地下的根茎顶端膨大发育而成的,一株可产生多个,每个块茎都具有顶芽和侧芽。一般在植株生长的后期,将母株挖起,分离母株上的新球,并按新球的大小分级。大球和中球种植后当年可开花,小的子球需经过 2 年培育后才能开花。适用于马蹄莲、彩色马蹄莲、花叶芋等。但也有些花卉如仙客来,不能自然分生块茎,须人工分割,降低观赏价值,多用播种繁殖。

(三)其他形式分生育苗

一些园林植物,生长过程中会产生某些特殊的营养器官,与母株分离后另行栽植,可形成独立的植株。

1. 吸芽。某些植物根基或地上茎叶腋间自然发生的短缩、肥厚的短枝，下部可自然生根，可分离另行栽植。如芦荟、景天、凤梨等。

2. 珠芽。生于叶腋间一种特殊形式的芽，如卷丹。脱离母体后栽植可生根，形成新的植株。

3. 走茎或匍匐茎。走茎为叶丛抽生出来节间较长的茎，节上着生叶、花和不定根，能产生小植株，分离另行栽植即可获得新的植株。如虎耳草、吊兰等。匍匐茎节间稍短，横走地面，节处生不定根和芽，分离另行栽植可获得新的植株。如狗牙根等。

二、园林植物的压条育苗

压条育苗是指将母株的部分枝条压埋入土（基质）中，待其生根后切离，另行栽植的育苗技术。压条法生根过程中的水分、养料均由母体供给，管理容易，多用于扦插难以生根的或一些易萌蘖的园林树木。为了促进压入的枝条生根，常将枝条入土部分进行环状剥皮或刻伤等处理。

（一）压条时期

压条时期根据压条方法不同而不同。

1. 休眠期压条。秋季落叶后或春季萌芽前，用 1～2 年生的枝条进行压条。一般普通压条、水平压条、波状压条在此时期进行。

2. 生长期压条。生长季节进行，用当年生的枝条进行压条。一般堆土压条、空中压条在此时期进行。

（二）压条方法

1. 低压法。根据压条的状态可分为普通压条、水平压条、波状压条和堆土压条，如图 2-8-4 所示。

（1）普通压条。使用于枝条离地面近且容易弯曲的植物种类。选择靠近地面而向外开展的 1～2 年生枝条，选其一部分压入土中，深 8～20 cm。挖穴时，离母株近的一面挖斜面，另一面成垂直。压条前先对枝条进行刻伤或环剥处理，以刺激生根。再将枝条弯入土中，使枝条梢端向上。为防止枝条弹出，可在枝条下弯部分插入小木叉固定，再盖土压紧，生根后切割分离。绝大多数花灌木都可采用此法。

（2）水平压条。适用于紫藤、连翘等藤本和蔓性园林植物。压条时选生长健壮的 1～2 年枝条，开沟将整个长枝条埋入沟内，并用木钩固定。被埋枝条每个芽节出生根发芽后，将两株之间地下相连部分切断，使之各自形成独立的新植株。

（3）波状压条。适用于地锦、常春藤等枝条较长而柔软的蔓性植物。压条时将枝条呈波浪状压埋土中，待地上部分发出新枝，地下部分生根后，再切断相连的波状枝，形成各自独立的新植株。

（4）堆土压条。主要用于萌蘖性强和丛生性的花灌木，如贴梗海棠、玫瑰、黄刺玫等。方法是首先在早春对母株进行重剪，可从地际处抹头，促其萌发多数分枝。在夏季生长季节（高为 30～40 cm）对枝条基部进行刻伤，随即堆土，第二年早春将母株挖出，剪取已生根的压条枝，并进行栽植培养。

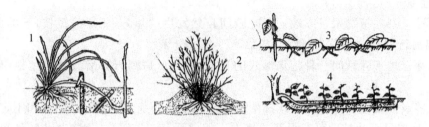

1. 普通压条　2. 堆土压条　3. 波状压条　4. 水平压条

图 2-8-4　低压法

2. 空中压条。主要用于枝条坚硬、树身较高、不易产生萌蘖的树种。空中压条应选择发育充实的枝条和适当的压条部位。压条的数量一般不超过母株枝条的 1/2。压条方法是在离地较高的枝条上给予刻伤等处理后,包套上塑料袋、竹筒、瓦盆等容器,内装基质,经常保持基质湿润,待其生根后切离下来成为新植株,如图 2-8-5 所示。适用于桂花、山茶、杜鹃等。

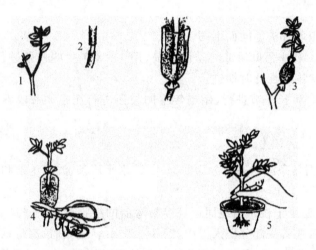

1. 选定枝条　2. 环状剥皮套上塑料袋,带内填土　3. 塑料袋两端扎紧　4. 生根后剪下　5. 分株栽植

图 2-8-5　空中压条

8.3　案例分析

案例 8-1　红叶李空中压条育苗技术

红叶李(*Prunus cerasifera f. atropurpurea*)是园林绿化中的重要树种,花、叶、果都有很高的观赏价值,多用于草坪绿地点缀。在生产上,红叶李多采用桃、李、杏做砧木,嫁接繁殖,但由于其 1 年生枝条细弱,芽较小,小枝皮层薄,所以劈接和芽接都不易操作。

实践证明,使用空中压条是其无性繁殖的一条捷径。结合疏枝修剪,利用过密过高的枝条进行高空压条,不仅修整了树形,还可以缩短育苗周期,使其提前出圃绿化造林。具体方法如下。

1. 材料准备。准备好枝剪、嫁接刀、塑料袋、细包装绳、黄泥浆等备用。用水调和成黏稠的黄泥浆以能堆成堆为准,避免过稀,若泥浆中加入生根粉效果更佳。

2. 空中高压枝条的选择。选择枝条稠密或生长过高过快的成年母树枝条进行高空压条。压条枝要有一定的粗度,以便能够支撑起足够重量的泥浆团,一般以 3～5 年生枝条为好。压条枝应无病虫害,压条部分要求枝皮光滑无伤痕。

3. 压条操作。春季 4—5 月份,待叶子全部发齐后,即可开始压条操作。在压条部分用嫁接刀刻画间距 1～2 cm 的两道刻痕,深达木质部,然后把树皮轻轻撕掉,形如环剥,避免伤到形成层。用调和好的黄泥浆将伤口封住,黄泥浆团成长椭圆形,捏紧包住枝条,使伤口处在泥浆团中部偏下位置,由于重力作用泥浆团下垂恰好能使伤口处于泥团中部。然后用塑料袋把泥团紧紧包住,并用塑料绳捆结实。注意不要让塑料袋破损透气或由于包扎不紧而透气,使泥团变干而不易生根。

4. 高压枝条后的管理。经常检查泥团,用手轻按塑料袋,感觉泥土柔软,说明包扎较好,不透气,泥土较湿润。若用手按塑料袋感觉很硬,说明泥团没有包扎好,泥土已经变干,应注入适量水,再在外面重新套一层塑料袋包扎好。大约一个月后伤口愈合并开始生根。待到秋季树叶脱落后,用枝剪从泥团下端将枝条剪断,小心解开包扎的塑料袋,将其移植于圃地中。注意不要把泥团碰碎,以免拉断新生的幼根,不利于成活。

案例 8-2　白玉兰的高空压条育苗技术

白玉兰,又称玉兰、玉兰花或木兰,属木兰科常绿乔木,目前在我国各地广泛种植,其叶面深绿,叶大美观,花白而芳香,花可提炼高级香料,具有广泛的经济用途。白玉兰树干通直,木材坚重,稍耐阴,喜肥沃湿润且排水良好的微酸性土壤,中性和微碱性土壤也能适应。根肉质忌水浸,低湿地易烂根,耐寒性强,生长较快,适生区幼树年生长达 1 m 以上。

白玉兰育苗可采用高空压条方法。

1. 压条选择。选择树冠下方 2～3 年生约 1.5 cm 粗的无病虫害健壮枝条为好。

2. 高空破枝。先在选定的枝条下端横切一刀,深度达枝条的 2/3,再向上纵破,长约 10 cm。注意在纵破之前,先在横切枝条上方约 12 cm 处用包装绳缚一圈,以免纵破时继续向上破裂。

3. 压条与包扎。从枝条切口处,用手将 2/3 的枝条破开,使其下端向外翘。随即将外翘部分裹上湿烂塘泥,外用塑料薄膜包扎,并用包装绳固定压条即可。

4. 剪下定植或培育。压条后 3 个月左右即有幼嫩的新根长出来,一般在塑料薄膜外面可见。当嫩根长出数条、根长达 10 cm 时即成新的植株,可剪下栽培或上盆。

8.4　知识拓展

城市园林苗圃育苗技术规程(节选)

城市园林苗圃育苗技术规程(节选)

(中华人民共和国城镇建设行业标准 CJ/T 23-1999)

4.3.3　压条繁殖。扦插不易生根的树种采用压条繁殖法。凡压条繁殖时,均应先将压入土中枝条的表皮刻伤或行环状剥皮,待形成根系后方可剪离母树培育。压条可分为以下几种方式:

a. 伞状压条。亦称普通压条。在早春发芽前将母树 1～3 年生壮枝向四周弯曲,埋入土中 8～12 cm,并使枝梢直立露出土面。

b. 偃枝压条,将母树基部 1 年生萌条偃伏于地面,待叶芽萌发生长到 15～20 cm 时,剪去新梢基部叶片,将偃伏的枝条连同新梢基部平置于 4～6 cm 深的土沟内,用细土填实。

c. 空中压条。亦称高枝压条。将细土或其他保湿通气性能良好的基质装入容器后套在枝条上。此法主要用于不易生根的珍贵苗木的繁殖。

4.3.4　埋条繁殖。在秋季从已落叶的母树上采集根部萌发的长枝,混沙埋藏,次年春季将枝条平置于 3～5 cm 深的土沟内,上覆细土,灌水,并保持土壤湿润。

4.3.5　分株繁殖。一般在春、秋季将母树根部萌发的枝条连根分离出来栽植,多用于根蘖发达的树种。

学习情境 3

园林植物大苗培育和苗木出圃

任务 9　常见园林植物大苗培育

9.1　任务书

常见园林植物大苗培育是苗木生产的重要能力。通过本任务实施，让学生学会制定常见园林植物大苗培育方案；具备在园林生产实践中正确进行本地区常见园林植物大苗培育的基本技能。

任务书 9　常见园林植物大苗培育

任务名称	常见园林植物大苗培育	任务编号	09	学时	6 学时
实训地点	植物栽培实训室、学院绿地	日期		年　　月　　日	
任务描述	常见园林植物大苗培育是苗木生产的重要能力。常见园林植物大苗培育包括：①常见园林植物苗木移植和大苗培育的技术方案制定及实施；②园林植物大苗培育生产程序和技术；③移植床、移植大苗准备；④移植时间确定；⑤移植密度和株行距确定；⑥移植方法选择；⑦实施具体苗木移植训练；⑧各类大苗培育技术。				
任务目标	了解移植的作用；熟悉苗木移植的程序和技术要点；熟悉各类大苗培育技术；会制定园林植物苗木移植和大苗培育技术方案；具备在园林生产实践中正确移植苗木的基本技能；增强自主学习、组织协调和团队协作能力，表达沟通能力，独立分析和解决实际问题能力，创新能力，吃苦耐劳能力。				
相关知识	园林植物大苗培育的知识要点和整个工作流程；各类大苗培育技术；园林苗木生产的国家、行业、企业技术标准；常见园林植物大苗培育技术。				
实训设备与材料	多媒体教学设备与教学课件；植物栽培实训室、学院绿地；大苗移植各类工具材料；大苗苗源、栽植绿地、肥料等材料；互联网；报纸、专业书籍；教学案例等。				

续表

任务名称	常见园林植物大苗培育	任务编号	09	学时	6 学时
实训地点	植物栽培实训室、学院绿地	日期		年 月 日	
任务组织实施	1. 任务组织:本学习任务教学以咨询法、小组讨论法、小组实操法为主,以 5～6 人为一组按照任务书的要求完成工作任务。 2. 任务实施: (1)收集大苗培育的知识要点和整个工作流程、各类大苗培育技术,园林植物大苗培育技术方案、园林植物大苗培育案例等信息材料,组织小组讨论学习,做好学习记录,准备好相关问题资料; (2)制定常见园林植物大苗培育技术方案并实施; (3)制作工作页 9(1)、(2):常见园林植物大苗培育; (4)制作任务评价页 9:常见园林植物大苗培育; (5)相关材料归档。				
工作成果	1. 工作页 9(1)、(2):常见园林植物大苗培育; 2. 任务评价页 9:常见园林植物大苗培育。				
注意事项	1. 按设计方案做好大苗移植前各项准备;包含移植地准备、移植苗源准备,移植苗的保护和处理; 2. 确定合适的大苗移植时间; 3. 注意大苗移植后的管理。				

9.2 知识准备

大苗是指在苗圃中培育几年到十几年,规格较大的苗木。一般情况下在苗圃中培育5～8 年。在园林绿化中使用大规格的苗木,主要是为了尽快成景,达到设计的绿树成荫,花枝交错的绿化效果,尽快发挥树木对环境的美化、净化的作用。在苗圃中培育出的大苗,具有发达紧凑的根系、完美的树形,健壮的生长势,较大的树体,能更好地适应园林树木栽植地如公园、人行道等人多的环境,栽植后顺利地存活和生长。

苗圃中经播种、扦插、嫁接等方法育出的小苗必须经过多次移植,扩大生长空间,加强肥水管理,合理整形修剪,有时还要嫁接,经过几年或十几年,才能培育出适合于园林绿化种植的大苗。在大苗培育的过程中,最主要的工作就是苗木的移植,同时结合移植进行施肥、灌排水、整形修剪、嫁接等工作。

一、移植

将播种苗或营养繁殖苗掘起,扩大株行距,种植在预先设计准备好的苗圃地内,使小苗继续更好地生长发育,这种育苗的操作方法叫移植。幼苗移植后叫作移植苗。苗木移植后扩大了株行距,增大了生长空间,改善了光照和通风状况,增强了肥水管理,再加上合理的整形修剪,有效地促进了苗木的生长、发育出良好的根系和树形,成为优质的大苗。同时,移植的过程也是一个淘汰的过程,那些生长差、达不到要求或预期不能发育成优质大苗的小苗被逐步淘汰。

（一）移植的作用

1. 为苗木提供适当的生存空间。一般的育苗方法，如通过播种、扦插、嫁接等方法培育树苗时，小苗的密度较大，出苗后随苗木的不断生长，幼苗的个体逐渐增大，苗木之间互相影响，争夺水、肥、光照、空气等，严重制约苗木的生长发育，必须扩大苗木的株行距。可通过间苗和移植的方法达到目的。但间苗会浪费苗木，留下的苗木也不能对其根系进行剪截，促其发展。因此，常使用移植的方法来扩大苗木的株行距。移植既扩大了生存空间，使根系充分舒展，进一步扩大树形，使叶面充分接受太阳光，增强树苗的光合作用、呼吸作用等生理活动，为苗木健壮生长提供良好的环境；又减少了病虫害的滋生；也便于施肥、浇水、修剪、嫁接等日常管理工作。

2. 促使根系发达。幼苗移植时，主根和部分侧根被切断，能刺激根部产生大量的侧根、须根，促进根系生长发育，使根系中根数显著增多，吸收面积扩大，形成完整发达的根系，提高苗木生长的质量。另外，移植后的苗木由于切断主根，根系分布于土壤浅层，起苗时所带吸收根数量多，有利于将来绿化栽植的成活和生长发育，达到良好的绿化效果。

3. 培养优美的树形。经过移植淘汰了树形差的苗木，移植后扩大树苗的生长空间，使苗木的枝条充分伸展形成树种固有的树形。同时经过适当的整形、修剪，使树形更适合于园林绿化需要。另外有的树种经过嫁接可培育出特殊的树形，如龙爪槐就是通过嫁接培养出如伞如盖的优美树形。

4. 合理利用土地。苗木生长不同时期，树体的大小不同，对土地面积的需求不同。园林绿化用大苗，在各个龄期，根据苗体大小，树种生长特点及群体特点合理安排密度，这样才能最大限度地利用土地，在有限地土地上尽可能多地培育出大规格优质的绿化苗木，使土地效益最大化。

苗木移植时，一般要进行分级栽植，将高度大小较一致的一批苗木栽到同一块地中，有利于个体的生长、整齐、均衡，也有利于统一进行管理。

（二）移植的技术

1. 移植次数。移植次数要根据苗木生长状况和所需苗木的规格确定。一般阔叶树种，苗龄满 1 年进行第一次移植，以后每隔 2～3 年移植一次，苗龄 3～4 年有的达到 5～8 年出圃。针叶树种，一般苗龄满 2 年开始移植，以后每隔 3～5 年移植一次，苗龄 8～10 年出圃。

2. 移植时间。苗圃中移植苗木，常在春季树木萌芽前进行，秋季在苗木停止生长后进行，有时也在雨季移植。

（1）春季移植。春季土壤解冻后直至树木萌芽前，都是苗木移植的适宜时间。春季土壤解冻后，树木的芽尚未萌动而根系已开始活动。移植后，根系可先期进行生长，为生长期吸收水分供应地上部分做好准备。同时土壤解冻后至树木萌芽前，树体生命活动较微弱，树体内贮存的养分还没有大量消耗，移植后易于成活。春季移植应按树木萌芽早晚来安排工作，早萌芽者早移植，晚萌芽者晚移植。有的地方春季干旱大风，如果不能保证移植后充分供水，应推迟移植时间或加强保水措施。

（2）秋季移植。秋季在苗木地上部分生长缓慢或停止生长后进行移植，即落叶树开始落叶时始至落完叶止；常绿树生长的高峰过后。这时地温较高，根系还能进行一定时间的生长,移植后根系得以愈合并长出新根,为来年的生长做好准备,秋季移植一般在秋季温暖湿润,冬季气温较暖的地方进行,北方冬季寒冷,秋季移植应早。冬季严寒和冻拔严重的地区不能进行秋季移植。

（3）雨季移植。在夏季多雨季节进行移植,多用于北方移植针叶常绿树,南方移植常绿树类,这个季节雨水多、湿度大,苗木蒸腾量较小,根系生长较快,移植较易成活。

（4）冬季移植。南方地区冬季较温暖,树苗生长较缓慢,可在冬季进行移植;北方冬季也可带冰坨移植。

3. 移植方法。移植苗木,除合理安排移植时间外,还要考虑移植地块的选择、密度、整地、施肥、起苗、苗木贮运、栽植、栽后管理等一系列的工作。

（1）地块选择。移植苗木的目的是要培育大规格的优质苗木,为了给苗木提供适合的生长条件,所选地块应平坦、光照充足,通风较好而无大风。交通方便,有良好的灌排水设施。在选择地块时要考虑土壤肥力、地下水位、土质、土层厚度等因素。大苗的根系相对较深,因此应选择土层较厚的地块。为了促使根系良好发育,还要选择土壤肥力较好,质地疏松、透气、保水保肥的土壤。土层厚度最好在 1 m 以上。

（2）移植密度。移植苗的密度取决于苗木生长速度、苗冠和根系的发育特性、苗木的喜光程度、培育年限、培育目的、管理措施等。一般针叶树的株行距比阔叶树小;速生树种株行距大些,慢生树种应小些;苗冠开展,侧根须根发达,培育年限较长者,株行距应大些,反之应小些;以机械化进行苗期管理的株行距应大些,以人工进行苗期管理的株行距可小些。一般苗木移植的株行距如表 3-9-1 所示。

表 3-9-1　苗木移植株行距

项　目	第一次移植株距 1 cm×行距 1 cm	第二次移植株距 1 cm×行距 1 cm	说　明
常绿树小苗	30×40	40×70 或 50×80	绿篱用苗 1～2 次;白皮松类 2～3 次
落叶速生树苗	90×110 或 80×120		杨树、柳树等
落叶慢长树苗	50×80	80×120	如槐树、五角枫
花灌木树苗	80×80 或 50×80		如丁香、连翘等
攀援类树苗	50×80 或 40×60		如紫藤、地锦

（3）整地。如果移植苗木较小,根系较浅,可进行全面整地。将地表均匀地抛撒一层有机肥(农家肥),用量以每亩 1500～3000 kg 为宜,也可结合施农家肥施入适量的迟效肥如磷肥。然后对土地进行深翻,深翻的深度以 30 cm 为准,深翻后再打碎土块、平整土地,画线定点种植苗木。采用沟状整地或穴状整地。挖沟、挖坑以线或点为中心进行挖掘。挖沟一般为南北向,沟深 50～60 cm,沟宽 70～80 cm。挖坑深一般为 60 cm,宽度为 80～100 cm。

（4）起苗。

①裸根起苗。主要用于阔叶树的起苗。

②带土球起苗。主要用于针叶树及珍贵品种的起苗。

（5）栽植。

①穴植。挖栽植穴,放苗入穴,覆土。适合移栽大苗。

②沟植。挖栽植沟,按一定株行距放苗,覆土。适合移栽小苗。

③孔植。打孔栽植,深度与原栽植深度相同。适合移栽小苗,用专用的打孔机可提高工作效率。

4.移植后的管理。

(1)浇水。苗木移植后,马上进行浇水。苗圃地一般采用漫灌的方法浇水。在树行间筑土坝,然后水从水渠或管道流出后顺行间流动进行漫灌。第一次浇水必须浇透,使坑内或沟内水不再下渗为止。第一次浇水后,隔2~3 d再浇一次水,连灌三遍水,以保证苗木成活。浇水一般在早上或傍晚为好。

(2)覆盖。浇水后等水渗下,地里能劳作时,在树苗下覆盖塑料薄膜或覆草。覆盖塑料薄膜时,要将薄膜剪成方块,薄膜的中心穿过树干,用土将薄膜中心和四周压实,以防空气流通。覆膜可提高地温,促进树苗生长,同时也可防止水分散失,减少浇水量,提高成活率。覆草是用秸秆覆盖苗木生长的地面,厚度为5~10 cm。覆草可保持水分,增加土壤有机质,夏季可降低地温,冬天则可提高地温,促进苗木的生长。但覆草可能增加病虫害的滋生。如果不进行覆盖,待水渗后地表开裂时,应覆盖一层干土,堵住裂缝,防止水分散失。

(3)扶正。移植苗第一次浇水或降雨后,容易倒伏露出根系。因此移植后要经常到田间观察,出现倒伏要及时扶正、培土踩实,不然会出现树冠长偏或死亡现象。扶正时应视情况挖开土壤扶正,不能硬扶,以免损伤树体或根系。扶正后,整理好地面,培土、踏实后立即浇水,对容易倒伏的苗木,在移植后立支架,待苗木根系长好后,不易倒伏时再撤掉支架。

(4)中耕除草。移植苗一般在大田中培育,中耕除草是移植苗培育过程中一项重要的管理措施。中耕是将土地翻10~20 cm深;结合除草进行。可以疏松土壤利于苗木生长。除草一般在夏天生长较旺的时候进行;晴天,太阳直晒时进行为好,可使草晒死。除草要一次锄净、除根,不能只把地上部分除去。另外不能在阴天、雨天除草。

(5)施肥。施肥合适与否直接关系到苗木生长质量。在施足底肥的基础上,要根据苗木生长的状况及不同阶段,施用不同的肥料。

(6)病虫害防治。大苗培育的过程中,病虫害防治也是一项非常重要的工作。种植前可以进行土壤消毒,种植后要加强田间管理,改善田间通风、透光条件,消除杂草、杂物减少病虫残留发生。苗木生长期经常巡察田间苗木生长状况,一旦发生病虫害,要及时诊断,合理用药或用其他方法治理。使病虫害得以控制、消灭。

(7)排水。培育大苗的地块一般较平整,在雨季容易受到水涝危害。因此,雨季排水也是非常重要的工作。排水首先要做好排水设施,提前挖好排水沟使流水能及时排走。另外,降雨后也可能出现水流冲垮地边,冲倒苗木的情况,降雨后要及时整修地块,扶正苗木。排水在南方降水量大的地方尤为重要。北方高原地带降水量较小,主要考虑浇水的问题,但也不能忽视排水设施建设。

(8)整形修剪。不同种类的大苗,采用的整形修剪技艺不同。具体的整形修剪技艺将在园林植物养护管理中详细地介绍。

(9)补植。苗木移植后,会有少量的苗木不能成活,因此移植后一两个月要检查成活,将不能成活的植株挖走,种植另外的苗木,以有效地利用土地。

(10)苗木越冬防寒。苗木移植后,在北方要做一些越冬防寒的工作,以防止冬季低温损伤苗木。常见的措施是浇冻水,在土壤冻结前浇一次越冬水,既能保持冬春土壤水分,又能防止地温下降太快。对一些较小的苗木进行覆盖,用土或草帘、塑料小拱棚等覆盖。较大的易冻死的苗木,缠草绳以防冻伤。对萌芽或成枝均较强的树种,可剪去地上部分,使来年长出更强壮的树干。冬季风大的地方也可设风障防寒。

园林绿化中应用的大苗种类很多,如庭荫树、行道树、花灌木、绿篱大苗、球形大苗、藤本类大苗等。不同种类的大苗要求有不同的树形,不同的树种大苗培育方法也不相同。

二、各类大苗的培育

(一)行道树、庭荫树大苗培育

1. 行道树、庭荫树大苗标准。

(1)要求主干通直圆满,具有一定的枝下高度,行道树一般要求主干高 2.5～3.5 m,庭荫树一般要求主干高 1.8～2.0 m。

(2)根系发达,有完整、紧凑、丰满匀称的树冠。

2. 行道树、庭荫树大苗的培育技术。在大苗培育过程中,最主要的就是树干的培育。

(1)落叶乔木大苗树干培育技术。

①截干法。此方法适合潜伏芽寿命长、萌芽力较强,年生长量较小,干性弱的树种。如国槐大苗的培育。秋季落叶后将 1 年生的播种苗按 60 cm×40 cm 株行距进行移植,第二年加强管理,养成强大根系。当苗高达到 1.5 m,地径达到 1.5 cm 时,一般于秋季在距地面 5～10 cm 处进行重剪,第三年选留一健壮枝条作为主干,秋季苗高可达 2.5 m。

②渐次修剪法。此法适用于萌芽力强,生长快干性强的树种。例如杨树、柳树。杨树扦插后,一年内就会长出 2 米以上通直的主干,一年生长就可达到行道树、庭荫树的干高要求。第二年萌芽后,主干顶芽萌发形成很多侧枝,为了不影响干高,在萌芽时或枝条长出后,对处于树干较下方的芽或枝进行抹芽或除萌,保持通直的主干。也可在生长停止后疏去靠下的分枝,保持主干高度。但一次不可疏去太多,以免影响生长。

③密植法。移植时,适当缩小株行距,对苗木进行密植,可促进树木向上生长,抑制侧枝生长,也可培养通直主干,如元宝枫。

(2)落叶乔木大苗树冠培育技术。高大落叶乔木,一般多按树木自然冠型,不多加人为干预,只是上部出现较强的竞争枝时要及时疏除,否则易出现双干。为了改善树冠内部的通风透光条件,对过密枝、重叠枝疏除,对病虫枝、创伤枝也应疏去。

国槐、元宝枫、馒头柳之类的乔木,待树干养成后,结合第二次移植,在 2.0～2.5 m 处定干,然后选好向外放射的 3～5 个主枝培养成骨干枝,第二年对这些骨干枝在 30 cm 处进行短截,促使侧枝生长,以构成基本树型。

3. 针叶树大苗培育技术。针叶树种,一般潜伏芽寿命短,萌芽力弱,生长缓慢。园林绿化应用时,一般采用低干或保留全部分枝的树形,如云杉、白皮松、油松,培育大苗时一般不进行修剪,另外还要注意保护好顶芽,无顶芽则不再长高。修剪只是剪去枯枝、病残枝。有时轮生枝过密时,可适当疏除,每轮留 3～5 枝。白皮松、桧柏类苗木易形成徒长枝,成为双干型。要及时疏去一枝,保持单干。同时针叶类的一般较喜光,应使其充分受光;在此基础上,加强肥水,才能成为生长健壮的合格苗木。

(二)花灌木类大苗培育

1. 单干式。观花小乔木类,多采用中干或低干式,中干式株高 1.5～2 m、低干式株高

0.5～1 m。在移植养干时,于 0.5～2 m 定干,翌春发芽后,按开心形或自然开心形修整树冠,培养成具有 5～10 个侧枝的圆头形树冠。

2. 多干式。适用于丛生性强的花灌木,移植后,在枝条基部留 3～5 个芽截干,使从近地表基部萌发出多数枝条,每次移植应重剪。如腊梅、玫瑰等。

花灌木上的花、果,消耗养料最多,为了不影响苗木生长,应及时剪去。

(三)绿篱类

培育中篱和矮篱苗时,凡播种或扦插成活的苗木,当苗高为 20～30 cm 时,剪去主干顶梢,使苗干的侧枝萌发并快速生长。当侧枝长至 20～30 cm 时,也剪梢,促使次级侧枝抽出。经 1～2 年培养,苗木上下侧枝密集。高篱苗一般在任其生长或适当修剪。

(四)球形类

当苗木达到一定高度时,修剪枝梢使树冠成圆球形,然后抽出大量分枝。当分枝长至 20～25 cm 时,再次修剪枝梢,促进次级侧枝形成,使球体逐年增大,同时剪去畸形枝、徒长枝和病虫枝。成形后,每年在生长期进行 2～3 次短截,促使球面密生枝叶,如大叶黄杨球等。

(五)藤本类

苗本移植后,春季近地面处截干,促进萌生侧枝,选留 2～3 条生长健壮的枝条培养做主蔓,对枝上过早出现的花芽要及早摘去。藤本植物移植后第一年,应设立支柱固定植株并使其向上攀援生长。

(六)伞形类大苗培养

园林中常用伞形树苗,如龙爪槐、垂枝樱桃等。此类苗木培育时,先培育较大的砧木,然后嫁接垂枝品种即成为伞形树形,一般砧木粗 4～5 cm,嫁接高度可视需要而定,一般在 2 m 处嫁接,有时也在 1 m 处嫁接。砧木经移植培育,嫁接时在定好的高度截断主干,然后用插皮接接上接穗。每株 3～4 个接穗,接后包好,加强管理,经过 2～3 年生长,可成为合格的伞形大苗。培养树冠主要在冬季修剪,修剪方法是在剪口位置划一水平面,沿水平面剪接各枝条,剪口芽要选留向外向上生长的芽,以利逐渐扩大树冠。

9.3　案例分析

案例 9-1　福建山樱花大苗移植

福建山樱花又名结樱桃、钟花樱等,蔷薇科李属落叶小乔木或中乔木,每年冬末春初开花,先花后叶,盛花期 1—2 月下旬,喜光照充足和温暖的环境,较耐高温和阴凉,不耐强光,广泛分布于我国的福建、广东、广西、江西、台湾等省区的阳坡山谷、山坡、溪旁、湿地与山地天然常绿阔叶林边地带。在土质疏松的红壤、黄壤中生长良好,在干旱瘠薄的荒山生长不良。可在低海拔地区种植,并有很强的适应性和较强的抗污染能力。近年来,随着城市绿化建设的快速发展,福建山樱花越来越受到人们的青睐,苗圃培育的大苗供不应求。本案例结合生产实践,浅谈野生福建山樱花大苗(胸径在 10 cm 以上)移植及管护技术。

1. 移植前的准备工作。

(1)确定合适的移植时间。福建山樱花是落叶树种,春、秋两季都可移植,以早春树木的芽即将萌动但还没膨胀之前移植效果最好;在秋季,当树木生长速度降低即将进入休眠的时候也可移植。选择无风阴天温度适中天气移植,移植前要根据天气预报制定移植计划,应避开高温、低温天气和大风天。当天挖树体时要避免挖后被太阳直射而引起水分蒸发,有条件可用遮阳网盖好,最好做到当天挖当天种。

(2)苗圃土壤的选择。根据福建山樱花的生长习性,应选择较为肥沃的排水良好的红壤或黄壤土地。

(3)准备好各类材料和用具。除常用的园林机械外,还需要起吊用的吊绳,支撑用的木棍,遮阳网、草绳、促根药剂等。

2. 移植技术要点。

(1)山上掘苗。由于福建山樱花的主根性强,须根较少,难带土球。一般采用不带土球掘取法(树木掘起后,把根系上的泥土全部打落,露出树根),以便于搬运。

(2)修剪和包干。对掘起树体按树冠进行剪截,剪去带病虫的枯枝、内堂枝和下垂枝,并用草绳对树体的主干包扎,以防止搬运中受损伤并起到栽后管护保湿的的作用。

(3)搬运。小树、较大的树可用人力搬运,而大树则要用起重机搬运,但无论用何种方法搬运,都必须保护好根系和树干的完好无损。

(4)种植前修剪及处理。搬运至种植地,对树的顶枝部分的嫩枝则全部剪掉,过密的也须剪去,修截枝条为整体的 1/3~1/2,锯截粗枝的伤口应涂木胶等保护剂或用塑料膜包扎,以便于减少对水分的需求。对破损根和烂根,要剪除,刀口要尽量小且平整,并用黄泥浆水加钙镁磷肥及 100 mg/L 的 ABT 生根粉液浸根或浇湿根部,有利于新后根的生长。

(5)栽植和支撑。在种植点挖好圆锅形的种植穴,一般比树体根直径大 30 cm 以上,深 20~40 cm。在种植穴内放好基肥,将树身竖立在穴的中央,与地面垂直,后用土填入穴中,填至一半时用水灌之,而后用土填满夯实。用准备好的木棍搭好三脚架固定好。

3. 栽后的管护。

(1)树干喷水。喷水可以保持树体水分平衡,减少叶面和枝干蒸发引起失水,同时能为树体提供湿润的小气候环境。一般在初栽气候干燥,均需一天进行多次的喷水,移栽的初期或高温干燥季节,必须搭制荫棚进行遮阴,以降低水分的蒸发。

(2)树根的控水。刚移植的树木,只要保持土壤的适度湿润即可。如土壤含水量大,会影响土壤的透气,抑制根系的呼吸,会造成烂根的现象。因此,栽种时一方面要控制水分,第一次浇透水后,以后应视天气情况,土壤质地,谨慎浇水,同时,也要慎防由于喷水过多滴入根系区域。

(3)应用促根药剂。目前,广泛用于大树移植,主要是活绿素。一般用 1∶300 的比例,进行浇定根水,以后半个月浇一次,连续两次。同时,也可在树体上部用"挂水"注药剂于韧皮部,可大大提高成活率。

(4)抹芽。福建山樱花移植后,萌芽能力较强,应定期、分次进行抹芽,切忌一次完成,以减少养分消耗,保证树冠在短期内快速形成。抹芽时顶部宜多留些芽,及时除去基部及中下部的萌芽。

(5)病虫害防治。福建山樱花的虫害主要是危害树叶,红蜘蛛、介壳虫和梨网蝽等的危害,一旦发生,用 40%氧化乐果乳剂 1000 倍液喷洒。病害主要是穿孔性褐斑病、叶枯病等,一旦发生应对症下药,做到及时防治,同时须兼顾以防为主,综合防治的原则。

9.4 知识拓展

一、容器大苗生产配套技术研究

(一)容器大苗的优点

1.反季节栽植,实现苗木周年供应。

2.高移植成活率,一般在 98％以上。

3.无缓苗期,绿化见效快(一般大树绿化的缓苗期在 2～3 年)。

4.无树势恢复期,后期长势效果好。

5.在园林大苗资源逐渐消耗减少的情况下,提供连续的可持续发展的苗木使用和储备。

(二)培育容器苗种类、规格

1.苗圃确定培育的容器大苗种类为桢楠、广玉兰、天竺桂、蒲葵、鱼尾葵、香樟、水晶蒲桃、红叶李、复羽叶栾树、羊蹄甲、合欢、法国梧桐。

2.苗木规格。干径为 15～20 cm。

(三)容器苗木保活修剪量

根据树种特性,将待培育的 12 种苗木的保活移植修剪分为以下 4 个类型:

1.桢楠、广玉兰、天竺桂 3 种常绿阔叶树种具有明显的主干和规则的树冠形态,实行疏枝修剪,在保证树冠景观形态的前提下,疏除树冠枝条的 40％～60％,保留树冠叶片总量的 20％左右。

2.蒲葵、鱼尾葵为棕榈科植物,应首先彻底疏除多余的老化叶片,然后在剩余叶片的基础上施行叶片修剪,剪除叶形大小的 60％,修剪完毕后的叶面积总量为原有(初始)叶片总量的 30％。

3.香樟、水晶蒲桃为不规则树形的常绿阔叶树,应对树冠进行回缩修剪,主要保留树冠的 2、3 级枝条,修剪后树冠剩余的枝叶总量为原有树冠的 10％～20％。

4.红叶李、复羽叶栾树、羊蹄甲、合欢、法国梧桐为枝叶萌发能力较强的落叶阔叶树种,应施行树冠回缩修剪,保留到树冠的 2 级枝条,修剪后树冠剩余的枝条总量为原有树冠的 10％左右。

(四)容器大苗培养技术方案

1.方案一:聚乙烯空气修根滴灌培养。

(1)特点。采用"空气修剪根系"原理,控制根系发育;器壁部凹凸结构,有利于促发侧根;聚乙烯材料制成,使用寿命 6～7 年。

(2)容器制作使用。容器规格为苗木干径的 8～10 倍。

(3)装苗步骤。地面铺设预先准备好的带孔隙的聚乙烯盘状材料→将预先购置的聚乙烯侧壁材料卷曲成圆桶状,并放置在聚乙烯盘上方→在聚乙烯盘上堆积预先准备好的种植土(有效土层厚度≥20 cm)→吊装苗木至容器中,并将苗木种植在容器中央→加入种植土将容器内空间填满、压实→浇透定根水→设立支架(要求采用联合支架支撑)

(4)养护管理。

①滴灌水量。将预先安装设置好的滴灌系统滴头按照 2～3 滴头/株的密度均匀插入每株树穴(容器)中;打开供水塔水阀让水流自动滴灌入每株树木容器;观察容器底部水分渗出情况,当有多余水分从底部渗出时调节水阀流量大小,直至没有多余水分渗出,同时保持土壤湿润为止;记录水阀流量速度、当天气温,作为容器大苗水分管理的依据。以此设置定时闸阀,定时灌水。

②灾害防治。伏旱高温:每年 7—8 月;措施:浇水,保证根系水分供给。大风:每年 4 月;措施:加固联合支架。防涝:每年 6—7 月;措施:设置排水沟,防止积涝(暴雨,积水)。

(5)苗木使用。吊装苗木→剥去容器→定植。

2. 方案二:聚乙烯铁圈筒堆土培养法。

(1)制作材料。细铁丝,直径 3～5 mm 的粗铁丝,直径 8～10 mm 的钢条,厚 1～3 mm 的聚乙烯卷。

(2)制作方法。

①采用直径 3～5 mm 的粗铁丝制作直径为"苗木土球直径＋40 cm"的铁圈 3～4 个。

②制作直径为"苗木土球直径＋40 cm",高为"苗木土球厚度"的聚乙烯卷筒。

③剪截直径 8～10 mm,长为"聚乙烯卷筒高度＋20 cm"的钢条 8～10 根。

④用细铁丝将聚乙烯卷筒、粗铁丝圈、钢条绑扎在一起,制作成具有稳固形状的聚乙烯铁圈筒。

(3)保活栽植及养护管理。与一般苗木相同。

(4)苗木移栽。拔开聚乙烯铁圈筒底部堆土,用绳索兜住苗木土球底部,连同聚乙烯铁圈筒一起起吊苗木出坑,装车运输,定植。

3. 方案三:预埋钢圈培养法。

(1)钢圈容器的制作。

①制作材料:直径 5～8 mm 的钢丝。

②钢圈容器的制作:用直径 5～8 mm 的钢丝制作成碗形透空钢圈容器。

(2)苗圃栽植:预埋钢圈→保活栽植(同普通苗木)。

(3)苗木管理:与普通苗木相同。

(4)苗木使用:连同钢圈直接吊装。

二、城市园林苗圃育苗技术规程(节选)

城市园林苗圃育苗技术规程(节选)
(中华人民共和国城镇建设行业标准 CJ/T 23-1999)

6 大苗培育

6.1 移植

6.1.1 1～2 年生小苗必须移植,将其养成具有完整根系和一定干型、冠型的大苗。速生树种移植 1～2 次,慢生树种移植 2 次以上后,即可定向培育出圃。

6.1.2 移植期以春季为主。在秋季移植落叶树时,应在苗木落叶后进行;雨季移植应以带土球移植为主。北方可于冬季带土球移植针叶树。

6.1.3 移植株行距依苗木生长需要而定,并要便于畜力和机械操作。

6.1.4　苗木在掘、运、栽的过程中应尽量缩短时间,并分级栽植或予以假植。苗木栽植后应立即灌水。

6.2　修剪

6.2.1　苗木修剪方式因树种及培育目的而定。一般从自然树形为主,因树造型,轻量勤修,分枝均匀,冠幅丰满,干冠比例适宜。

a.乔木类:行道树苗木要求主干通直,主、侧枝分明,分枝点高1.8～2.0 m,并逐年上移,直到规定干高为止;庭园观赏树苗的主干不宜太高,可养成多干型或曲干型等。

b.灌木类:枝叶茂密,主枝5～8支,并分布匀称。

c.针叶树类:养成全冠型或低干型者应保留主枝顶梢;顶梢不明显的树种宜养成多干型或几何型。

d.绿篱类:应促其分枝,保持全株枝叶丰满。也可做定型修剪,出圃后拼装成绿篱。

e.地被、攀缘类:主蔓3～5支,分布均匀。特殊造型苗木应分步骤修剪成型。

6.2.2　休眠期修剪以整型为主,可稍重剪;生长期修剪以调整树势为主,宜轻剪。有伤流的树种应在夏秋修剪。

6.3　其他栽培技术措施

6.3.1　要加强灌溉、施肥、中耕、除草等技术措施,促使苗木健壮生长,达到预定指标。

6.3.2　要注意预防旱、涝、风、雹、严寒、酷热等自然灾害和人、畜的损伤提高苗木保存率。

6.3.3　合理间作、套种和补苗,提高土地利用率。

7　病虫害防治

7.1　苗圃应设专人负责病虫害防治工作,加强虫情预测预报,建立植保档案。

7.2　应根据本地区不同树种和不同生长阶段的主要病虫发生规律,制订长期和年度防治计划,采取生物、化学和物理等方法进行综合防治。

7.3　认真进行土壤和种苗消毒。避免具有相同病虫害的苗木在一块地上连接种植或连年栽植;不得在育苗地种植易感染病虫的蔬菜或其他作物。

7.4　严格执行国家植物检疫条例的规定,未经检疫的种苗不得引进或输出。

7.5　对病虫害采取防治措施时,应十分注意保护天敌。

7.6　应重点防治下列病虫害:

a.根部病虫害:立枯病、根腐病、根癌病;蛴螬、蝼蛄、灰象岬、金针虫、地老虎、线虫等。

b.叶部病虫害:锈病、白粉病、褐斑病、黄化病、丛枝病;蚜虫、红蜘蛛、卷叶虫、避债蛾、巢蛾、天社蛾、刺蛾等。

c.枝干病虫害:腐烂病;透刺蛾、木蠹蛾、天牛、吉丁虫、介壳虫等。

7.7　使用药剂应严格执行国家植物保护条例的有关规定,尤其应注意以下几点:

a.正确选择药剂,防止植物产生药害。

b.在有效范围内,宜使用低浓度农药。应注意换用不同药剂,防止病虫产生抗药性。

c.不得使用高污染、高残毒和彼此干扰的药物,提高防治效果。

d.必须执行植保操作规程,确保人、畜安全。

任务 10　苗木出圃

10.1　任务书

苗木出圃是苗木生产的重要能力。通过本任务实施，让学生学会制定园林苗木出圃方案；具备在园林生产实践中正确进行苗木出圃的基本技能。

任务书 10　苗木出圃

任务名称	苗木出圃		任务编号	10	学时	4 学时
实训地点	植物栽培实训室、学院苗圃和绿地		日期		年　月　日	
任务描述	苗木出圃是苗木生产的重要能力。苗木出圃包括：①制定园林苗木出圃方案；②实施园林苗木出圃方案；③苗木调查；④苗木出圃程序：起苗、分级统计、检疫消毒、包装运输、假植贮藏。					
任务目标	了解苗木调查的方法；熟悉苗木出圃程序和技术要求；会制定园林植物苗木出圃技术方案；具备在园林生产实践中正确进行园林苗木出圃的基本技能；增强自主学习、组织协调和团队协作能力，表达沟通能力，独立分析和解决实际问题能力，创新能力，吃苦耐劳能力。					
相关知识	苗木调查技术方法；各类园林苗木出圃规格要求；苗木出圃程序和技术；园林苗木生产的国家、行业、企业技术标准。					
实训设备与材料	多媒体教学设备与教学课件；植物栽培实训室、学院苗圃和绿地；苗木调查和出圃的工具材料；互联网；报纸、专业书籍；教学案例等。					
任务组织实施	1. 任务组织：本学习任务教学以咨询法、小组讨论法、小组实操法为主，以 5～6 人为一组按照任务书的要求完成工作任务。 2. 任务实施： (1)收集各类园林苗木出圃规格要求、苗木调查、苗木出圃的知识要点，熟悉苗木调查和苗木出圃的内容和整个工作流程，苗木出圃技术方案等信息材料，组织小组讨论学习，做好学习记录，准备好相关问题资料； (2)制定园林植物苗木出圃技术方案并实施； (3)制作工作页 10(1)、(2)：苗木出圃； (4)制作任务评价页 10：苗木出圃； (5)相关材料归档。					
工作成果	1. 工作页 10(1)、(2)：苗木出圃； 2. 任务评价页 10：苗木出圃。					
注意事项	1. 掌握各类园林苗木出圃标准，严格按标准出圃； 2. 做好苗木出圃前的准备； 3. 选择合适的苗木出圃时间和天气； 4. 及时做好出圃苗的包装、运输和假植； 5. 做到随起、随分、随运、随栽。					

10.2　知识准备

苗木经过一定时期的培育,达到绿化栽植要求的规格时,即可出圃。苗木出圃是育苗作业的最后一道工序,主要包括起苗、分级统计、检疫消毒、包装运输和假植贮藏等。为了保证绿化栽植苗木的质量和观赏效果,须确定苗木出圃的规格标准。同时,须进行苗木调查,掌握各类苗木的质量和数量,制订出圃销售计划,做好苗木的计划供应和出圃前的准备工作。

一、出圃苗木的标准

为了使出圃苗木定植后生长良好,早日发挥其绿化效果,满足各层次绿化的需要,出圃苗木应有一定的质量标准。不同种类、不同规格、不同绿化层次及某些特殊环境,特殊用途等对出圃苗木的质量标准要求各异。

(一)出圃苗木质量标准

出圃苗应具备的以下条件。

1. 苗木的树形优美。出圃的园林苗木应是生长健壮,骨架基础良好,树冠匀称丰满的苗木。

2. 苗木根系发达。主要是要求有发达的侧根和须根,根系分布均匀。

3. 茎根比适当,高粗均匀,达一定的高度和粗度(冠幅)。出圃苗的高、粗(冠幅)要求达到一定的规格。

4. 无病虫害和机械损伤。苗木出圃的根系应发育良好,起苗时机械损伤轻,根系的大小适中,可依不同苗木的种类和要求而异。另外,要求病虫害很少,尤其对带有危害性极大病虫害的苗木必须严禁出圃,以防止定植后,病虫害严重,生长不好,树势衰弱,树形不整等而影响绿化效果。

5. 萌芽力弱的针叶树要具有发育正常的顶芽。

以上是园林绿化苗的一般要求,特殊要求的苗木质量要求不同。如桩景要求对其根、茎、叶进行艺术的变形处理。假山上栽植的苗木,则大体要求"瘦、漏、透"。

(二)出圃苗的规格要求

苗木的出圃规格,根据绿化任务的不同要求来确定。做行道树、庭荫树或重点绿化的地区的苗木规格要求高,一般绿化或花灌木的定植规格要求低些。随着城市绿化层次的增高,对苗木的规格要求逐渐提高。出圃苗的规格各地都有一定的规定,表 3-10-1 列举了华中地区目前执行的标准,供参考。

表 3-10-1　苗木出圃的规格标准

苗木类别	代表树种	出圃苗木的最低标准	备　注
大中型落叶乔木	银杏、栾树、梧桐、水杉、槐树、元宝枫	要求树形良好,树干通直,分枝点 2～3 m,胸径 5 cm(行道树 6 cm)以上	干径每增加0.5 cm提高一个等级
常绿乔木	香樟、桂花、广玉兰	要求树形良好,主枝顶芽苗壮,苗高 2.5 m 以上,胸径 4 cm 以上	干径每增加 0.5 m提高一个等级
单干式灌木和小型落叶乔木	垂柳、榆叶梅、碧桃、紫叶李、西府海棠	要求树冠丰满,分枝均匀,胸径 2.5 cm(行道树 6 cm)以上	干径每增加0.5 cm提高一个等级

续表

苗木类别		代表树种	出圃苗木的最低标准	备 注
多干式灌木	大型灌木	丁香、黄刺梅、珍珠梅、大叶黄杨、海桐	要求分枝处有 3 个以上分布均匀的主枝,高度 80 cm 以上	高度每增加 10 cm 提高一个等级
	中型灌木	紫薇、紫荆、木香、玫瑰、棣棠	要求分枝处有 3 个以上分布均匀的主枝,高度 50 cm 以上	高度每增加 10 cm 提高一个等级
	小型灌木	月季、郁李、杜鹃	要求分枝处有 3 个以上分布均匀的主枝,高度 25 cm 以上	高度每增加 10 cm 提高一个等级
绿篱苗木		小叶黄杨、小叶女贞、九里香、黄素梅、侧柏	要求生长旺盛,分枝多,全株成丛,基部丰满,高度 20 cm,冠丛直径 20 cm(某些种类对冠径无严格要求)	高度每增加 10 cm 提高一个等级
攀缘类苗木		地锦、凌霄、葡萄、紫藤、常春藤	要求生长旺盛,枝蔓发育充实,腋芽饱满,根系发达,有 2～3 条主蔓	
人工造型苗木		黄杨、龙柏、九里香、海桐、罗汉松、榆树	出圃规格不统一,按不同要求和使用目的而定,但造型必须完整、丰满	

二、苗木调查

苗木的质量与产量可通过苗木调查来掌握。一般在秋季苗木将结束生长时,对全圃所有苗木进行清查。此时苗木的质量不再发生变化。

(一)苗木调查的目的与要求

通过对苗木的调查,能全面了解全圃各种苗木的产量与质量。调查时应分树种、苗龄、用途和育苗方法进行。调查结果能为苗木的出圃、分配和销售提供数量和质量依据,也为下一阶段合理调整、安排生产任务,提供科学准确的根据。通过苗木调查,可进一步掌握各种苗木生长发育状况,科学地总结育苗技术经验,找出成功或失败的原因,提高生产、管理、经营效益。

(二)调查方法

为了得到准确的苗木产量与质量数据,根颈在 5～10 cm 以上的特大苗,要逐株清点,根颈在 5 cm 以下的中小苗木,可采用科学的抽样调查,其准确度不得低于 95%。

在苗木调查前,首先查阅育苗技术档案中记载的各种苗木的育苗技术措施,并到各生产区查看,以便确定各个调查区的范围和采用的方法。凡是树种、苗龄、育苗方式方法及抚育措施,绿化用途相同的苗木,可划为一个调查区。从调查区中抽取样地,逐株调查苗木的各项质量指标及苗木数量,其次根据样地面积和调查区面积,计算出单位面积的产苗量和调查区的总产苗量。最后统计出全圃各类苗木的产量与质量。抽样的面积为调查苗木总面积的 2%～4%。常用的调查方法有下列 3 种。

1. 标准行法。在调查区内,每隔一定行数(如 5 的倍数)选 1 行或 1 垄作标准行,全部标准行选好后,如苗木数过多,在标准行上随机取出一定长度的地段,在选定的地段上进行苗木质量指标和数量的调查,如苗高、根颈或胸径、冠幅、顶芽饱满程度、针叶树有无双干或多干等。然后计算调查地段的总长度,求出单位长度的产苗量,以此推算出每亩的产苗量和质量,进而推算出全区的该苗木的产量和质量。此调查方法适用于移植区、扦插区、条播、点播的苗区。

2. 标准地法。在调查区内,随机抽取 1 m^2 的标准地若干个,逐株调查标准地上苗木的高度,根径等指标,并计算出 1 m^2 的平均产苗量和质量,最后推算出全区的总产量和质量,并将所得数据填入表 3-10-2。此调查方法适用于播种的小苗。

3. 准确调查法。数量不太多的大苗和珍贵苗木,为了数据准确,应逐株调查苗木数量,抽样调查苗木的高度、地径、冠幅等,计算其平均值,以掌握苗木的数量和质量。

表 3-10-2　苗木调查记录表

树种:　　　苗木种类:　　　育苗方式:　　　苗龄:　　　面积:　　　调查比例:

标准地或标准行号	调查株号	高度(cm)	地(胸)径(cm)	冠幅(cm)	标准地或标准行号	调查株号	高度(cm)	地(胸)径(cm)	冠幅(cm)

调查人:　　　　　　　　　　　　　　　　　　　　　年　　月　　日

4. 抽样调查法(详见知识拓展)。

三、起苗

起苗又称掘苗,起苗操作技术的好坏,对苗木质量的高低影响很大,也影响到苗木的栽植成活率以及生产、经营效益。

(一)起苗季节

1. 秋季起苗。应在秋季苗木停止生长,叶片基本脱落,土壤封冻之前进行。此时根系仍在缓慢生长,起苗后及时栽植,有利于根系伤口愈合和劳力调配,也有利于苗圃地的冬耕和因苗木带土球使苗床出现大穴而必须回填土壤等圃地整地工作。秋季起苗适宜大部分树种,尤其是春季开始生长较早的一些树种,如春梅、落叶松、水杉等。过于严寒的北方地区,也适宜在秋季起苗。

2. 春季起苗。一定要在春季树液开始流动前起苗。主要用于不宜冬季假植的常绿树或假植不便的大规格苗木,应随起苗随栽植。大部分苗木都可在春季起苗。

3. 雨季起苗。主要用于常绿树种,如侧柏等。雨季带土球起苗,随起随栽,效果好。

4. 冬季起苗。主要适用于南方。北方部分地区常进行冬季破冻土带冰坨起苗。

(二)起苗方法

1. 裸根起苗。适用于落叶树大苗、小苗和常绿树小苗的起苗。大苗裸根起苗要单株挖掘。挖苗前先将树冠拢起,防止碰断侧枝和主梢。然后以树干为中心按要求的根幅划圆,在圆圈外挖沟,切断侧根。挖到一半深时逐渐向内缩小根幅,挖到要求的深度时缩小至根幅的2/3,使土球成扁圆柱形。达到深度要求时将苗木向一侧推倒,切断主根,振落泥土,将苗取出,并修剪被劈裂和过长的根系。

小苗裸根起苗沿着苗行方向,距苗行20 cm处挖一条沟,沟的深度应稍深于要求的起苗深度,在沟壁下部挖出斜槽,按要求的起苗深度切断苗根,再从苗行中间插入铁锹,把苗木推倒在沟中,取出苗木。

2. 带土球起苗。适用于常绿树、珍贵树木的大苗和较大的花灌木的起苗。挖苗前先将树冠拢起,防止碰断侧枝和主梢。然后以树干为中心按要求的根幅划圆,在圆圈外挖沟,切断侧根。挖到一半深时逐渐向内缩小根幅,挖到要求的深度时缩小至根幅的2/3,使土球成扁圆柱形。达到要求的深度后用草帘或草绳包裹好,将苗木向一侧推倒,切断主根,将苗取出。

3. 冰坨起苗。东北地区可利用冬季土壤结冻层深的特点进行冰坨起苗。冰坨起苗的做法与带土球起苗大体一致。在入冬土壤结冻前进行,先按要求挖好土球,挖至应达到的深度时暂不取出,待土壤结冻后再截断主根将苗取出。冰坨起苗,运途不远时可不包装。

4. 机械起苗。目前,北方地区尤其是东北三省有条件的大中型苗圃多采用机械起苗。一般由拖拉机牵引床式或垄式起苗犁起苗,生产上应用的4QG-2-46型床(垄)式起苗犁和4QD-65型起大苗犁,不但起苗效率高,节省劳力,减轻劳动强度,而且起苗质量好,又降低成本,值得大力推广使用。

(三)注意事项

起苗质量好坏关系到栽植成活率的高低,在造林绿化中至关重要,起苗中应注意以下4个方面。

1. 起苗深度适宜。实生小苗深度为20~30 cm,扦插小苗深度为25~30 cm。大苗起苗的深度(或土球高度)大约为根幅(或土球直径)的2/3,根幅(或土球直径)按下式计算:

$$土球直径(cm)＝5×(树木地径-4)＋45$$

2. 不在阳光强、风大的天气和土壤干燥时起苗。

3. 起苗工具要锋利。

4. 起苗时避免损伤苗干和针叶树的顶芽。

四、苗木分级统计

(一)苗木分级

苗木分级是按苗木质量标准把苗木分成若干等级。当苗木起出后,应立即在蔽阴处进行分级,并同时对过长或劈裂的苗根和过长的侧枝进行修剪。分级时,根据苗木的年龄、高度、粗度(根颈或胸径)、冠幅和主侧根的状况,将苗木分为合格苗、不合格苗和废苗3类。

1. 合格苗。是指可以用来绿化的苗木,具有良好的根系、优美的树形、一定的高度。合格苗根据其高度和粗度的差别,又可分为几个等级。

2. 不合格苗。是指需要继续在苗圃培育的苗木,其根系、树形不完整,苗高不符合要求,也可称小苗或弱苗。

3. 废苗。是指不能用于造林、绿化,也无培养前途的断顶针叶苗,病虫害苗和缺根、伤茎苗等。除有的可作营养繁殖的材料外,一般皆废弃不用。

苗木分级可使出圃的苗木合乎规格,更好地满足设计和施工要求。同时也便于苗木包装运输和标准的统一。

（二）苗木统计

苗木数量统计，应结合分级进行。大苗以株为单位逐株清点，小苗可以分株清点，也可用称重法，即称一定重量的苗木，然后计算该重量的实际株数，再推算苗木的总数。

整个起苗工作应将人员组织好，起苗、检苗、分级、修剪和统计等工作，实行流水作业，分工合作，提高工效，缩短苗木在空气中的暴露时间，能大大提高苗木的质量。

五、苗木检疫消毒

（一）苗木检疫

苗木检疫的目的是防止危害植物的各类病虫害、杂草随同植物及其产品传播扩散。苗木在省与省之间调运或与国外交换时，必须经过有关部门的检疫，没有检疫证明的苗木，不能运输和邮寄。对带有检疫对象的苗木应进行彻底消毒。如经消毒仍不能消灭检疫对象的苗木，应立即销毁。所谓"检疫对象"，是指国家规定的普遍或尚不普遍流行的危险性病虫及杂草。具体检疫措施参考有关书籍。

（二）苗木消毒

带有"检疫对象"的苗木必须消毒。有条件的，最好对出圃的苗木都进行消毒，以便控制其他病虫害的传播。

消毒的方法可用药剂浸渍、喷洒或熏蒸。一般浸渍用的杀菌剂有石硫合剂（浓度为波美度 $4°\sim5°$）、波尔多液（1.0%）、升汞（0.1%）、多菌灵（稀释 800 倍）等。消毒时，将苗木在药液内浸 $10\sim20$ min，或用药液喷洒苗木的地上部分。消毒后用清水冲洗干净。

用氰酸气熏蒸，能有效地杀死各种虫害。先将苗木放入熏蒸室，然后将硫酸倒入适量的水中，再倒入氰酸钾，人离开熏蒸室后密封所有门窗，严防漏气。熏蒸结束后打开门窗，待毒气散尽后方能入室。熏蒸的时间依树种的不同而异（见表 3-10-3）。

表 3-10-3　氰酸气熏蒸树苗的药剂用量及时间　（熏蒸面积 $100\ m^2$）

药剂处理\树种	氰酸钾/g	硫酸/mL	水/mL	熏蒸时间/min
落叶树	300	450	900	60
常绿树	250	450	700	45

六、苗木包装和运输

（一）苗木包装

1. 裸根苗包扎。裸根小苗如果运输时间超过 24 h，一般要进行包装。特别对珍贵、难成活的树种更要做好包装，以防失水。生产上常用的包装材料有草包、草片、蒲包、麻袋、塑料袋等。包装方法是先将包装材料铺放在地上，上面放上苔藓、锯末、稻草等湿润物，然后将苗木根对根放在包装物上，并在根间放些湿润物。当每个包装的苗木数量达到一定要求时，用包装物将苗木捆扎成卷。捆扎时，在苗木根部的四周和包装材料之间，应包裹或填充均匀而又有一定厚度的湿润物。捆扎不宜太紧，以利通气。外面挂一标签，标明树种、苗龄、苗木数量、等级和苗圃名称。

短距离的运输,可在车上放一层湿润物,上面放一层苗木,分层交替堆放;或将苗木散放在篓、筐中,苗间放些湿润物,苗木装好后,最后再放一层湿润物即可。

2. 带土球苗木包扎。带土球苗木需运输,搬运时,必须先行包扎。最简易的包扎方法是四瓣包扎,即将土球放入蒲包中或草片上,然后拎起四角包好。简易包装法适用于小土球及近距离运输。大型土球包装应结合挖苗进行。方法是:按照土球规格的大小,在树木四周挖一圈,使土球呈圆筒形。用利铲将圆筒体修光后打腰箍,第一圈将草绳头压紧,腰箍打多少圈,视土球大小而定,到最后一圈,将绳尾压住,不使其分开。腰箍打好后,随即用铲向土球底部中心挖掘,使土球下部逐渐缩小。为防止倾倒,可事先用绳索或支柱将大苗暂时固定。然后进行包扎,草绳包扎三种主要方式:

(1)橘子式。先将草绳一头系在树干(或腰绳)上,在土球上斜向缠绕,经土球底沿绕过对面,向上约于球面一半处经树干折回,顺同一方向按一定间隔缠绕至满球。然后再绕第二遍,与第一遍的每道肩沿处的草绳整齐相压,缠绕至满球后系牢。再于内腰绳的稍下部捆十几道外腰绳,而后将内外腰线呈锯齿状穿连绑紧。最后在计划将推倒的方向上沿土球外沿挖一道弧形沟,并将树轻轻推倒,这样树干不会碰到穴沿而损伤,如图 3-10-1 所示。壤土和砂性土还须用蒲包垫于土球底部,并另用草绳与土球底沿纵向绳拴连系牢。

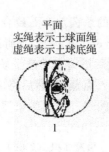

平面
实绳表示土球面绳
虚绳表示土球底绳

1.包扎顺序图　　　　　　　　　　2.扎好后的土球

图 3-10-1　橘子式包扎法示意图

(2)井字(古钱)式(图 3-10-2)。先将草绳一端系于腰箍上,然后按图 3-10-2 中 1 所示数字顺序,由 1 拉到 2,绕过土球的下面拉至 3,经 4 绕过土球下拉至 5,再经 6 绕过土球下面拉至 7,经8 与 1 挨紧平行拉扎。按如此顺序包扎满 6~7 道井字形为止,扎成如图 3-10-2 中 2 所示的状态。

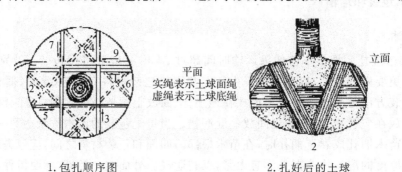

平面
实绳表示土球面绳
虚绳表示土球底绳

立面

1.包扎顺序图　　　　　　　　　　2.扎好后的土球

图 3-10-2　井字式包扎法示意图

(3)五角式(图 3-10-3)。先将草绳的一端系在腰箍上,然后按图 3-10-3 所示的数字顺序包扎,先由 1 拉到 2,绕过土球底,经 3 过土球面到 4,绕过土球底经 5 拉过土球面到 6,绕过土球底,由 7 过土球面到 8,绕过土球底,由 9 过土球面到 10 绕过土球底回到 1。按如此顺序紧挨平扎 6～7 道五角星形,扎成如图 3-10-3(b)所示的状态。

井字式和五角式适用于黏性土和运距不远的落叶树、1 t 以下常绿树,否则宜用橘子式。

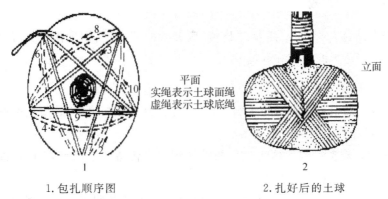

平面
实绳表示土球面绳
虚绳表示土球底绳

立面

1. 包扎顺序图 2. 扎好后的土球

图 3-10-3　五角式包扎法示意图

以上三种包扎方法都需要注意的是,包扎时绳要拉紧,并用木棒击打,使草绳紧贴土球或能使草绳嵌进土球一部分,才能牢固可靠。如果是黏土,可用草绳直接包扎,适用的最大土球直径可达 1.3 m。如果是砂性土壤,则应用蒲包等软材料包住土球,然后再用草绳包扎。

(4)木箱包装法。适用于胸径在 15 cm 以上的常绿树或胸径在 20 cm 以上的落叶树。因苗木较少应用,具体做法详见大树移植部分。

(二)苗木运输

1. 小苗的运输。小苗远距离运输应采取快速运输,运输前应在苗包上挂上标签,注明树种和数量。在运输期间,要勤检查包内的湿度和温度。如包内温度过高,要把包打开通风。如湿度不够,可适当喷水。苗木运到目的地后,要立即将苗包打开进行假植,过干时适当浇水,再进行假植。火车运输要发快件,对方应及时到车站取苗假植。

2. 裸根大苗的装运。用人力或吊车装运苗木时,应轻抬轻放。先装大苗、重苗,大苗间隙填放小规格苗。苗木根部装在车厢前面,树干之间、树干与车厢接触处要垫放稻草、草包等软材料,以避免树皮磨损,树根与树身要覆盖,并适当喷水保湿,以保持根系湿润。为防止苗木滚动,装车后将树干捆牢。运到现场后要逐株抬下,不可推卸下车。

3. 带土球大苗的吊装。运输带土球的大苗,其质量常达数吨,要用机械起吊和载重汽车运输。吊运前先撤去支撑,捆拢树冠。应选用起吊、装运能力大于树重的机车和适合现场使用的起重机类型。吊装前,用事先打好结的粗绳,将两股分开,捆在土球腰下部,与土球接触的地方垫以木板,然后将粗绳两端扣在吊钩上,轻轻起吊一下,此时树身倾斜,马上用粗绳在树干基部拴系一绳套(称"脖绳"),也扣在吊钩上,即可起吊装车。

吊起的土球装车时,土球向前(车辆行驶方向),树冠向后码放,土球两旁垫木板或砖块,使土球稳定不滚动。树干与卡车接触部位用软材料垫起,防止擦伤树皮。树冠不能与地面接触,以免运输途中树冠受损伤。最后用绳索将树木与车身紧紧拴牢。运输时汽车要慢速行驶。树木运到目的地后,卸车时的拴绳方法与起吊时相同。按事先编好的位置将树木吊卸在预先挖好的栽植穴内。如不能立即栽植,即应将苗木立直、支稳,绝不可将苗木斜放或平倒在地。

七、苗木的假植和贮藏

起苗后或购买的苗木,如不能及时栽植,应妥善贮藏,最大限度地保持苗木的生命力。主要的贮藏方法有苗木的假植和低温贮藏。

(一)苗木假植

假植是将苗木的根系用湿润的土壤进行暂时的埋植处理。目的是防止根系失水。根据假植时间长短,可分为临时假植和越冬假植。

1. 临时假植。起苗后或栽植前进行的短期假植。将苗木根部或苗干下部临时埋在湿润的土中即可。时间一般 5～10 d。

2. 越冬假植。秋季起苗后,假植越冬到翌春栽植为越冬假植。要选地势高燥、排水良好、背风且便于管理的地段,挖一条与主风方向相垂直的沟,规格根据苗木的大小来定,一般深宽各为 30～45 cm,迎风面的沟壁成 45°。将苗木成捆或单株摆放此斜面上,填土压实。如土壤过干,可适当浇水。但忌过多,以免苗木根系腐烂。寒冷地区,可用稻草、秸秆等覆盖苗木地上部分。

(二)苗木贮藏

为了更好地保存苗木,推迟苗木发芽,延长栽植时间,可将苗木贮藏在低温条件下。要控制低温环境的温度、湿度及通气状况。一般温度在 15 ℃,相对湿度85%～90%适合苗木贮藏,要有通气设备。可利用冷藏室、冷藏库、地下室、地窖等贮藏。

10.3　案例分析

案例 10-1　苗木调查案例

1. 调查目的要求。

通过对苗木的调查,能全面了解各种苗木的产量与质量。同时了解苗木调查的方法,增强自主学习、组织协调和团队协作能力,表达沟通能力,独立分析和解决实际问题能力,创新能力,吃苦耐劳能力。调查时,应分树种、苗龄、用途和育苗方法等几个项目进行。

2. 调查方法。

为得到准确的苗木产量与质量的数据,乔木应用逐株清点法,如每株苗高、米径、冠幅等。小灌木用科学的抽样调查,每 10 m² 抽 1 m² 调查。

3. 器具材料。

本地区园林植物各类苗木、调查记录和统计表等。铁锹、草绳或草袋、修枝剪、水桶、皮尺、卡尺等器具。

4. 调查内容。

将苗木的调查内容及结果填入下表中。

福建林职院苗圃苗木调查记录表（部分）

序号	植物种植	调查方式	育苗方式	苗龄/年	面积/m²	苗高/m	胸径/cm	冠幅/m	数量/株
1	桂花	逐株清点	移植				5.0~5.9		1
							6.0~6.9		6
							7.0~7.9		6
							8.0~8.9		1
2	福建山樱花	逐株清点	移植				3.0~3.9		4
							4.0~4.9		6
							5.0~5.9		4
							6.0~6.9		1
3	日本樱花	逐株清点	移植				2.0~2.9		1
							3.0~3.9		13
							4.0~4.9		12
							5.0~5.9		20
4	红叶石楠	样地调查				0.35~0.6		0.0~0.2	17
						0.4~0.7		0.21~0.4	59
						0.7~0.9		0.41~0.6	4

5. 分析总结。

从如上表所示的苗木调查表格中，我们不难看出福建林职院的绿篱地被植物红叶石楠生长势不佳，种植过于稀疏，植物营养不良，分析得出由于土壤都是建筑垃圾石料，土壤结构不良，营养匮乏，以及管理不当，导致红叶适量生长不良。

桂花作为行道树，冠型不美观，有 6 株甚至地径不足 1 m 树冠分枝，整体高度不统一，其中有 3 株未达到苗木出圃规格；日本樱花整体株型较统一其中米径 3~3.5 cm 冠幅过小甚至无分枝；福建山樱花总体高度较高，冠幅相差较大，其中有些冠型不匀称，枯枝未修剪，米径不足 1 m 就分枝的居多。

案例 10-2　行道树类园林苗木出圃技术方案

1. 规格要求。要求苗木树型丰满，保持各树特有的冠形，苗木下部树叶不出现脱落，主枝顶芽发达。

2. 起苗。应在秋季苗木停止生长，叶片基本脱落，土壤封冻之前进行。挖苗时，先将树冠用草绳拢起，再将苗干周围无生根生长的表层土壤铲除。之后，在带土球直径的外侧挖一条操作沟，沟深与土球高度相等，沟壁垂直。挖至规定深度后，用铁锹将土球表面及周围修平,使球呈苹果形。最后用锹从土球底部斜着向内切断主根,使土球与土底分开。

3. 分级。合格苗要具有良好的根系、优美的树形、一定的高度。如行道树苗木应为枝下高 2~3 m,胸径在 4 cm 以上,树干通直,冠型良好。

4. 检疫消毒。运往外地的苗木,应按国家和地区的规定检疫重点的病虫害。引进苗木的地区,还应将本地区或单位没有的严重病虫害列入检疫对象。还应对苗木进行消毒。

5. 包装运输。带土球苗木的包扎,方法是:按照土球规格的大小,在树木周围挖一圈,使土球呈扁圆柱形;用利铲将扁圆柱体修光后用草绳打腰箍。第一圈将草绳头压紧,腰箍打好后随即用铲向土球底部中心挖掘。然后进行包扎。应选用起吊、装运能力大于树重的机车和适合现场使用的起重机类型。吊运前,先撤去支撑,捆拢树冠,再事先打好结的粗绳,将两股分开捆在土球腰下部,与土球接触的地方垫以木板,然后将粗绳两端扣在吊钩上,轻轻起吊一下,此时树身倾斜,马上用粗绳在树干基部拴一绳套,也扣在吊钩上。吊起的土球装车时,土球向前,树冠向后面放,土球两旁垫木板或砖块,使土球稳定不滚动。树干与卡车接触部分用软材料垫起,防止擦伤树皮。树冠不能与地面接触,以免运输途中树冠受损伤。最后用绳索将树木与车身紧紧拴牢。运输时,汽车要慢速行驶。树木到达目的地后,卸车时的拴绳方法与起吊时相同。

6. 栽前假植。大量起苗后不能及时运走或未栽植完的苗,均需要假植。假植地要选排水良好、背风向阳的地方,播种苗假植深度为 30~40 cm,迎风面的沟壁做成 45°的斜壁。长期假植时,一定要做到深埋、单排踩实,并用席、遮阳网等遮阴,降低温度。

案例 10-3　绿篱类园林苗木出圃技术方案

1. 规格要求。要求苗木生长势旺盛,分枝多,全株成丛,基部枝叶丰满。

2. 起苗。应在秋季苗木停止生长,叶片基本脱落,土壤封冻之前进行。用裸根起苗法,带根系的幅度为其根颈粗的 5~6 倍,方法是在规定的根系幅度稍大的范围外沟,切断全部侧根,然后于一侧向内深挖,轻轻倒放苗木并打碎根部泥土,尽量保留须根。挖好的苗木立即打泥浆。苗木如不能及时运走,应放在阴凉通风处假植。

3. 分级统计。苗木要合格苗:冠丛直径大于 20 cm,苗木高度在 20 cm 以上。可按捆计数。

4. 检疫消毒。运往外地的苗木,应按国家和地区的规定检疫重点的病虫害。引进苗木的地区,还应将本地区或单位没有的严重病虫害列入检疫对象。还应对苗木进行消毒。

5. 包装运输。运输前要打捆挂牌,标明种类与数量,防止混杂。裸根苗的包扎、包装方法是先将包装材料铺放在地上,上面放上苔藓、锯末、稻草等湿润物,然后将苗木根对根放在地上,并在根间放些湿润物。当每个包装的苗木数量达到一定要求时,用包装物将苗木捆扎成卷。捆扎时,在苗木根部的四周和包装材料之间,包裹或填充均匀而又有一定厚度的湿润物。捆扎不宜太紧,以利通气。外面挂一标签,表明树种、苗龄、苗木数量、等级和苗圃名称。小苗远距离运输应采取快速运输的方式。运输前,应在苗包上挂上标签,注明树种和数量。在运输期间,要勤检查包内的湿度和温度。苗木运到目的地后,要立即将苗包打开进行假植。假植时,若土壤过干,要适当浇水。

6. 假植。裸根苗掘起后的暴露时间不得过长,应覆盖根部,或及时假植或贮藏,假植期不宜超过 20 d。带土球苗的土球应打包扎紧,防止失水或损伤。

10.4　知识拓展

一、抽样调查法

为了保证苗木调查的精度,苗木数量大的育苗区可采用抽样调查法。要求达到90％的可靠性、90％的产量精度和95％的质量精度。这种调查方法既降低了工作量,又能保证调查精度。

(一)划分调查区

将树种、育苗方式、苗木种类和苗龄等都相同的育苗地划分为一个调查区,进行抽样调查统计。当调查区内苗木密度和生长情况差异显著,而且连片有明显界限,其面积占调查区面积10％以上,则应分层抽样调查。调查区划分后,测量调查区毛面积,并将全部苗床或垄按顺序进行统一编号,以便抽取样地。

(二)确定样地面积

样地是在调查区内抽取的有代表性的地段。根据样地的形状,分为样段(或样行)、样方和样圆。实际调查中苗木成行的(如条播)采用样段,苗木不成行的(如撒播)采用样方。

样地面积应根据苗木密度来确定,小苗一般以平均株数30～50株来确定样地面积,较大的苗木一般以平均株数至少15株来确定样地面积。

(三)确定样地数量

样地数多少取决于苗木密度的变动大小,如苗木密度变动幅度较大,则样地数适当增加,相反,则样地数可适当少些。可用下列公式估算样地数量:

$$n=(\frac{t \times C}{E})^2$$

式中:n—样地数量(个);

　　t—可靠性指标(可靠性指标规定为90％时,$t=1.7$);

　　C—密度变动系数;

　　E—允许误差百分数(精度规定为90％时,允许误差百分数为10％)。

由上式可知样地数是由C、t、E三者决定的,其中t、E是给定的已知数,只有变动系数C是未知数,可依据以往的资料确定。如缺乏经验数据,也可根据极差来确定。具体做法是按已确定的样地面积在密度较大和较小的地段设置样地,调查样地内苗木数量,两个样地苗木株数之差为极差。例如,油松2年生移植苗,以密度中等处株数16株所占面积0.25平方米定为样地面积,经调查,较密处样地内株数为23株,较稀处样地内株数为11株。则:极差$R=23-11=12$(株)

根据正态分布的概率,极差一般是标准差的5倍,

故:粗估标准差$S=\frac{R}{5}=\frac{12}{5}=2.4$

粗估样地内平均株数$\bar{x}=16$

粗估变动系数$C=\frac{S}{\bar{x}} \times 100\%=\frac{2.4}{16} \times 100\%=15\%$

粗估需设样地数 $n=(\dfrac{t \times C}{E})^2=(\dfrac{1.7 \times 15}{10})^2=7$(块)

上述方法做起来较复杂,生产中一般先设 10 个样地,调查后若精度达不到要求,再用调查得出的变动系数计算应设样地数(n),补设 $n-10$ 个样地进行调查。

(四)样地的设置

样地的布点一般有机械布点和随机布点两种方法,生产中常采用机械布点。

设置样地前要测量苗床(垄)长度及两端和中间的宽度,求平均宽度乘长度为净面积。机械布点还要求测量苗床(垄)总长度。

机械布点是根据苗床(垄)总长度和样地数,每隔一定距离将样地均匀地分布在调查区内。其优点是易掌握,故应用较多。

随机布点要经过三个步骤。第一步,根据调查区苗床(垄)的多少和需要样地数量,确定在哪些苗床(垄)上设置样地。例如:粗估样地数 15 个,共有 60 个苗床,则 60÷15＝4(床),即每 4 床中抽取一床,也就是每隔 3 床抽 1 床。被抽中的床号是 4、8、12……。第二步,查乱数表确定每个样地的具体位置。查表所取数据应不超过苗床(垄)长度,并且一般不取重复的数据。第三步,根据查表取得的位置数据布点。如数据为 3、8、5……,则第 1 个样地的中心在 4 号苗床(垄)3 m 处,第 2 个样地在 8 号苗床(垄)8 m 处,第 3 个样地在 12 号苗床(垄)5 m 处。

(五)苗木调查

样地布设后,统计样地内的苗木株数,并每隔一定株数测量苗木的苗高和地径(或胸径、冠幅),填入调查表(见表 3-10-4)。根据经验,当苗木生长比较整齐时,测量 100 株苗木的苗高和地径(或胸径、冠幅),质量精度可达 95% 以上的精度要求。生产中一般先测 100 株,调查后若精度达不到要求,再用调查得出的变动系数计算应测株数(公式与样地数计算公式相同),补设 $n-100$ 株进行调查。如:假设抽 12 块样地,粗估每块样地内平均苗木数为 50 株,需要测 100 株时,则(50×12)÷100＝6(株),即在 12 块样地连续排列约 600 株苗木内,每隔 5 株测定 1 株。

表 3-10-4　苗木调查记载表

树种:　　　苗龄:　　　苗木种类:　　　育苗方式:　　　随机数表页号:第　　页

起点行列号:　　行　　列　床数:

| 调查床序号 | 苗床净面积 | | | | | 随机数表读数 | 样群(样地)株数 | | | | | 样地面积/m² | 样群(样地)苗木质量调查(每隔　株调查 1 株苗木的 H/D) |
| | 床长/m | 床　宽/m | | | 面积/m² | | 序号 | 株　数 | | | | | |
		左端	中间	右端	平均				1样方	2样方	3样方	合计		

注:测量精度要求,苗高(H)1 位小数,地径(D)2 位小数,单位为 cm。

（六）精度计算

苗木调查结束后计算调查精度，当计算结果达到规定的精度（可靠性为 90％，产量精度为 90％，质量精度为 95％）时，才能计算调查区的苗木产量和质量指标。精度计算公式如下：

1. 平均数（$\overline{x}$）。

$$\overline{x} = \frac{\sum\limits_{i=1}^{n} x_i}{n}$$

2. 标准差（S）。

$$S = \sqrt{\frac{\sum\limits_{i=1}^{n} x_i^2 - n\overline{x}^2}{n-1}}$$

3. 标准误差（$S_{\overline{x}}$）。

$$S_{\overline{x}} = \frac{S}{\sqrt{n}}$$

4. 误差百分数（E）。

$$E(\%) = \frac{t \times S_{\overline{x}}}{\overline{x}} \times 100\%$$

5. 精度（P）。

$$P(\%) = 1 - E(\%)$$

计算后若精度没有达到规定要求，则须补设样地进行补充调查。

例如：落叶松 1 年生播种苗，粗估设样地 14 块，调查后产量精度计算如表 3-10-5 所示。

表 3-10-5　14 块样地产量调查统计表

样地号	各样地株数（x）	各样地株数平方值（x^2）	样地号	各样地株数（x）	各样地株数平方值（x^2）
1	20	400	8	20	400
2	25	625	9	13	169
3	14	196	10	19	361
4	16	256	11	13	169
5	20	400	12	15	225
6	20	400	13	8	64
7	18	324	14	18	324
			$\sum$	239	4313

注：在点播、条播等成行苗木的调查中，往往以 1 行或若干行为 1 个样地。由于行与行之间的距离可能不一样，样地大小有差异，表中各样地株数应统一换算为 1 m^2 面积样地内的株数。

平均株数 $\bar{x} = \dfrac{\sum x_i}{n} = \dfrac{239}{14} = 17.07$

标准差 $S = \sqrt{\dfrac{\sum\limits_{i=1}^{n} x_i^2 - n\bar{x}^2}{n-1}} = \sqrt{\dfrac{4313 - 4079.39}{14-1}} = 4.24$

标准误 $S_{\bar{x}} = \dfrac{S}{\sqrt{n}} = \dfrac{4.24}{\sqrt{14}} = 1.13$

误差百分数 $E(\%) = \dfrac{t \times S_{\bar{x}}}{\bar{x}} \times 100\% = \dfrac{1.7 \times 1.13}{17.07} \times 100\% = 11.26\%$

精度 $P(\%) = 1 - E(\%) = 1 - 11.26\% = 88.74\%$

计算结果，精度没有达到 90% 的要求，则须补设样地。其方法是由调查的 14 块样地材料求变动系数 C。

$C(\%) = \dfrac{S}{\bar{x}} \times 100\% = \dfrac{4.24}{17.07} \times 100\% = 24.8\%$

则需设样地块数 $n = (\dfrac{t \times C}{E})^2 = (\dfrac{1.7 \times 24.8}{10})^2 = 18$（块）。

已设置 14 块样地，尚须在调查区内再随机补设 4 块样地。其调查结果如表 3-10-6 所示。

表 3-10-6　18 块样地产量调查统计表

样地号	各样地株数（x）	各样地株数平均值（x^2）
1	20	400
…	…	…
15	17	289
16	19	361
17	21	441
18	17	289
$\sum$	313	5693

$\bar{x} = \dfrac{313}{18} = 17.391$

$S = \sqrt{\dfrac{5639 - 18 \times (17.39)^2}{18-1}} = 3.38$

$S_{\bar{x}} = \dfrac{3.38}{\sqrt{18}} = 0.9$

$E(\%) = \dfrac{1.7 \times 0.9}{17.39} \times 100\% = 8.79\%$

$P(\%) = 1 - 8.79\% = 91.21\%$

计算结果，调查苗木株数达到精度要求。然后用同样方法计算苗木质量（苗高和地径）精度，若质量精度也达到要求，才能计算苗木产量和质量指标。否则需补测苗木质量株数，其方法和补设样地的方法相同,直到达到精度要求为止。

(七)苗木的产量和质量计算

1. 计算调查区的施业面积(毛面积)、净面面积。

施业面积(亩)＝调查区长×宽

垄作净面积(m²)＝被抽中垄的平均垄长×平均垄宽×总垄数

床作净面积(m²)＝被抽中床的平均床长×平均床宽×总床数

2. 计算调查区总产苗量和单位面积产苗量。

$$垄作总产苗量＝\frac{垄的净面积}{样地面积}×样地平均株数$$

$$床作总产苗量＝\frac{床的净面积}{样地面积}×样地平均株数$$

$$亩产苗量＝\frac{净面积总产苗量}{施业面积}$$

$$每平方米产苗量＝\frac{样地内苗木合计}{样地总面积}$$

$$每米长产苗量＝\frac{样地内苗木合计}{样地总长度}$$

3. 苗木的质量计算。

首先进行苗木分级,并分别计算出各级苗木的比例、平均苗高和平均地径,最后将调查的苗木产量及质量结果填入苗木调查汇总表(见表 3-10-7)。

表 3-10-7　苗木调查汇总表

树种	苗木种类	育苗方式	苗龄/年	面积/m²	总产苗量/株	合格苗数										留圃		
						合计	Ⅰ级苗			Ⅱ级苗			Ⅲ级苗			计	$\overline{H}$/m	$\overline{D}$/cm
							计/株	$\overline{H}$/m	$\overline{D}$/cm	计/株	$\overline{H}$/m	$\overline{D}$/cm	计/株	$\overline{H}$/m	$\overline{D}$/cm			

填表人:　　　　　　　填表日期:　　　年　　　月　　　日

二、城市园林苗圃育苗技术规程(节选)

城市园林苗圃育苗技术规程(节选)

(中华人民共和国城镇建设行业标准 CJ/T 23—1999)

8　苗木出圃

8.1　出圃准备

8.1.1　苗木出圃前应对在圃苗木进行调查,将准备出圃的苗木的品种、规格、数量和质量加以统计,以便按计划出圃。

8.1.2　出圃苗木应符合园林苗木产品标准的各项规定。

8.1.3 5年生以下的常绿树苗,移植不足2年时不得出圃,5年生以上的移栽不足3年时不得出圃。

8.1.4 大苗出圃应行环状断根,断根后可在2年内出圃。

8.2 掘苗

8.2.1 掘苗规格

表 3-10-8 小苗

苗木高度/cm	应留根系长度/cm	
	侧根(幅度)	直根
<30	12	15
31~100	17	20
101~150	20	20

表 3-10-9 大、中苗

苗木胸径/cm	应留根系长度/cm	
	侧根(幅度)	直根
3.1~4.0	35~40	25~30
4.1~5.0	45~50	35~40
5.1~6.0	50~60	40~45
6.1~8.0	70~80	45~55
8.1~10	85~100	55~65
10.1~12	100~120	65~75

表 3-10-10 带土球苗

苗木高度/cm	土球规格/cm	
	横径	纵径
<100	30	20
101~200	40~50	30~40
201~300	50~70	40~60
301~400	70~90	60~80
401~500	90~110	80~90

以上为一般掘苗规格,对生根慢和深根性树种可适当增大。

8.2.2 裸根苗掘苗时,土壤含水量不得低于17%,带土球苗的土壤含水量不得低于15%。

8.3 其他要求

8.3.1 裸根苗掘起后的暴露时间不得过长,否则应假植。假植期不宜超过20天。

8.3.2　裸根苗掘起后应覆盖根部,带土球苗的土球应打包扎紧。运输前要打捆挂牌,标明种类与数量,防止混杂。

8.3.3　出圃苗木修剪时,要为种植时的修剪留有余地,必须剪去病虫枝和冗长枝。根系的修剪,则按带根标准剪去过长部分即可。

8.3.4　出圃苗木应设专人检查,做到四不出圃,即品种不对、规格不符、质量不合格、有病虫害不出圃。

9　技术档案

9.1　苗圃必须建立完整的技术档案。要及时收集,系统积累,进行科学整理与分析,掌握育苗规律,总结经营管理经验。

9.2　技术档案的主要内容有:

9.2.1　育苗地区、场圃概况

(a)气候、物候、水文、土质、地形等自然条件的图表资料及调查报告。

(b)苗圃建设历史及发展计划。

(c)苗圃构筑物、机具、设备等固定资产的现状及历年增减损耗的记载。

9.2.2　育苗技术资料

(a)苗木繁殖:按树种分类记载,包括种条来源、种质鉴定、繁殖方法、成苗率、产苗量及技术管理措施等。

(b)苗木抚育:按地块分区记载,包括苗木品种、栽植规格和日期、株行距、移植成活率、年生长量、存苗量、存苗率、技术管理措施、苗木成本、出圃数量和日期等。

(c)使用新技术、新工艺和新成果的单项技术资料。

(d)试验区、母本区技术管理资料。

9.2.3　经营管理状况

(a)苗圃建设任务书,育苗规划,阶段任务完成情况等。

(b)职工组织,技术装备情况,投资与经济效益分析,副业生产经营情况等。

9.2.4　各类统计报表和调查总结报告等。

9.3　技术资料应每本整理一次,编好目录,分类归档。

学习情境 4

园林苗木生产综合训练

任务 11　园林植物种子生产

一、任务简介

本项目是园林植物栽培养护重要组成部分,要求学生在熟悉园林植物种子生产理论知识基础上,能以组为单位正确进行本地区常见园林植物种子的采集、调制、分级和贮藏。

二、任务目标

会以组为单位采集本地区主要园林植物的种实 20～30 种;

会正确调制本地区常见园林植物种实;

会正确贮藏园林植物种实;

培养团队协作精神、表达能力和沟通协调能力,培养良好的心理素质和工作责任感。

三、任务内容

任务 11.1　园林植物种实采集;

任务 11.2　园林植物种实调制;

任务 11.3　园林植物种实贮藏。

四、组织形式

1. 学生自主组成团队,每个团队 5～6 人,每班根据人数组成 5～8 个团队,以团队形式按照任务书的要求完成工作任务;

2. 教学场所安排在学院园林实训中心、学院校内外实训基地。

五、考核标准

1. 采用过程考核与项目作业评价相结合的方式,注重实践操作、工作页质量、汇报交流等环节的评价;

2. 注重职业素养的考核,特别强调团队协作能力的考核。

3. 具体考核指标如表 4-11-1 所示。

表 4-11-1　园林植物种子生产考核指标

序号	成绩类型	考核内容	分值/分	比例/%
1	平时成绩	态度、出勤等	100	15%
2	任务成绩	本项目 3 个子工作任务的考核	100	60%
3	报告成绩	任务工作页和汇报交流	100	25%
4	总计		100	

11.1　园林植物种实采集

一、实训设备与器具材料

多媒体教学设备与教学课件；枝剪、采种钩、竹竿、高枝剪、采种袋、盛种布、塑料袋等。

二、任务分配与组织

本任务以小组为单位按照任务书要求各组员协作完成各项工作任务。

三、实训地点和学时

学院园林实训中心、学院校内外实训基地，1 天。

四、任务描述

园林植物种实是园林植物繁殖的物质基础，不同地区、不同园林植物种实成熟期不同，为了让同学们熟练使用采种工具，本地区常见园林植物种实成熟期确定，会正确采集本地区主要园林植物种实，我们结合课程实习安排此任务，要求同学们以组为单位采集本地区主要园林植物种实 20～30 种。

（一）采种方法

1. 采摘法：适用于种子轻小或脱落后易飞散的树种，如杨、桉、泡桐、柳、香椿及各类草本花卉等。

（1）树干低矮者及草本花卉，可在地面借助枝剪、采种钩等采摘。

（2）树干高大者，胸径在 60 cm 以下，用高枝剪或上树采摘。

2. 摇落法：适用于树干高大、果实单生，用采摘法有困难的园林植物种子，如樟树、无患子等。

3. 地面收集法：适用于种粒大的园林植物。

（二）注意事项

1. 种实采集应尽量在优良的园林植物单株或母树林、种子园内进行。

2. 应按不同园林植物种实成熟特征确定采种期，切忌采集未成熟果实。

3. 上树采种禁忌阴雨天、大风天进行，上树学生必须在工人或教师带领下配戴安全带进行操作,注意安全。

4. 采种时要保护好母树,不允许折取大枝。

5. 采收种实应按园林植物及采种林分分别盛装,每进行一个园林植物采种时,要详细填写如附表 4-11-1 所示的种子登记表。

附表 4-11-1　园林植物种子采收登记表

园林植物名称			采收方式	自采、收购
采种地点		市(县)	乡(村)	
采种时间			种子重量	kg
采种地情况	年龄		生长状况	
	坡向		坡　度	
	立地		病　虫　害	
调制	方法		时　间	
贮藏	方法		地　点	
	时间		容　器	
备　注				

五、任务实施

1. 每个小组成员相互配合,以小组为单位按任务书要求完成本地区常见园林植物种实采集方案制定,并采集本地区常见园林植物种实 20～30 种,采种量据不同园林植物合理确定;

2. 完成工作页 11(1)、11(2)中种子采收内容,评价页 11。

六、任务执行评价

评定形式	自我评定(20%)	小组评定(20%)	教师评定(60%)	总计(100%)
得分				
指导教师签名			组长签名	

11.2　园林植物种实调制

一、实训设备与器具材料

多媒体教学设备与教学课件;桶、木棒、筛子、簸箕,任务 11.1 采集的本地区主要园林植物种实(应包含球果、干果、肉质果各 5 种)。

二、任务分配与组织

本任务以小组为单位按照任务书要求各组员协作完成各项工作任务。

三、实训地点和学时

学院植物栽培理实一体化实训室,1天。

四、任务描述

生产中为确保获得播种、运输、贮藏用的优良种子,园林植物种实采集后应及时加工调制,本任务安排同学将任务11.1中采集的本地区常见园林植物种实20～30种按照不同类种实加工调制方法进行正确加工调制。

（一）调制方法

1. **球果类脱粒**：主要采用自然干燥法,大量球果可采用人工干燥脱粒。

(1)将采摘的球果摊放在席子上晾晒,经常翻动,待鳞片开裂,稍槌打球果,种子即可脱出。

(2)含松脂量高的球果,开裂较慢,应将球果堆积在一起盖上草,浇2%～3%的石灰水或草木灰水,每隔1～2 d翻动一次,经过5～10 d球果变黑褐色,再摊开曝晒,果鳞开裂种子即可脱出。

2. **干果类脱粒**：主要采用自然干燥法脱粒。

(1)种子安全含水量高,且种皮薄、种粒小的种子,用阴干法脱粒。

(2)种子安全含水量低,且种皮致密、坚硬,种粒大种子,用晒干法脱粒。

3. **肉质果类脱粒**。

(1)果肉易软化的,采用浸泡、搓烂或捣碎、漂洗、晾干。

(2)果肉难软化的,先堆沤、再浸泡、搓烂或捣碎、漂洗、晾干。

（二）注意事项

1. 自然干燥法,晾晒球果时要经常翻动,阴雨天要堆积盖好。

2. 应用自然干燥法必须随脱粒随收取种子,以免久晒使种子干缩而失去发芽力。

3. 肉质果取种时,不能使果实堆沤过久,并要经常翻动或换水,以免影响种子品质。

4. 肉质果种子取出后,因含水量较高,必须放通风背阴处阴干,达贮藏含水量时为止。

五、任务实施

1. 每个小组成员相互配合,以小组为单位按任务书要求完成本地区常见园林植物种实加工调制方案制定,并调制本地区常见园林植物种实球果类、干果类、肉质果类各5种。

2. 完成工作页11(1)、11(2)中种子调制的内容,评价页11。

六、任务执行评价

评定形式	自我评定(20%)	小组评定(20%)	教师评定(60%)	总计(100%)
得分				
指导教师签名			组长签名	

11.3 园林植物种实贮藏

一、实训设备与器具材料

多媒体教学设备与教学课件;任务 11.2 调制好的园林植物种子;药品:木炭、氯化钙、福尔马林等;用具:酒精灯、广口瓶、石蜡、木箱、铁桶、布袋、沙子、稻草等。

二、任务分配与组织

本任务以小组为单位按照任务书要求各组员协作完成各项工作任务。

三、实训地点和学时

学院植物栽培理实一体化实训室,1 天。

四、任务描述

生产中为延长种子寿命,保持种子生活力,应该及时正确贮藏加工调制好的园林植物种子;本任务安排同学将任务 11.2 中加工调制好的本地区常见园林植物种实 20~30 种按照不同类种实适宜的贮藏方法进行正确贮藏。

贮藏方法:

1. 普通干藏法:用于短期少量贮藏种子。将干燥到安全含水量的适量种子,装入用福尔马林消毒过的木箱或小缸、布袋中,放在低温、干燥、通风的室内进行贮藏。注意防鼠及防潮、防虫。

2. 密封干藏法:适用于少量长期贮藏普通干藏法易丧失生活力或长期贮藏珍贵种子。将种子精选,干燥到安全含水量,装入经消毒且密封放有干燥剂的容器中,并放于低温、干燥、通风的种子冷库中。

3. 湿藏法:适用于安全含水量高或有深休眠的种子。

本次综合实训主要用室内堆藏法,即选择干燥、通风、阳光直射不到的室内,在地下洒一层水,铺一层 10 cm 厚的湿沙,然后将种子与湿沙层积或种沙混合堆放,堆至 50 cm 高度,上盖湿沙。并经常检查堆内温、湿度。

五、任务实施

1. 每个小组成员相互配合,以小组为单位按任务书要求完成本地区常见园林植物种实贮藏方案制定,并将任务 11.2 调制好的本地区常见园林植物种实进行正确贮藏。

2. 完成工作页 11(1)、11(2)中种子贮藏的内容,评价页 11。

六、任务执行评价

评定形式	自我评定(20%)	小组评定(20%)	教师评定(60%)	总计(100%)
得分				
指导教师签名			组长签名	

任务 12　园林苗圃规划设计与施工

一、实训设备与器具材料

(一)场地条件

应有中型[土地总面积 7~20 hm²(含 20 hm²)]或小型[土地总面积 7 hm² 以下(含 7 hm²)]的固定园林苗圃。

(二)资料条件

苗圃的基本情况、育苗任务书(包括树种、苗木种类、育苗面积、计划产苗量、苗龄等)、苗木规格标准表、播种量参考表、各种物资(如种子、物、肥、药品)价格参考表、育苗作业定额参考表、各项工资标准、单位面积物资(物、肥、药品)需要量定额参考表、苗木种类符号表、国家或地方育苗技术规程、林业苗圃工程设计规范等。

(三)仪器、工具、材料条件

罗盘仪、测杆、皮尺、视距尺、绘图纸、绘图板、绘图笔、各类设计表、计算纸;平耙、锄头、锹、划行器、镇压板、盛种容器、播种机具、筛子、簸箕、塑料薄膜或稻草、草帘、修枝剪、切条器、钢卷尺、盛条器、喷水壶、铁锨、嫁接刀、湿布、塑料绑带、油石、称量器具、烧杯等;园林植物种子(大、中、小粒种子各 1 种),本地区常用林木插穗 5~6 种,采条母树、砧木;药品(福尔马林、高锰酸钾、敌克松)、生根粉或萘乙酸、酒精。

二、任务分配与组织

1. 学生自主组成团队,每个团队 5~6 人,每班根据人数组成 5~8 个团队,以团队形式按照任务书的要求完成工作任务。

2. 教学场所安排在学院苗圃、学院校内外实训基地。

三、实训地点和学时

学院苗圃、学院校内外实训基地,3 天。

四、任务描述

本任务通过学习本地区主要园林植物育苗成功案例,参观学习本地区经营成功的园林苗圃,让同学以组为单位编制育苗年度计划,进行常见园林植物育苗技术方案设计,进行常见园林植物育苗成本和效益核算训练,进行编制学院苗圃规划设计书综合训练。

(一)实训内容和时间安排

1. 实训内容。

(1)实训前的准备工作。

①借用实训仪器工具材料；

②进行实训动员和业务培训、组织人员分工；

③选择实训苗圃；

④指导学生借阅收集实训有关资料。

（2）苗圃规划设计外业调查工作。

①踏勘；

②测绘苗圃平面图；

③土壤调查、病虫害调查、气象资料收集。

（3）苗圃内业规划设计工作。

①生产用地规划、辅助用地规划；

②育苗技术设计；

③各类设计表编制。

（4）苗圃规划设计成果资料。

①绘制苗圃规划设计图；

②苗圃设计说明书的编写。

（5）育苗施工。

①播种育苗；

②扦插育苗；

③嫁接育苗。

2. 实训时间：苗圃规划设计与施工综合实训时间为 3 天，具体安排如表 4-12-1 所示。

表 4-12-1　苗圃规划设计与施工实训时间安排表

序号	实训项目名称	时间分配/d
1	实训前准备工作	0.5
2	苗圃规划设计外业调查工作	0.5
3	苗圃内业规划设计工作苗圃规划设计成果编制	1.0
4	育苗施工	1.0
	合计	3.0

（二）实训组织与工作流程

1. 实训组织。

根据同学业务水平和身体素质，合理调配实训小组人员组成，每组由 5～6 名学生组成，确定一个小组长，协助指导教师进行实训过程的组织管理。每班配备 1～2 名实训指导教师。

2. 工作流程图（见图 4-12-1、图 4-12-2、图 4-12-3、图 4-12-4）。

苗圃规划设计主要工序如图 4-12-1 所示。

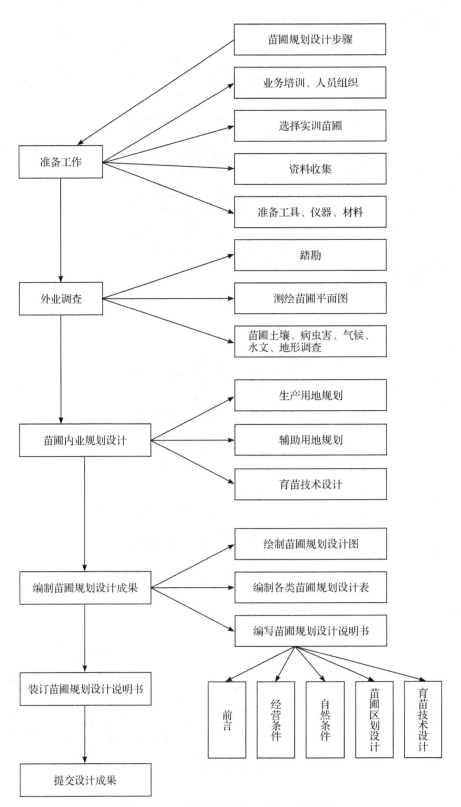

图 4-12-1　苗圃规划设计主要工序流程图

播种育苗的主要工序如图 4-12-2 所示。

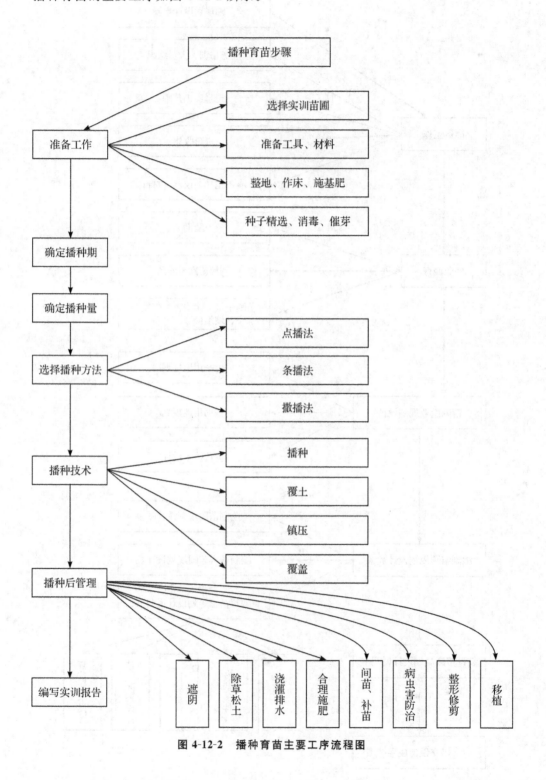

图 4-12-2　播种育苗主要工序流程图

扦插育苗的步骤如图 4-12-3 所示。

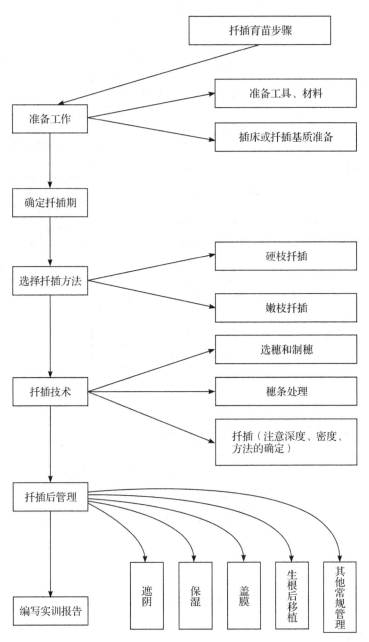

图 4-12-3　扦插育苗主要工序流程图

嫁接育苗步骤如图 4-12-4 所示。

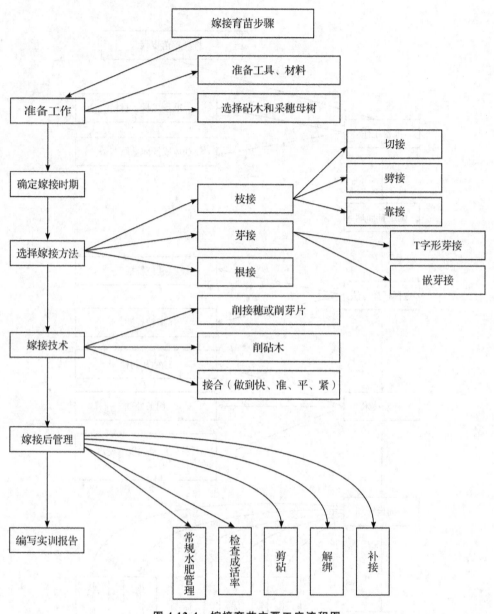

图 4-12-4　嫁接育苗主要工序流程图

（三）实施操作

1. 苗圃规划设计。

（1）准备工作。

①选择实训苗圃，明确苗圃规划设计地点、范围、完成时间，制订工作计划和工作细则。

②业务培训、人员组织队。苗圃规划设计与施工工作安排包括成立调查设计与施工队伍，进行人员分组分工，制订工作计划。并对参与调查、设计和施工的人员进行业务培训。

③资料收集。苗圃的基本情况、育苗任务书(包括树种、苗木种类、育苗面积、计划产苗量、苗龄等)、主要造林树种播种量参考表、主要造林树种苗木等级表、各种物资(如种子、物资、肥料、药品)价格参考表、育苗作业定额参考表、各项工资标准、单位面积物资(物、肥、药品)需要量定额参考表、国家或地方育苗技术规程、林业苗圃工程设计规范等。

④准备苗圃规划设计用表。《育苗所需劳力及工资表》《种子需要量及其费用表》《插穗需要量及其费用表》《物料、肥料、药剂消耗量及其费用表》《年度育苗生产计划表》《季、月、旬工作育苗计划进程表》《育苗作业总成本表》《树种育苗技术措施一览表》《年度苗圃资金收支平衡表》。

⑤准备工具、仪器、材料。详见 P173(三)仪器、工具、材料。

(2)外业调查。

①踏勘。由设计人员会同施工和经营人员到已确定的圃地范围内进行实地踏勘和调查访问工作,概括了解圃地的现状、历史、地势、土壤、植被、水源、交通、病虫害自然条件和居民点、交通等社会经济条件,提出苗圃规划设计的基础资料。

②测绘平面图。测绘平面图是进行苗圃规划设计的依据。比例尺要求 1/500～1/2000;等高距为 20～50 cm。对设计直接有关的山、丘、河、湖、井、道路、房屋、坟墓等地形、地物应尽量绘入。对圃地的土壤分布和病虫害情况亦应标清。

③土壤调查。根据圃地的自然地形、地势及指示植物的分布,选定典型地区,分别挖取土壤剖面[一般可按 1～5 hm² 设置一个剖面,但不得少于三个,剖面规格:长 1.5～2 m,宽 0.8 m,深至母质层(最浅 1.5 m)],记录剖面位置及编号(用草图示例),观察并按层次记载土壤颜色、土层厚度、质地、结构、酸碱度(pH 值)、地下水位、湿度、结持力、石砾含量、植物根系分布及整个剖面形态特征等,并确定其土壤的土类、亚类、土种名称。必要时可分层采样进行分析,弄清圃地内土壤的种类、分布、肥力和土壤改良的途径,并在地形图上绘出土壤分布图,以便合理使用土地,提出土壤改良工程项目。

④病虫害调查。主要调查圃地内的土壤地下害虫,如金龟子、地老虎、蝼蛄等。采用挖土坑分层调查。样坑面积 1.0×1.0 m,坑深挖至母岩。样坑数量:5 hm² 以下挖 5 个土坑;6～20 hm² 挖 6～10 个土坑;21～30 hm² 挖 11～15 个土坑;31～50 hm² 挖 16～20 个土坑;50 hm² 以上挖 21～30 个土坑。土坑调查病虫害的种类、数量、危害植物程度、发病史和防治方法。通过调查提出病虫害防治工程项目。并通过前作物和周围树木的情况,了解病虫感染程度,提出防治措施。

⑤气象资料收集。向当地的气象台或气象站了解有关的气象资料,如生长期、早霜期、晚霜期、晚霜终止期、年、月、日平均气温、绝对最高和最低的气温、表土层最高最低温度、日照时数及日照率、冻土层深度、年降雨量及各月分布情况、最大一次降雨量及降雨历时数、最长连续降水日数及其量和最长连续无降水量日数、空气相对湿度、风力、平均风速、主风方向、降雪与积雪日数及初终期和最大积雪深度、当地小气候情况等。

(3)苗圃内业规划设计。

苗圃规划设计应根据自然地形,生产工艺、功能区划以及与外部衔接等要求,遵循因地制宜、合理布局、地尽其力、节约用地原则合理利用土地资源,根据立地条件与树种生物学特性要求和育苗方法与经营管理水平综合考虑,进行作业区区划,便于生产和经营管理。

苗圃生产用地应根据计划培育苗木的种类、数量、规格要求、出圃年限、育苗方式及轮休或休闲等因素以及各树种的苗木单位面积产量合理设计。大型苗圃的辅助用地不应超过苗圃总面积的25%;中、小型苗圃的辅助用地面积不应超过苗圃总面积的30%。

①生产用地规划。

A.作业区及规格。作业区长度设置,大型苗圃或机械化程度高的苗圃以200～300 m为宜,中型苗圃或畜耕为主的苗圃以50～100 m为宜;作业区宽度设置,以长度的1/2或1/3为宜,在排水良好地区可宽些,反之则窄些;山地苗圃作业区长度、宽度可按照地块现状尽量保持完整形状,作业区宜循南北走向。

B.各育苗区设置。a.播种区:培育播种苗的区域,是苗木繁殖任务的关键部分。应选择全圃自然、经营条件最优良的地段,即地势较高而平坦,坡度小,靠近水源、灌溉管理方便,土质优良、土层厚度50 cm以上、肥力较高,背风向阳地段。b.营养繁殖区:培育扦插苗、压条苗、分株苗和嫁接苗的区域,与播种区要求基本相同。应依据树种生物学特性,以满足扦插、嫁接埋条(压条)、分蘖(分株)育苗的工艺条件,选择排水良好、自然条件接近播种区且地下水位较高的地段。c.移植区:培育各种移植苗的区域,由播种区、营养繁殖区中繁殖出来的苗木,需要进一进培养成较大的苗木时,则应移入移植区中进行培育。应依据苗木培育规格和树种生长速度及特性,选择苗圃中土壤条件中等、地块大且独立完整的地段。d.大苗区:培育植株的体型、苗龄均较大并经过整形的各类大苗的耕作区。培育一次或多次移植供特殊绿化用的大型大龄苗木。可选设于靠近苗圃主干道或苗圃四周,土壤条件中等、地下水位较低的整齐地段。大苗区的特点是株行距大,占地面积大,培育的苗木大,规格高,根系发达,可以直接用于园林绿化建设。e.母树区:提供优良种子、插条、接穗等的繁殖材料区。可选圃地四周灵散且土壤条件较好、地下水位较低地段。f.试验区:应根据引种、组培和新种引植及新品种的特性及其采用工艺条件,选择便于观察、试验且土壤条件优良的地段,宜结合温室统一区划。g.其他则按各苗圃的具体任务和要求,还可设立温室区、标本区、果苗区、塑料大棚、温床等。苗圃温室、塑料大棚应根据生产任务和科研项目安排的需要,合理地确定建设规模,进行选型和工程设计。

②辅助用地规划。苗圃的辅助用地(或称非生产用地)主要包括道路系统、排灌系统、防护林带、管理区的房屋占地等,这些用地是直接为生产苗木服务的。

A.道路系统规划。道路系统设置应在保证管理和运输方便的前提下尽量节省用地,道路占地面积不超过苗圃总面积的7%～10%。a.主干道(主道):是苗圃内部和对外运输的主要道路,以办公室、管理处为中心,设于圃地中央或附近。宽6～8 m,其标高应高于耕作区20 cm。b.支干道(副道):与主道相垂直并与各耕作区相连接,宽4 m,标高高于耕作区10 cm。c.小道:沟通各耕作区的作业路并与副道垂直,宽2 m。d.环路:一般大型苗圃设置,宽4～6 m。

B.排灌系统规划。苗圃必须有完善的排灌系统,以保证水分对苗木的充分供应及正常排水。灌溉系统包括水源、提水设备和引水设施三部分。灌溉渠道网与排水沟网宜各居道路一侧,形成沟、渠、道路并列设置。a.灌溉系统设置。(a)水源:应尽量用地面水源,少用地下水源。(b)提水设备:包括抽水机与蓄水池等,可依苗圃育苗的需要,选用不同规格的抽水机。(c)引水设备:有地面渠道引水和暗管引水两种。明渠即地面引水渠道。管道灌溉的主管和支管均应埋入地下,其深度以不影响机械化耕作为度,开关设在地端使用方便之处。b. 排水系统设置：排水系统对地势低、地下水位高及降雨量多而集中的地区更为重要。排水系统由大小不同的排水沟组成，排水沟分明沟和暗沟两种，目前采用明沟较多。应做到外水不积、内水不淹，雨过沟干。(a)大排水沟：为排水沟网的出口段并直接通入河、湖或公共排水系统或低洼安全地带。大排水沟的截面根据排水量决定，但其底宽及深度不宜小于0.5 m。(b)中排水沟：顺支道路边设置，底宽0.3～0.5 m，深0.3～0.6 m。c. 小排水沟：设在小道旁，宽度与深度可根据实际情况确定。

C. 防护林带或围墙的设置。为了避免苗木遭受风沙危害应设置防护林带或围墙，以降低风速，减少地面蒸发及苗木蒸腾，创造良好的小气候条件和适宜的生态环境。

D. 房屋建筑系统设置。包括办公室、宿舍、食堂、仓库、种子贮藏室、工具房、畜舍车棚、劳动集散地、晒场、肥场等。在城镇附近建圃的行政与生活福利设施的建筑与用地标准，应按国家或地方规定的标准执行；在林区内建圃时可参照《林业局(场)民用建筑等级标准》中林场标准的有关规定执行。房屋建筑系统设置以有利生产、便于经营管理，方便生活，节省土地为依据，占地面积为苗圃总面积的1%～2%。

(4)编制苗圃规划设计成果。

①绘制苗圃规划设计图。

A. 准备工作。明确苗圃的具体位置、圃界、面积、育苗任务、苗木供应范围；了解育苗的种类、培育的数量和出圃的规格；确定应有建圃任务书，收集苗圃各种有关的图面材料如地形图、平面图、土壤图、植被图等，收集苗圃有关自然条件、经营条件以及气象资料和其他有关资料等。

B. 绘制苗圃规划设计图。应对具体条件全面综合，确定大的区划设计方案，在地形图上绘出主要路、渠、沟、林带、建筑区等位置。再依其自然条件和机械化条件，确定最适宜的耕作区的大小、长宽和方向，再根据各育苗的要求和占地面积，安排出适当的育苗场地，绘出苗圃设计草图，经多方征求意见，进行修改，确定正式设计方案，即可绘制正式图。正式设计图的绘制，应依地形图的比例将道路沟渠、林带、耕作区、建筑区、育苗区等按比例绘制，排灌方向要用箭头表示，在图外应列有图例、比例尺、指北方向，同时各区应加以编号，以便说明各育苗区的位置等。

②编制各类苗圃规划设计表。据苗圃规划设计实际情况编制《育苗所需劳力及工资表》《种子需要量及其费用表》、《插穗需要量及其费用表》、《物料、肥料、药剂消耗量及其费用表》、《年度育苗生产计划表》、《季、月、旬工作育苗计划进程表》、《育苗作业总成本表》、《树种育苗技术措施一览表》、《年度苗圃资金收支平衡表》等设计表。

③苗圃规划设计说明书的编写。设计说明书是苗圃规划设计的文字材料，它与设计图是苗圃设计两个不可缺少的组成部分。图纸上表达不出的内容，都必须在说明书中加以阐述。说明书包括以下几个部分。

A. 前言。简要地叙述培育园林苗木在我国社会主义园林建设中的重要意义，本苗圃规划设计遵循的原则和包括内容等。

B. 总论。主要叙述苗圃所在地区的经营条件和自然条件，并分析其对育苗工作的有利和不利因素，以及相应的改造措施。a. 经营条件苗圃位置及当地居民的经济、生产及劳动力情况；苗圃的交通条件；动力和机械化条件；周围的环境条件(如有无天然屏障、天然水源等)、苗圃所属性质和规模(包括组织领导，面积大小等)。b. 自然条件：叙述和分析苗圃的所在地的气候、地形、土壤、水源、病虫害和杂草植被等情况。这些基本情况,可从所收集或发的资料中查得,但对这些资料要进行分析,分析在所指定的地点育苗,有哪些有利条件和不利条件,及对育苗技术的影响(经营条件和自然条件两方面),如何充分发挥有利条件和克服不利条件等。

C. 设计部分(重点部分)。

a. 苗圃的面积计算:可根据育苗任务,参照各个植物产苗量定额,分别计算出育苗所需的面积,各个林木育苗面积之和为育苗所需总面积,为了保证完成育苗任务,育苗所需面积应比计算值增加 10%～15%。

b. 苗圃的区划说明。根据生产规划和充分利用土地、合理布局的原则,搞好区划。具体应遵循便于科学管理,提高劳动生产率;对圃地、道路、输电、排灌设施和房屋建设,要统一规划,合理安排,便于生产和机械作业;生产区、试验区、辅助用地的位置和所占的比例要合适,辅助用地不超过总面积的 25%;在风沙地区和面积较大的苗圃,要设置防护林带等原则进行科学区划。

(a)作业区及规格。见苗圃内业规划设计主要内容的生产用地规划部分。

(b)各育苗区的配置。见苗圃内业规划设计主要内容的生产用地规划部分。

(c)道路系统的设计。见苗圃内业规划设计主要内容的辅助用地规划部分。

(d)排、灌系统的设计。见苗圃内业规划设计主要内容的辅助用地规划部分。

(e)防护林带及篱垣的设计。防护林带应根据苗圃风沙危害程度进行设计。一般规定为:小型苗圃与主风方向相垂直设置一条林带;中型苗圃四周应设置林带;大型苗圃除周围设置环圃林带外,圃内应根据树种防护性能结合道路、渠道设置若干辅助林带;林带宽度应根据气候条件、土壤结构和防护树种的防护性能决定,一般规定为主林带宽度 8～10 m,辅助林带 2～4 m;林带宜选择生长迅速、防护性能好的树种,其结构以乔木、灌木混交的半透风式为宜,要避免选用病虫害严重的和苗木病虫害中间寄生的树种。为了保护圃地避免兽、禽危害,林带下层可设计种植带刺且萌芽力强的小灌木和绿篱;林带设计应以防护效益好,坚持合理利用土地,本着因害设防,美化圃容,改良生态环境,结合考虑经济效益的原则进行。

c. 育苗技术设计。这是苗圃规划设计最重要的部分,设计的中心思想应该是以最少的费用,从单位面积上获得优质高产的苗木。为此要充分运用所学理论,根据苗圃地的条件和树种特性,吸取生产实践的先进经验,拟订出先进的、正确的技术措施。技术设计要根据每个树种顺序说明育苗各个工序的技术措施,并扼要说明采取这些措施的理由。如两个树种育苗某个工序在措施上与另一植物相同时,可略,提参照××树种即可。

(a)培育 1 年生播种苗,大致可分四个大工序。其一,整地、施基肥、作床:要说明整地时间、要求,施用基肥种类、数量和方法,苗床长度、宽度、高度,步道沟、边沟、中沟的宽度和深度。其二,播种和播种地管理:制定播种前种子处理的方法,播种方法、播种时期、播种量等,播种地管理主要拟订覆盖物、灌溉、除草、揭草等措施。其三,苗木抚育:拟订除草、松土、灌溉、追肥、间苗、遮阴和病虫害防治等抚育措施,要说明各项措施进行的具体要求。其四,苗木出圃:拟订起苗、分级、统计、假植、包装等措施。

(b)培育 1 年生扦插苗,可按下列五个大工序进行叙述。枝条的采集和插穗截取:说明采条母树来源和选择,采集时期,插穗截取方法(长度、粗度、切口部位、形状等)。整地、施基肥和作床:叙述和分析的项目同播种苗培育。扦插:扦插前对插穗的处理,扦插时期,扦插株行距,扦插深度。苗木抚育:根据扦插苗培育特点,在抚育内容中有针对性地选择叙述。苗木出圃:与播种苗培育相同。(注:其他育苗方法也相应地据具体情况进行育苗技术设计)。

　　d. 建圃的投资和苗木成本计算。育苗成本包括直接成本和间接成本,直接成本指育苗所需的劳动工资、种子、肥料和药剂等费用,间接成本指基本建设折旧费、工具折旧费和行政管理费等。

　　(a)育苗所需劳力及其工资:要按苗木种类根据每个工序所需要的劳力和工资填写附表4-12-1。

附表 4-12-1　育苗所需劳力及工资表

苗木种类	工作项目	工作量/亩	劳动定额工/亩	总需工数	每工工资/元	工资额/元
1	2	3	4	5＝3×4	6	7＝5×6

　　表中苗木种类按林木种类填写,工作项目按工序填写,劳动定额从所发参考资料中查得。

　　(b)种子和插穗需要量及其费用:种子、插穗需要量及费用按附表 4-12-2、附表 4-12-3所示内容计算和填写。

附表 4-12-2　种子需要量及其费用表

树种	播种面积/hm²	每亩播种量/kg	种子需要量/kg	每千克种子单价/元	种子总费用/元
1	2	3	4＝3×2	5	6＝5×4

附表 4-12-3　插穗需要量及其费用表

树种	扦插面积/hm²	扦插株行距/cm	所需插穗数量/根	插穗单价/元	插穗总价/元
1	2	3	4	5	6＝5×4

　　(c)物料、肥料、药剂的消耗量及其费用:物料是指一些消耗的育苗材料,如覆盖稻草、草绳等,肥料是指基肥和追肥,药剂则包括播种前对种子的处理或对插穗的处理以及防治病虫害所需的各种药剂,以上各项费用,按苗木种类分别计算填入附表 4-12-4。

附表 4-12-4　物料、肥料、药剂消耗量及其费用表

树种	品名	施用次数	每公顷用量	施用面积/hm²	总用量	单价/元	总价/元
1	2	3	4	5	6	7	8

(d)间接成本：在生产上都要按实际计算，在本苗圃规划设计中，为了简化工作量，可由参考资料中查得。然后将间接成本总值按各个林木育苗面积多少进行分摊。

(e)育苗成本总计：把上述各项费用相加，就是各个林木的育苗成本，并填写育苗作业总成本表（见附表 4-12-8）。

附表 4-12-5 _____ 年度育苗生产计划表

树种	施业别	育苗面积/亩	计划产苗量/千株			苗木质量/cm			种苗量/kg	物料量							肥料量/kg			药料量/kg			用工量/个			备注
			计	合格苗	留圃苗	地径	苗高	根长		沙子/m³	稻草/m³	草绳/m³	秫秸/m³	苇帘/张	草帘/张	木桩或铁丝/kg	堆肥	硫酸铵	过磷酸钙	硫酸亚铁	硫酸铜	生石灰	除草醚	人工	畜工	机械工	
1	2	3	4	5	6	7	8	9	10	11	12	13	14	15	16	17	18	19	20	21	22	23	24	25	26	27	28

附表 4-12-6 树种育苗技术措施一览表

顺序	作业项目	时间	方 法	次数	质量要求

附表 4-12-7 年度苗圃资金收支平衡表

收入项目				支出项目/元	两抵后盈亏/元
种类	产苗量/千株	单价/元·千株$^{-1}$	收入/元		

附表 4-12-8 育苗作业总成本表

树种	施业别	育苗面积/亩	产苗量/株	用工量/工			直接费/元										直接成本/元		管理费/元	折旧费/元	总成本/元		备注
				人工	畜工	机械工	作业费				种苗费	物料费	肥料费	药料费	共同生产费	小计	小计	千株成本			总费用	千株成本	
							计	人工费	畜工费	机工费													
1	2	3	4	5	6	7	8	9	10	11	12	13	14	15	16	17	18	19	20	21	22	23

附表 4-12-9 季、月、旬工作育苗计划进程表

季	月	旬	工作项目和技术要求	用工数量			
				合计	人工	畜工	机械工
一季度	1	上					
		中					
		下					
	2	上					
		中					
		下					
	3	上					
		中					
		下					
二季度	5	上					
		中					
		下					
	6	上					
		中					
		下					
		上					
		中					
		下					
三季度	8	上					
		中					
		下					
	9	上					
		中					
		下					
		上					
		中					
		下					
四季度	10	上					
		中					
		下					
	11	上					
		中					
		下					
	12	上					
		中					
		下					

2. 育苗施工。

(1)播种育苗(略)。

(2)扦插育苗(略)。

(3)嫁接育苗(略)。

（四）实训结果与考核（标准、方法）

1. 考核方式。苗圃规划设计与施工综合实训考核方式包括过程考核和结果考核两部分，其中过程考核占 40%，结果考核占 60%。

2. 实训成果。每人应上交综合实训报告 1 份，其内容如下。

(1)苗圃规划设计说明书；

(2)苗圃规划设计图；

(3)各类苗圃规划设计表。

包括《育苗所需劳力及工资表》、《种子需要量及其费用表》、《插穗需要量及其费用表》、《物料、肥料、药剂消耗量及其费用表》、《年度育苗生产计划表》、《季、月、旬工作育苗计划进程表》、《育苗作业总成本表》、《树种育苗技术措施一览表》。

(4)苗木生产施工实训报告。

3. 成绩评定。

实训结束后根据学生的实践操作熟练程度及内业成果、组织纪律、工作态度、团结协作等五个方面由指导教师综合评定成绩。通过综合评分划分等级：优秀、良好、及格、不及格四级制，标准如下：

考核项目	考核方法	考核标准
苗圃规划设计	按小组(5~6 人一组)考核	优：正确进行苗圃的选址、苗圃平面图的测绘、苗圃环境因子调查，调查材料数据准确；正确进行苗圃生产用地和辅助用地规划；正确进行主要树种育苗设计；正确编制苗圃规划设计各类成果；上述各项内外业操作熟练、规范，提交成果科学实用。 良：正确进行苗圃的选址、苗圃平面图的测绘、苗圃环境因子调查，调查材料数据基本准确；正确进行苗圃生产用地和辅助用地规划；正确进行主要树种育苗设计；正确编制苗圃规划设计各类成果；上述各项内外业操作基本规范，但不很熟练，提交成果大部分实用。 及格：在指导下能正确进行苗圃的选址、苗圃平面图的测绘、苗圃环境因子调查，调查材料数据基本准确；能进行苗圃生产用地和辅助用地规划；能进行主要树种育苗设计；基本掌握编制苗圃规划设计各类成果；上述各项内外业操作基本规范，但不熟练，提交成果部分实用。 不及格：达不到及格标准
播种育苗	单人考核	优：正确进行选种及种子处理；正确选择播种方法，播种量合理，播种均匀一致；覆土、覆盖厚度适当且均匀一致；上述操作熟练、规范。发芽率达到 90% 以上。 良：正确进行选种及种子处理；正确选择播种方法，播种量较合理，播种较均匀；覆土、覆盖厚度基本适当且较均匀；上述操作基本规范，但不很熟练。发芽率达到 80%~90%。 及格：在指导下，能进行选种及种子处理；选择播种方法，确定播种量，播种较均匀；覆土、覆盖厚度基本适当且较均匀；上述操作方法基本正确，但速度缓慢。发芽率达到 60%~80%。 不及格：达不到及格标准

续表

考核项目	考核方法	考核标准
扦插育苗	单人考核	优:能独立正确选插穗、制穗;正确处理穗条;正确选择扦插方法、扦插技术熟练、规范。成活率≥81%。 良:能独立正确选插穗、制穗;正确处理穗条;正确选择扦插方法、扦插技术基本规范,但不很熟练。成活率71%~80%。 及格:指导下,能正确选插穗、制穗;正确处理穗条;正确选择扦插方法、扦插技术基本正确,但不熟练。成活率51%~70%。 不及格:达不到及格标准
嫁接育苗	单人考核	优:能独立正确选择砧木并进行砧木处理;能正确选接穗、制穗;正确选择嫁接方法、嫁接技术熟练、规范。成活率≥81%。 良:能独立正确选择砧木并进行砧木处理;能正确选接穗、制穗;正确选择嫁接方法、嫁接技术基本规范,但不很熟练。成活率71%~80%。 及格:指导下,能正确选择砧木并进行砧木处理;能正确选接穗、制穗;正确选择嫁接方法、嫁接技术基本正确,但不熟练。成活率51%~70%。 不及格:达不到及格标准

五、任务实施

1. 每个小组成员相互配合,以小组为单位按任务书要求编制育苗技术方案设计;育苗成本和效益核算;编制园林苗圃规划设计书。

2. 完成工作页 12(1)、12(2),评价页 12。

六、任务执行评价

评定形式	自我评定(20%)	小组评定(20%)	教师评定(60%)	总计(100%)
得分				
指导教师签名			组长签名	

附录:园林苗木生产技术工作页与评价页

工作页1　组建团队

学习领域	园林苗木生产技术	学习情境1	园林苗木生产准备			
任务1	组建团队	班级和组别			主持人	
团队成员姓名						
座号						
职责分工						

团队学习记录:（注明学习时间、团队人员、学习内容、讨论过程、结果等）

工作体会:

完成工作任务时间:

评价页 1　组建团队

学习领域	园林苗木生产技术		学习情境 1			园林苗木生产准备						
任务 1	组建团队			班级和组别								
团队成员姓名												
座号												
职责分工												

评价内容	评价												
	自我评价	小组评价						教师评价					
		1	2	3	4	5	6	1	2	3	4	5	6
1. 团队成员间畅所欲言,充分表达观点(12 分)													
2. 各成员都对团队工作提出了自己的想法和意见(12 分)													
3. 团队成员结构合理,每个团队成员都有闪光点和潜质(12 分)													
4. 团队明确了每个队员的职责分工和工作衔接(12 分)													
5. 团队气氛热烈,工作愉快,对团队的未来工作充满信心(10 分)													
6. 团队有进行角色转换(8 分)													
7. 团队成员懂得换位思考(8 分)													
8. 团队对未来充满信心(8 分)													
9. 该团队制订了工作计划和行为规范(8 分)													
10. 和其他团队和谐共处,互相帮助(10 分)													
合计													

指导教师评语	
	指导老师: 　　年　　月　　日

分数比例	自我评价(20%)+小组评价(20%)+教师评价(60%)

工作页 2(1)　苗圃建立

学习领域	园林苗木生产技术	学习情境 1	园林苗木生产准备			
任务 2	苗圃建立	班级和组别			主持人	
团队成员姓名						
座号						
职责分工						

团队学习记录：
（注明学习时
间、团队人员、
学习内容、讨论
过程、讨论结果
等）

工作体会：

完成工作任务时间：

工作页 2(2)　苗圃建立

班级和组别＿＿＿＿＿＿　成员＿＿＿＿＿＿＿＿＿＿＿＿＿完成日期＿＿＿＿＿＿

某某苗圃作业区区划方案

评价页 2　苗圃建立

学习领域	园林苗木生产技术		学习情境 1		园林苗木生产准备					
任务 2	苗圃建立			班级和组别						
团队成员姓名										
座号										
职责分工										

| 评价内容 | 评价 | | | | | | | | | | | | | |
| | 自我评价 | 小组评价 | | | | | | 教师评价 | | | | | |
		1	2	3	4	5	6	1	2	3	4	5	6
1. 组长分工合理,团队成员齐心协力完成本任务(8分)													
2. 和其他团队互相沟通,互相帮助(8分)													
3. 制作展示幻灯,幻灯配色美观清晰,图文并茂,形象生动(8分)													
4. 学习成果汇报人自然大方,重点突出,表达清楚流畅,语速、音量适中(8分)													
5. 会正确进行园林苗圃选址,会园林苗木建档(12分)													
6. 苗圃作业区区划方案科学可行,会绘制苗圃区划图(12分)													
7. 会正确进行苗圃生产区和辅助用地区区划(12分)													
8. 本任务工作页完成及时,质量高(12分)													
9. 运用现代信息等新技术、新方法能力(10分)													
10. 团队协作精神、表达能力和沟通协调能力(10分)													
合计													

指导教师评语	
	指导老师: 年　　月　　日
分数比例	自我评价(20%)＋小组评价(20%)＋教师评价(60%)

工作页 3(1)　苗圃生产计划制订

学习领域	园林苗木生产技术	学习情境 1	园林苗木生产准备		
任务 3	苗圃生产计划制订	班级和组别		主持人	
团队成员姓名					
座号					
职责分工					
团队学习记录:(注明学习时间、团队人员、学习内容、讨论过程、讨论结果等)					

工作体会:

完成工作任务时间:

工作页 3(2)　苗圃生产计划制订

班级和组别＿＿＿＿＿＿＿＿＿　成员＿＿＿＿＿＿＿＿＿＿＿＿＿　完成日期＿＿＿＿＿＿＿＿

育苗任务：5种(一串红、百日草、茑萝、万寿菊、凤仙花等)1年生草花(每种每组培育60盆)，木本植物2种(福建山樱花、天竺桂或桂花等)(每种每组培育100株)；扦插木本(红叶石楠、桂花或红花继木、迎春等)和草本(万年青、豆瓣绿或虎尾兰等)各两种，每种每组培育120株；分生苗2种(吊兰、鸢尾等)，每种每组培育120株；移植各类小苗每组培育300株；移植大苗每组培育2株。

表1　××年度育苗生产计划表

单位名称：　　　　　　　　　　　　　　　　　　　　　　　　　　　　　　单位：株/m²

施业类别		合计		苗木类别									备注
				草本植物				木本植物					
		面积/ m²	产量/ 株	1、2 年生 草本	宿根 草本	球根 草本	其他	乔木		灌木	藤木	其他	
								针叶 树	阔叶 树				
合计													
播种	容器												
	地播												
扦插	硬枝												
	软枝												
嫁接													
移植													
移大苗													

表2　种子需要量及其费用表

植物名称	播种面积/ 亩或 m²	每亩播种量/ kg 或 g	种子需要量/ kg 或 g	每千克(或每克) 种子单价/元	种子总费用 /元
1	2	3	4＝3×2	5	6＝5×4

评价页 3　苗圃生产计划制订

学习领域	园林苗木生产技术	学习情境 1	园林苗木生产准备										
任务 3	苗圃生产计划制订	班级和组别											
团队成员姓名													
座号													
职责分工													

评价内容	评价												
	自我评价	小组评价						教师评价					
		1	2	3	4	5	6	1	2	3	4	5	6
1. 团队成员合理分工合作完成各项工作任务(10 分)													
2. 和其他团队互相沟通,互相帮助(8 分)													
3. 组长分工合理,团队成员齐心协力完成本任务(8 分)													
4. 学习成果汇报人自然大方,重点突出,表达清楚流畅,语速、音量适中(10 分)													
5. 有开展园林市场调研,调研报告翔实客观,能较准确反映园林市场苗木供需情况(12 分)													
6. 会正确制订苗圃生产计划和本组苗木生产计划(12 分)													
7. 本任务工作页完成及时,质量高(12 分)													
8. 团队自主学习能力、分析解决问题能力(10 分)													
9. 运用现代信息等新技术、新方法能力(8 分)													
10. 团队协作精神、表达能力和沟通协调能力(10 分)													
合 计													

指导教师评语	指导老师: 　　年　　月　　日
分数比例	自我评价(20%)+小组评价(20%)+教师评价(60%)

工作页 4(1)　常见园林植物播种育苗

学习领域	园林苗木生产技术	学习情境 2			常见园林植物育苗		
任务 4	常见园林植物播种育苗	班级和组别				主持人	
团队成员姓名							
座号							
职责分工							
团队学习记录：（注明学习时间、团队人员、学习内容、讨论过程、讨论结果等）							

工作体会：

完成工作任务时间：

工作页 4(2)　常见园林植物播种育苗

班级和组别＿＿＿＿＿＿＿　　成员＿＿＿＿＿＿＿＿＿＿＿＿＿＿＿＿　　完成日期＿＿＿＿＿＿＿

主要园林植物种实的识别

1. 任务概述(含任务目标、使用器具材料、工作流程)

2. 种实形态记载表(每组完成 30 种)

编号	树种	果实种类	种子外部形态				备注
			大小	形状	颜色	其他	

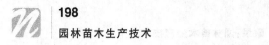

工作页 4(3) 常见园林植物播种育苗

班级和组别＿＿＿＿＿＿＿＿ 成员＿＿＿＿＿＿＿＿＿＿＿＿＿＿ 完成日期＿＿＿＿＿＿＿

种子品质检验

一、任务概述(含任务目标、器具材料、工作流程)

二、种子品质检验(据实训操作简单归纳以下内容,并正确填写种子品质检验净度分析记录表、种子重量测定记录表、种子生活力测定记录表)

(一)种子净度测定

1. 测定样品提取。

2. 测定样品分析。

3. 称重记录。

4. 检查误差(列出计算式、计算过程、结果、分析)。

(1)检查测定样品重量误差。

(2)检查两份净度容许误差。

5. 计算平均净度(列出计算式、计算过程、结果、分析)。

净度分析记录表

编号＿＿＿＿＿＿＿＿＿＿

树种＿＿＿＿＿＿＿＿＿＿＿＿＿ 样品号＿＿＿＿＿＿＿＿＿＿＿ 样品情况＿＿＿＿＿＿＿＿＿＿＿

测试地点＿＿＿＿＿＿＿＿＿＿＿＿＿＿＿＿＿＿＿＿＿＿＿＿＿＿＿＿＿＿＿＿＿＿＿＿＿＿＿

环境条件:温度＿＿＿＿＿＿＿＿℃ 湿度＿＿＿＿＿＿＿＿%

测试仪器:名称＿＿＿＿＿＿＿＿＿＿＿＿＿＿＿＿ 编号＿＿＿＿＿＿＿＿＿＿

方 法 (重复)	试样重/ g	纯净种子重/ g	其他植物 种子重/g	夹杂物重/ g	总 重/ g	各重复净度/ %	平均净度/ %	备注
实 际 差 距			容 许 差 距					

本次测定:有效 □ 测定人＿＿＿＿＿＿＿＿＿

无效 □ 校核人＿＿＿＿＿＿＿＿＿

测定日期＿＿＿＿年＿＿月＿＿日

(二)种子重量测定(百粒法)

1. 测定样品提取。

2. 称量记载。

3. 检查误差(计算各重复平均重量、标准差、变异系数,应列出计算公式、计算过程、结果、误差分析)。

4. 计算千粒重(应列出计算公式、计算过程、结果)。

种子重量测定记录表

编号_____

树种_____ 样品号_____ 样品情况_____ 测试地点_____

环境条件:温度_____℃ 湿度_____% 测试仪器:名称_____ 编号_____

测定方法_____

重复号	1	2	3	4	5	6	7	8	9	10	11	12	13	14	15	16
X(g)																
标准差(S)																
平均数($\bar{x}$)																
变异系数(%)																
千粒重(g)																

第___组数据超过了容许误差,本次测定根据第___组计算。

本次测定:有效 □　　　　测定人_____

　　　　　无效 □　　　　校核人_____

　　　　　　　　　　　　测定日期_____年___月___日

(三)种子生活力测定(四唑染色法)

1. 原理。

2. 测定样品提取。

3. 种子预处理。

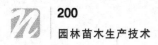

4. 取胚。

5. 染色。

6. 观察记录。

7. 检查误差(计算各重复平均生活力、查表 2-4-9(发芽测定溶许误差表)检查容许误差；应列出计算公式、计算过程、结果、误差分析)

8. 计算生活力(应列出计算公式、计算过程、结果)

种子生活力测定记录表

编号_____

树种_____ 样品号_____ 样品情况_____

染色剂_____ 浓度_____

测试地点_____

环境条件:温度_____℃ 湿度_____%

测试仪器:名称_____ 编号_____

重复	测定种子粒数	种子解剖结果					进行染色粒数	染色结果				平均生活力（%）	备注
		腐烂粒	涩粒	病虫害粒	空粒			无生活力		有生活力			
								粒数	%	粒数	%		
1													
2													
3													
4													
平均													

测定方法

实际差距_____ 容许差距_____

本次测定:有效 □ 无效 □

测定人_____ 校核人_____ 测定结束日期_____年_____月_____

工作页 4(4) 常见园林植物播种育苗

班级和组别＿＿＿＿＿＿ 成员＿＿＿＿＿＿＿＿＿＿＿ 完成日期＿＿＿＿＿＿

(任选桂花、樟树、福建山樱花、池杉、侧柏、金钱松、紫薇、悬铃木、泡桐、女贞、合欢、枫香等2种木本植物,进行主要园林植物露地播种育苗技术方案编制。任选一串红、地肤、冬珊瑚、三色堇、万寿菊、矮牵牛、茑萝、鸡冠花、菊花等草本植物2种,进行主要园林植物容器播种育苗技术方案编制。)

一、任务概述(含任务目标、器具材料、工作流程)

二、主要园林植物露地播种和容器播种育苗技术方案(首先设计育苗任务,根据育苗任务进行育苗技术措施方案设计)

(一)主要园林植物露地播种育苗技术方案(首先设计育苗任务,根据育苗任务进行育苗技术措施方案设计)

(二)主要园林植物容器播种育苗技术方案(首先设计育苗任务,根据育苗任务进行育苗技术措施方案设计)

三、园林植物露地播种和容器播种育苗技术方案实施及任务成果

(一)园林植物露地播种育苗技术方案实施及任务成果(概要性地总结本任务方案实施的工作内容要点,任务成果用实拍的相片粘贴到文档中)

(二)园林植物容器播种育苗技术方案实施及任务成果(概要性地总结本任务方案实施的工作内容要点,任务成果用实拍的相片粘贴到文档中)

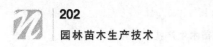

评价页 4 常见园林植物播种育苗

学习领域	园林苗木生产技术		学习情境 2				常见园林植物育苗						
任务 4	常见园林植物播种育苗				班级和组别								
团队成员姓名													
座号													
职责分工													

评价内容	评价												
	自我评价	小组评价						教师评价					
		1	2	3	4	5	6	1	2	3	4	5	6
1. 团队成员协作完成信息收集,有组织小组讨论学习(8 分)													
2. 回答问题正确率高,团队成员之间能互相补充(8 分)													
3. 和其他团队互相沟通,互相帮助(8 分)													
4. 能按要求完成园林植物种子识别任务,高质量完成种子识别工作页(8 分)													
5. 能按规范方法进行种子品质检验,检验结果准确性高(14 分)													
6. 常见园林植物露地和容器播种育苗技术方案科学可行(14 分)													
7. 会按设计方案实施常见园林植物露地播种育苗工作(10 分)													
8. 会按设计方案实施常见园林植物容器播种育苗工作(10 分)													
9. 团队自主学习能力、分析解决问题能力(10 分)													
10. 团队协作精神、表达能力和沟通协调能力(10 分)													
合 计													

指导教师评语	指导老师: 年　月　日
分数比例	自我评价(20%)+小组评价(20%)+教师评价(60%)

工作页 5(1)　常见园林植物扦插育苗

学习领域	园林苗木生产技术	学习情境 2	常见园林植物育苗			
任务 5	常见园林植物扦插育苗	班级和组别			主持人	
团队成员姓名						
座号						
职责分工						
团队学习记录:（注明学习时间、团队人员、学习内容、讨论过程、讨论结果等）						

工作体会:

完成工作任务时间:

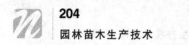

工作页 5(2)　常见草本园林植物扦插育苗

班级和组别_____　成员_____完成日期_____

（任选菊花、万年青、豆瓣绿、虎皮兰、燕子掌、秋海棠、仙人掌类植物等 2 种草本植物，进行常见草本园林植物扦插育苗技术方案编制。）

一、任务概述（含任务目标、器具材料、工作流程）

二、常见草本园林植物扦插育苗技术方案

三、常见草本园林植物扦插育苗技术方案实施及任务成果

工作页 5(3) 常见木本园林植物扦插育苗

班级和组别＿＿＿＿＿＿＿　　成员＿＿＿＿＿＿＿＿＿＿＿＿＿　　完成日期＿＿＿＿＿＿＿

（任选红叶石楠、迎春、杜鹃、桂花、红花继木、茉莉、栀子、黄杨、榕树等 2 种木本植物,进行常见木本园林植物扦插育苗技术方案编制。）

一、任务概述(含任务目标、器具材料、工作流程)

二、常见木本园林植物扦插育苗技术方案

三、常见木本园林植物扦插育苗技术方案实施及任务成果

评价页 5　常见园林植物扦插育苗

学习领域	园林苗木生产技术	学习情境 2	常见园林植物育苗										
任务 5	常见园林植物扦插育苗		班级和组别										
团队成员姓名													
座号													
职责分工													

评价内容	评价												
	自我评价	小组评价						教师评价					
		1	2	3	4	5	6	1	2	3	4	5	6
1. 团队成员协作完成信息收集，有组织小组讨论学习(8分)													
2. 回答问题正确率高，团队成员之间能互相补充(8分)													
3. 组长分工合理，团队成员齐心协力完成本任务(8分)													
4. 能按要求正确设计常见草本和木本园林植物扦插育苗技术方案(12分)													
5. 会正确选择采穗母本，正确采集处理插穗(12分)													
6. 会正确选择和使用扦插生根剂(10分)													
7. 会正确准备扦插床和扦插基质(10分)													
8. 会按设计方案实施常见园林植物扦插育苗工作(16分)													
9. 我们学会了自主学习、自主分析问题和解决问题(8分)													
10. 我们学会互相沟通、互相赞赏、互相帮助、团队协作(8分)													
合计													

指导教师评语	指导老师： 年　　月　　日
分数比例	自我评价(20%)＋小组评价(20%)＋教师评价(60%)

工作页 6(1)　常见园林植物嫁接育苗

学习领域	园林苗木生产技术	学习情境 2		常见园林植物育苗	
任务 6	常见园林植物嫁接育苗	班级和组别			主持人
团队成员姓名					
座号					
职责分工					
团队学习记录：（注明学习时间、团队人员、学习内容、讨论过程、讨论结果等）					

工作体会：

完成工作任务时间：

工作页 6(2)　常见草本园林植物嫁接育苗

班级和组别＿＿＿＿＿＿＿　成员＿＿＿＿＿＿＿＿＿＿＿＿＿完成日期＿＿＿＿＿＿＿

（任选菊花、长春花、仙人掌等常见草本园林植物 2 种，进行常见草本园林林植物嫁接育苗技术方案编制。）

一、任务概述（含任务目标、器具材料、工作流程）

二、常见草本园林植物嫁接育苗技术方案

三、常见草本园林植物嫁接育苗技术方案实施及任务成果

工作页 6(3) 常见木本园林植物嫁接育苗

班级和组别＿＿＿＿＿＿＿ 成员＿＿＿＿＿＿＿＿＿＿＿＿＿ 完成日期＿＿＿＿＿＿＿

（任选桂花、茶花、红花继木、马尾松等常见木本园林植物 2 种，进行常见木本园林植物嫁接育苗技术方案编制。）

一、任务概述（含任务目标、器具材料、工作流程）

二、常见木本园林植物嫁接育苗技术方案

三、常见木本园林植物嫁接育苗技术方案实施及任务成果

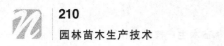

评价页 6 常见园林植物嫁接育苗

学习领域	园林苗木生产技术	学习情境 2	常见园林植物育苗											
任务 6	常见园林植物嫁接育苗			班级和组别										
团队成员姓名														
座号														
职责分工														

评价内容	评价													
	自我评价	小组评价						教师评价						
		1	2	3	4	5	6	1	2	3	4	5	6	
1. 团队成员协作完成信息收集，有组织小组讨论学习(8 分)														
2. 回答问题正确率高,团队成员之间能互相补充(8 分)														
3. 组长分工合理,团队成员齐心协力完成本任务(8 分)														
4. 能按要求正确设计常见草本和木本园林植物嫁接育苗技术方案(12 分)														
5. 会正确选择、处理砧木和接穗(8 分)														
6. 会正确选择嫁接方法(8 分)														
7. 会按设计方案进行嫁接育苗操作(16 分)														
8. 会进行嫁接苗的管理(12 分)														
9. 我们学会了自主学习、自主分析问题和解决问题(10 分)														
10. 我们学会互相沟通、互相赞赏、互相帮助、团队协作(10 分)														
合计														

指导教师评语	
	指导老师： 年　　月　　日
分数比例	自我评价(20％)＋小组评价(20％)＋教师评价(60％)

工作页 7(1)　常见园林植物组织培养育苗

学习领域	园林苗木生产技术	学习情境 2	常见园林植物育苗			
任务 7	常见园林植物组织培养育苗	班级和组别			主持人	
团队成员姓名						
座号						
职责分工						
团队学习记录:(注明学习时间、团队人员、学习内容、讨论过程、讨论结果等)						

工作体会:

完成工作任务时间:

工作页 7(2)　常见草本园林植物组织培养育苗

班级和组别＿＿＿＿＿＿＿＿　成员＿＿＿＿＿＿＿＿＿＿＿＿　完成日期＿＿＿＿＿＿＿

（任选非洲菊、马蹄莲、菊花、红掌等常见草本园林植物 2 种，进行常见草本园林植物组织培养育苗技术方案编制。）

一、任务概述（含任务目标、器具材料、工作流程）

二、常见草本园林植物组织培养育苗技术方案[包含整个组织培养操作程序：从器皿和接种室清洗、消毒，培养基配制、分装、消毒，外植体的选择、清洗、消毒、接种操作，培养（说明不同培养阶段的培养环境条件及技术等），炼苗全过程进行育苗技术方案制定]

三、常见草本园林植物组织培养育苗技术方案实施及任务成果

工作页 7(3)　常见木本园林植物组织培养育苗

班级和组别＿＿＿＿＿＿＿＿＿　成员＿＿＿＿＿＿＿＿＿＿＿＿＿＿＿　完成日期＿＿＿＿＿＿＿＿

（任选一品红、月季、桂花、福建山樱花等常见木本园林植物 2 种,进行常见木本园林植物组织培养育苗技术方案编制。）

一、任务概述(含任务目标、器具材料、工作流程)

二、常见木本园林植物组织培养育苗技术方案

三、常见木本园林植物组织培养育苗技术方案实施及任务成果

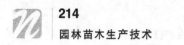

评价页 7　常见园林植物组织培养育苗

学习领域	园林苗木生产技术				学习情境 2				常见园林植物育苗			
任务 7	常见园林植物组织培养育苗						班级和组别					
团队成员姓名												
座号												
职责分工												

评价内容	评价												
	自我评价	小组评价						教师评价					
		1	2	3	4	5	6	1	2	3	4	5	6
1. 团队成员协作完成信息收集，有组织小组讨论学习(8分)													
2. 回答问题正确率高，团队成员之间能互相补充(8分)													
3. 和其他团队互相沟通，互相帮助(8分)													
4. 能按要求正确设计常见草本和木本园林植物组织培养育苗技术方案(14分)													
5. 会正确进行器皿和接种室清洗消毒(8分)													
6. 会正确进行培养基配制、分装、消毒(10分)													
7. 会正确进行外植体的选择、清洗、消毒、接种操作(12分)													
8. 会按设计方案进行接种苗的培养和炼苗(12分)													
9. 团队自主学习能力、分析解决问题能力(10分)													
10. 团队协作精神、表达能力和沟通协调能力(10分)													
合计													

指导教师评语	
	指导老师： 　　年　　月　　日
分数比例	自我评价(20%)＋小组评价(20%)＋教师评价(60%)

工作页 8(1)　常见园林植物分生压条育苗

学习领域	园林苗木生产技术	学习情境 2	常见园林植物育苗			
任务 8	常见园林植物分生压条育苗	班级和组别			主持人	
团队成员姓名						
座号						
职责分工						

团队学习记录: (注明学习时间、团队人员、学习内容、讨论过程、讨论结果等)	

工作体会:

完成工作任务时间:

工作页 8(2)　常见草本园林植物分生压条育苗

班级和组别＿＿＿＿＿＿＿＿　成员＿＿＿＿＿＿＿＿＿＿＿＿＿＿＿　完成日期＿＿＿＿＿＿＿＿

（任选吊兰、一叶兰、白掌、虎尾兰、芍药、葡萄等常见草本园林植物 2 种,进行常见草本园林植物分生压条育苗技术方案编制。其中 1 种植物设计分生育苗、1 种植物设计压条育苗）

一、任务概述(含任务目标、器具材料、工作流程)

二、常见草本园林植物分生压条育苗技术方案

(一)常见草本园林植物分生育苗技术方案

(二)常见草本园林植物压条育苗技术方案

三、常见草本园林植物分生压条育苗技术方案实施与任务成果

(一)常见草本园林植物分生育苗技术方案实施与任务成果

(二)常见草本园林植物压条育苗技术方案实施与任务成果

工作页 8(3)　常见木本园林植物分生压条育苗

班级和组别_____　成员_____完成日期_____

（任选大叶栀子、红叶石楠、一品红、巴西野牡丹、棕竹、茶花、桂花、迎春、爬山虎等常见木本园林植物 2 种，进行常见木本园林植物分生压条育苗技术方案编制。其中 1 种植物设计分生育苗、1 种植物设计压条育苗）

一、任务概述（含任务目标、器具材料、工作流程）

二、常见木本园林植物分生压条育苗技术方案

（一）常见木本园林植物分生育苗技术方案

（二）常见木本园林植物压条育苗技术方案

三、常见木本园林植物分生压条育苗技术方案实施与任务成果

（一）常见木本园林植物分生育苗技术方案实施与任务成果

（二）常见木本园林植物压条育苗技术方案实施与任务成果

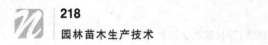

评价页 8　常见园林植物分生压条育苗

学习领域	园林苗木生产技术	学习情境 2	常见园林植物育苗											
任务 8	常见园林植物分生压条育苗	班级和组别												
团队成员姓名														
座号														
职责分工														

评价内容	评价													
	自我评价	小组评价						教师评价						
		1	2	3	4	5	6	1	2	3	4	5	6
1. 团队成员协作完成信息收集，有组织小组讨论学习(8分)													
2. 回答问题正确率高,团队成员之间能互相补充(8分)													
3. 和其他团队互相沟通,互相帮助(8分)													
4. 能按要求正确设计常见草本和木本园林植物分生压条育苗技术方案(12分)													
5. 会正确进行园林植物分生育苗操作(12分)													
6. 会正确进行园林植物压条育苗操作(12分)													
7. 会正确进行分生压条苗管理(10分)													
8. 培育的分生压条苗成活率高(10分)													
9. 团队自主学习能力、分析解决问题能力(10分)													
10. 团队协作精神、表达能力和沟通协调能力(10分)													
合计													

指导教师评语		
	指导老师： 年　　月　　日	
分数比例	自我评价(20%)＋小组评价(20%)＋教师评价(60%)	

工作页 9(1) 常见园林植物大苗培育

学习领域	园林苗木生产技术	学习情境 3	园林植物大苗培育和苗木出圃		
任务 9	常见园林植物大苗培育	班级和组别		主持人	
团队成员姓名					
学号					
职责分工					
团队学习记录： （注明学习时间、团队人员、学习内容、讨论过程、讨论结果等）					

工作体会：

完成工作任务时间：

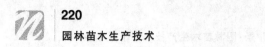

工作页 9(2)　常见园林植物大苗培育

班级和组别＿＿＿＿＿＿＿＿　成员＿＿＿＿＿＿＿＿＿＿＿＿＿＿＿＿＿　完成日期＿＿＿＿＿＿＿＿

一、任务概述(含任务目标、器具材料、工作流程)

二、××类大苗培育技术方案(任选行道树、庭荫树、花灌木、绿篱类、球形类、藤本类等其中的 2 种大苗培育进行培育方案设计)

三、××类大苗培育技术方案实施与任务成果

评价页 9　常见园林植物大苗培育

学习领域	园林苗木生产技术	学习情境 3	园林植物大苗培育和苗木出圃									
任务 9	常见园林植物大苗培育		班级和组别									
团队成员姓名												
座号												
职责分工												

评价内容	评价												
	自我评价	小组评价						教师评价					
		1	2	3	4	5	6	1	2	3	4	5	6
1. 团队成员协作完成信息收集, 有组织小组讨论学习(8 分)													
2. 回答问题正确率高,团队成员之间能互相补充(8 分)													
3. 和其他团队互相沟通,互相帮助(8 分)													
4. 能按要求正确设计常见园林植物大苗培育技术方案(12 分)													
5. 会正确进行园林植物大苗培育的土壤和苗木准备(10 分)													
6. 会正确进行园林植物大苗培育各环节操作(14 分)													
7. 会正确进行大苗培育后的管理(10 分)													
8. 移植的大苗成活率高(10 分)													
9. 团队自主学习能力、分析解决问题能力(10 分)													
10. 团队协作精神、表达能力和沟通协调能力(10 分)													
合计													

指导教师评语	指导老师: 年　　月　　日
分数比例	自我评价(20%)＋小组评价(20%)＋教师评价(60%)

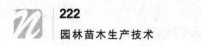

工作页 10(1) 苗木出圃

学习领域	园林苗木生产技术	学习情境 3	园林植物大苗培育和苗木出圃			
任务 10	苗木出圃	班级和组别			主持人	
团队成员姓名						
学号						
职责分工						
团队学习记录： （注明学习时间、团队人员、学习内容、讨论过程、讨论结果等）						

工作体会：

完成工作任务时间：

工作页 10(2)　苗木出圃

班级和组别＿＿＿＿＿＿　成员＿＿＿＿＿＿＿＿＿＿＿＿＿＿＿完成日期＿＿＿＿＿＿

一、任务概述(含任务目标、器具材料、工作流程)

二、××类苗木出圃技术方案(任选行道树、庭荫树、花灌木、绿篱类、球形类、藤本类等其中的 2 类园林苗木设计出圃技术方案,包含苗木出圃各个环节)

三、××类苗木出圃技术方案实施及任务成果

评价页 10　苗木出圃

学习领域	园林苗木生产技术	学习情境 3		园林植物大苗培育和苗木出圃									
任务 10	苗木出圃		班级和组别										
团队成员姓名													
座号													
职责分工													

评价内容	评价												
	自我评价	小组评价						教师评价					
		1	2	3	4	5	6	1	2	3	4	5	6
1. 团队成员协作完成信息收集，有组织小组讨论学习(8 分)													
2. 回答问题正确率高,团队成员之间能互相补充(8 分)													
3. 和其他团队互相沟通,互相帮助(8 分)													
4. 能按要求正确设计两类园林苗木出圃技术方案(12 分)													
5. 会正确进行园林苗木出圃前调查(10 分)													
6. 会按设计方案正确实施苗木出圃操作(14 分)													
7. 会正确进行出圃苗的保护(10 分)													
8. 完成的工作页质量高(10 分)													
9. 团队自主学习能力、分析解决问题能力(10 分)													
10. 团队协作精神、表达能力和沟通协调能力(10 分)													
合计													

指导教师评语	指导老师： 年　月　日
分数比例	自我评价(20%)＋小组评价(20%)＋教师评价(60%)

工作页 11(1)　园林植物种子生产

学习领域	园林苗木生产技术	学习情境 4	园林苗木生产综合训练		
任务 11	园林植物种子生产	班级和组别		主持人	
团队成员姓名					
座号					
职责分工					
团队学习记录:(注明学习时间、团队人员、学习内容、讨论过程、讨论结果等)					

工作体会:

完成工作任务时间:

工作页 11(2) 园林植物种子生产

班级和组别＿＿＿＿＿＿＿＿ 成员＿＿＿＿＿＿＿＿＿＿＿＿＿＿＿＿完成日期＿＿＿＿＿＿＿＿

主要园林植物种子采收、处理、贮藏方案

（任选桂花、樟树、福建山樱花、池杉、侧柏、金钱松、紫薇、悬铃木、泡桐、女贞、合欢、枫香等木本植物种子干果类、肉质果类、球果类各 1 种，一串红、地肤、冬珊瑚、三色堇、万寿菊、矮牵牛、茑萝、鸡冠花、菊花等草本植物 2 种，进行主要园林植物种子采收、处理、贮藏方案编制。）

一、任务概述(含任务目标、器具材料、工作流程)

二、主要园林植物种子采收、处理、贮藏方案

(一)球果类园林植物种子采收、处理、贮藏方案

(二)干果类植园林物种子采收、处理、贮藏方案

(三)肉质果类园林植物种子采收、处理、贮藏方案

（四）草本类园林植物种子采收、处理、贮藏方案

三、主要园林植物种子采收、处理、贮藏方案实施总结及成果展示

（一）球果类园林植物种子采收、处理、贮藏方案实施总结及成果展示

（二）干果类植园林物种子采收、处理、贮藏方案实施总结及成果展示

（三）肉质果类园林植物种子采收、处理、贮藏方案实施总结及成果展示

（四）草本类园林植物种子采收、处理、贮藏方案实施总结及成果展示

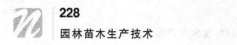

评价页 11　园林植物种子生产

学习领域	园林苗木生产技术	学习情境 4	园林苗木生产综合训练										
任务 11	园林植物种子生产			班级和组别									
团队成员姓名													
座号													
职责分工													

评价内容	评价												
	自我评价	小组评价						教师评价					
		1	2	3	4	5	6	1	2	3	4	5	6
1. 团队成员协作完成信息收集，有组织小组讨论学习(8分)													
2. 回答问题正确率高，团队成员之间能互相补充(8分)													
3. 和其他团队互相沟通，互相帮助(8分)													
4. 能按要求完成园林植物种子采收方案制定，方案科学可行(8分)													
5. 能按要求完成园林植物种子处理方案制定，方案科学可行(8分)													
6. 能按要求完成园林植物种子贮藏方案制定，方案科学可行(8分)													
7. 会按设计方案正确实施种子采收、处理工作(20分)													
8. 会按设计方案正确实施种子贮藏工作(12分)													
9. 团队自主学习能力、分析解决问题能力(10分)													
10. 团队协作精神、表达能力和沟通协调能力(10分)													
合计													

指导教师评语	指导老师： 　　年　　月　　日
分数比例	自我评价(20%)＋小组评价(20%)＋教师评价(60%)

工作页 12(1)　园林植物繁殖综合训练

班级和组别＿＿＿＿＿＿　成员＿＿＿＿＿＿＿＿＿＿＿＿＿＿　完成日期＿＿＿＿＿＿

园林植物繁殖综合训练实习报告

1. 封面:用福建林业职业技术学院实习报告统一封面并按要求填写清楚。

2. 内容。

(1)据现代化种苗生产基地和园艺中心参观学习,叙述现代化种苗生产、园林花卉栽培生产的基本设施概况,并进行现代化种苗生产技术、园林花卉栽培生产技术分析总结;参观实景应附典型图片。

(2)据实习所做的园林植物苗木生产技能项目总结其技术要点,并提出建议,操作现场实景应附图。

(3)据实习所做的园林植物大苗移植项目总结其技术要点,操作现场实景应附图。

(4)据实习所做的园林植物苗木日常养护管理项目总结其技术要点及注意事项,操作现场实景应附图。

3. 实习体会:说明实习收获体会,遇到问题及解决方法,对实习的建议等。

工作页 12(2)　苗圃规划设计

班级和组别＿＿＿＿＿＿＿＿　成员＿＿＿＿＿＿＿＿＿＿＿＿＿＿完成日期＿＿＿＿＿＿

苗圃规划设计成果：

(1)苗圃规划设计说明书；

(2)苗圃规划设计图；

(3)各类苗圃规划设计表。

包括《育苗所需劳力及工资表》《种子需要量及其费用表》《插穗需要量及其费用表》《物料、肥料、药剂消耗量及其费用表》《年度育苗生产计划表》《季、月、旬工作育苗计划进程表》《育苗作业总成本表》《树种育苗技术措施一览表》。

评价页 12 园林植物繁殖综合训练

学习领域	园林苗木生产技术		学习情境 4		园林植物繁殖综合训练									
任务 12	园林植物繁殖综合训练				班级和组别									
团队成员姓名														
座号														
职责分工														

评价内容	评价													
	自我评价	小组评价						教师评价						
		1	2	3	4	5	6	1	2	3	4	5	6
1. 团队成员合理分工合作完成各项工作任务(8分)													
2. 和其他团队互相沟通,互相帮助(8分)													
3. 组长分工合理,团队成员齐心协力完成本任务(8分)													
4. 实习综合表现(含团队全体成员出勤、纪律等)(8分)													
5. 实习操作技能(含各实操项目操作的正确率、熟练度、团队全体成员参与度)(16分)													
6. 各类育苗成果、大苗培育成果(12分)													
7. 苗木养护管理成果等(10分)													
8. 综合实训实习报告(10分)													
9. 团队自主学习能力、分析解决问题能力(10分)													
10. 团队协作精神、表达能力和沟通协调能力(10分)													
合计													

指导教师评语	
	指导老师: 　　年　　月　　日
分数比例	自我评价(20%)+小组评价(20%)+教师评价(60%)

参考文献

[1]苏付保.园林苗圃学[M].北京:白山出版社,2003.

[2]张建国,王军辉,许洋,等.网袋容器苗育苗新技术[M].北京:科学出版社,2007.

[3]田伟致,崔爱萍.园林树木栽培技术[M].北京:化学工业出版社,2009.

[4]祝遵凌,王瑞辉.园林植物栽培养护[M].北京:中国林业出版社,2005.

[5]曹春英.花卉栽培学[M].北京:中国农业出版社,2001.

[6]江胜德.园林苗木生产[M].北京:中国林业出版社,2004.

[7]周兴元.园林植物栽培养护[M].北京:高等教育出版社,2006.

[8]魏岩,石进朝.园林苗木生产与经营[M].北京:科学出版社,2011.

[9]苏付保.园林苗木生产技术[M].北京:中国林业出版社,2004.

[10]方栋龙.苗木生产技术[M].北京:高等教育出版社,2005.

[11]叶要妹.园林绿化苗木培育与施工实用技术[M].北京:化学工业出版社,2011.

[12]沈联民,陈相强.园林绿化苗木生产与标准[M].杭州:浙江科学技术出版社,2005.

[13]谢云.园林生产技术手册[M].北京:中国林业出版社,2012.

[14]叶菁.福建山樱花种子萌发试验研究[J].中国植物园,2010(13).

[15]李红运.南方红豆杉种子育苗技术研究.第二届中国林业学术大会——S4人工林培育理论与技术论文集[D].2009.

[16]黄开顺,马锦林,陈国臣.油茶扦插育苗现状及发展策略[J].林业科技开发,2010(03).

[17]吴习安,陈凤翔,彭新春.油茶芽苗砧嫁接试验[J].湖南林业科技,2010(05).

[18]潘磊,栗粒果,柏承权.油茶扦插苗造林试验小结[J].湖南林业科技,2009(02).

[19]焦晋川,张光国,李昌贵.油茶扦插生根剂及营养液试验初报[J].四川林业科技,2010(05).

[20]王光萍,黄敏仁.福建山樱花的组织培养及植株再生[J].南京林业大学学报(自然科学版),2002(02).

[21]陈璋,吕月良,吴文心.福建山樱花观赏特征与开花生物学特性的初步研究[J].福建热作科技,2011,36(3).

[22]龙光远,刘银苟,郭德选.樟树扦插试验报告[J].江西林业科技,1990(01).

[23]杨海燕,郑永光,陈红跃.多种源南洋楹幼苗水分胁迫下脯氨酸含量变化研究[J].广东林业科技,2012(3).

[24]石兰蓉.杜鹃红山茶愈伤组织诱导的初步研究[J].江西农业学报,2012,24(3).

[25]袁瑞玲,等.不同育苗基质对须弥红豆杉移栽后生长的影响[J].东北林业大学学报,2012(01).

[26]黄建辉.竹柏育苗技术及其苗期生长情况[J].绿色科技,2011(03).

[27]彭自移,彭勇强,田拥军.竹柏苗木繁育技术[J].湖南林业科技,2009(06).

[28]方爱云.南天竹育苗技术[J].安徽林业.2008(1).

[29]王立贵.南天竹繁育与利用[J].安徽林业,2009(3).

[30]马挤民.南天竹春季地膜覆盖扦插技术[J].现代农业,2009(7).

[31]杨涛,鲁娜.西昌地区南天竹扦插育苗技术研究[J],现代农业科技,2009(1).

[32]吴冬生,魏荣忠,黄伟.油茶芽苗砧嫁接容器育苗组合式技术应用研究[J].现代农业科技,2009(20).

[33]许洋,许传森.主要造林树种网袋容器育苗轻基质技术[J].林业实用技术,2006(10).

[34]黎明,贾宏炎,郭文福,等.湿加松轻基质网袋容器苗培育技术[J].林业实用技术,2008(2).

[35]李维向.西北地区油松樟子松容器育苗技术的研究:基质配方和最佳施肥量的研究[J].内蒙古林学院学报(自然科学版),1995,17(3).

[36]沈国舫.森林培育学[M].北京:中国林业出版社,2001.

[37]陈慧玲,李爱华.周席华,等.栽培基质对油茶芽苗砧嫁接容器苗生长的影响.[J]林业科技开发,2011,25(5).

[38]蔡道雄,贾宏炎,黎明,等.非洲桃花心木轻基质容器培育试验[J].林业实用技术,2007(3).

[39]何贵平.麻建强,冯建民,等.珍贵用材树种柏木轻基质容器育苗试验研究[J].林业科学研究,2010,23(1).

[40]蒙彩兰,黎明,郭文福.西南桦轻基质网袋容器育苗技术[J].林业技术开发,2007,21(6).

[41]尹晓阳,李德芬,金天喜,等.云南樟、刺槐不同基质容器育苗比较试验[J].山地农业生物学报,2003,22(2).

[42]郭文福,曾杰,黎明,等.西南桦轻基质网袋容器苗基质选择试验[J].种子,2010,29(10).

[43]劳动和社会保障部教材办公室,上海市职业培训指导中心组织编写.花卉园艺工(高级).北京:中国劳动社会保障出版社出版,2004.

参考网站

[1]中国花卉网:http://www.china-flower.com/

[2]花卉图片信息网:http://www.fpcn.net/

[3]花卉世界网:http://www.flowerworld.com.cn/

[4]海峡花卉网:http://www.85151.com/

[5]中国苗木花卉网:http://www.cnmmhh.com/